怎样提高规模猪场繁殖效率

编著者

魏庆信　姜天童
黄少文　田永祥

金盾出版社

内 容 提 要

　　本书由湖北省农业科学院畜牧兽医研究所专家精心编著。内容包括：概述、优化种猪群结构、繁殖过程中的生产工艺和生产组织、环境对繁殖性能的影响与猪舍的环境控制、种猪的饲养管理技术、猪的人工授精技术、母猪分娩前后的管理及接产、哺乳仔猪的培育、猪的繁殖障碍及防治技术、猪的繁殖调控新技术等。语言通俗易懂，内容先进实用，适合规模养猪场（户）技术人员、管理人员以及各农业院校相关专业师生阅读参考。

图书在版编目(CIP)数据

怎样提高规模猪场繁殖效率/魏庆信等编著. —北京：金盾出版社，2009.12
ISBN 978-7-5082-6050-1

Ⅰ. 怎… Ⅱ. 魏… Ⅲ. 猪—繁殖 Ⅳ. S828.3

中国版本图书馆 CIP 数据核字(2009)第 189836 号

金盾出版社出版、总发行
北京太平路 5 号(地铁万寿路站往南)
邮政编码：100036 电话：68214039 83219215
传真：68276683 网址：www.jdcbs.cn
封面印刷：北京精美彩色印刷有限公司
正文印刷：北京军迪印刷有限责任公司
装订：第七装订厂
各地新华书店经销
开本：850×1168 1/32 印张：11 字数：265 千字
2010 年 10 月第 1 版第 2 次印刷
印数：10 001～18 000 册 定价：18.00 元

前　言

　　改革开放后的 30 年是我国养猪业快速发展的时期,猪肉总产量从 1975 年的 792.7 万吨增加至 2005 年的 5 010.6 万吨,增加 5.3 倍;2005 年以来我国生猪的年末存栏数、出栏肉猪数和猪肉总产量均达到或超过了全世界总量的一半,成为名副其实的世界第一养猪大国。之所以取得如此快速的发展,除了政策的调动、市场需求的拉动以及科技进步的促进等因素之外,养殖方式从分散饲养向规模化养殖转变,规模化养殖份额逐渐增多,成为我国养猪业高速发展的重要源头。20 世纪 80 年代,我国规模化养猪比例不足全国养猪总量的 5%,而目前这一比例已接近 50%,预测到 2020 年将超过 70%。

　　我国的规模化猪场在过去的 20 多年虽然取得了很大的发展,但与发达国家相比,毕竟发展时间较短,在管理和技术上还有一定的差距,总体生产效率偏低。就国内情况而言,新建的规模猪场与经营多年的猪场相比,一般水平的猪场与先进水平的猪场相比,也有较大差距。繁殖是规模猪场生产体系的核心,要提高规模猪场的生产效率和经济效益,其核心问题就是要提高繁殖效率。而规模猪场的繁殖效率是一项综合性指标,其影响因素是多方面的,既有遗传因素,也有环境因素;既有营养因素,也有疫病因素;既有技术因素,也有管理因素。因此,要提高规模猪场的繁殖效率,必须从繁殖技术、饲养管理、疫病防治、品种选择、环境控制、生产工艺和生产管理等多方面入手,采取综合措施。

在我国规模猪场蓬勃发展的形势下，为了提高规模猪场的繁殖效率，促进养猪业的健康发展，我们根据多年从事养猪生产和科学研究的实践，并参考了有关的文献资料，编撰成本书，期望本书能对从事养猪业的技术、管理和饲养人员有所启示，对提高规模猪场的繁殖效率有所裨益。

由于目前我国规模猪场发展很快，新技术和新成果不断出现，同时我国幅员辽阔，各地的自然条件差异很大，所以本书难免存在局限性，加之笔者水平有限，书中不当和疏漏之处在所难免，敬请广大读者批评指正。

编著者

目　录

第一章　概　述

第一节　我国养猪业的发展趋势

改革开放后的 30 年是我国养猪业发展突飞猛进的时期。表 1-1 将 1975 年、1985 年、1995 年和 2005 年的统计数字进行比较,可充分说明我国改革开放 30 年来在养猪业上的巨大发展,供读者参考。

表 1-1　1975 年至 2005 年我国养猪业的发展情况

项　目	1975 年	1985 年	1995 年	2005 年
年末存栏数(万头)	28117	33139.6	44169.1	50334.8
出栏肉猪数(万头)	16230	23857.2	48049.1	66098.6
猪肉总产量(万吨)	792.7	1461.37	3648.4	5010.6
人均出栏肉猪数(头)	—	0.23	0.38	0.43
人均猪肉量(千克/人)	—	13.99	29.19	38.5

注:国家统计局公布资料

从表 1-1 中可见,我国 2005 年猪的年末存栏数、出栏肉猪数和猪肉总产量分别比 1975 年增加 0.79 倍、3.07 倍和 5.32 倍,均达到或超过全世界总量的一半,使我国成为名副其实的世界第一养猪大国,并且近几年来仍然呈现继续发展的势头,不仅养猪数量剧增,养猪的质量和科技含量也大大提高。我国生猪出栏率已由1975 年的 57.7％上升至 2005 年 131.3％,与世界平均水平相当;平均胴体重由 48.8 千克/头上升至 75.8 千克/头,也达到了世界平均水平。反映出我国养猪生产在猪品种结构、品种品系繁育、饲养管理、疾病防治、环境控制等方面的巨大进步和快速发展。

我国养猪业 30 年来之所以取得如此快速的发展,一是由于党的改革开放政策,充分调动了广大农民养猪的积极性;二是由于日益提高的人民生活水平,对猪肉的需求与日俱增,市场拉动的结果;三是得益于养猪科技进步的促进,新的技术不断推广和应用,使养猪业的科技含量大大提升;四是养殖方式的转变,使规模化养殖的份额逐渐增多,成为我国养猪业高速发展的重要源头。

我国传统的养猪业是以分散饲养、户营为主的养殖方式。这种养殖方式饲养的数量少,一般几头,多的也只有十几头,养猪业作为农民的家庭副业,以积肥和解决自食为主,饲料以青、粗饲料为主,精饲料喂量少,品种多为地方猪和含地方猪血缘的杂交猪,猪舍简陋,设施简单,新技术不易推广,科技含量低,导致生产水平低。但改革开放以来,随着人民生活水平的提高,对肉类和优质肉类的需求与日俱增,这种传统的养殖方式已越来越不能适应市场的需求。于是,规模化养殖方式得到了快速发展。

所谓规模化养猪,是指生产单位以商品生产为目的,在一定的环境条件下,通过对资金、技术、管理等生产力诸多要素的增加,质量的提高和结构的调整,最大限度地提高生产效率,最大限度地获得经济效益的养猪生产经营方式。规模化养猪是现代养猪的生产方式,相对于分散饲养的养殖方式,又可称其为集约化养猪;相对于家庭副业式的简陋设施养殖,又可称为工厂化养猪。规模化养猪要求以良种猪为饲养对象,以良种猪的饲养标准为依据,实行标准化饲养;按生产工艺流程来组织生产,实行科学的管理;根据猪的不同生理和生长阶段的要求,为猪的繁殖和生长提供良好的环境条件,达到生产出高质量的产品和获得尽可能好的经济效益的目的。

我国在 20 世纪 80 年代之前就有规模化养猪场,只是数量很少,且一般只用于种猪的生产,其市场份额不足全国养猪总量的5%。从 80 年代开始,我国养猪业进入了向规模化和外来良种化的转型,到 20 世纪 80 年代末,规模化养猪头数占全国养猪总数的 10%左右。1997 年,国家曾对规模化猪场做过一次统计,那时我国大大小小的规模化养猪场已有 80 多万个,在这些猪场中,全年共出栏生猪 1 亿头左右,生产母猪有 600 万头左右。时至 2001 年底,规模猪场的数量上升到 92 万个,其中 76%是小型专业户,年出栏在 1 万头规模的猪场占 0.1%左右,规模化养猪的份额已接近 30%。根据养猪场年出栏猪的头数,可将规模化猪场分为 3 种类型:年出栏 10 000 头以上的为大型规模化猪场,年出栏 3 000～10 000 头的为中型规模化猪场,年出栏 3 000 头以下的为小型规模化猪场。据此统计我国 2004 年规模养猪情况见表 1-2。

表 1-2　2004 年我国生猪规模饲养情况统计

规模(年出栏头数)	年出栏数量(万头)	占全年出栏比例(%)
散养(50 头以下)	38406.61	62.14
小型(3000 头以下)	19426.95	31.43
中型(3000～10000 头)	2061.53	3.34
大型(10000 头以上)	1905.61	3.09

从表 1-2 中可见,到 2004 年我国规模化养猪的份额已接近 40%。

规模化养殖代表养猪业先进的生产方式,这种方式与传统的分散饲养方式相比较,有利于新技术、新管理理念的应用,有利于稳定生猪的市场供应,有利于降低养猪成本、提高养猪业的经济效益,是我国养猪业发展的大趋势。据统计表明,我国 50 头以下散养户所占比例在逐年下降,并可能在若干年后退出市场,而规模养猪的比例在逐年上升。

养猪的规模化发展在发达国家也普遍经历了这一过程。例如,日本的养猪户在 1981 年为 12.67 万户,1991 年为 3.6 万户,减少了 71.6%,而每户平均养猪数由 79.3 头增至 314.9 头,增长了 297.1%,养猪总数由 1 006.5 万头增至 1 135.5 万头。同时,规模养猪的成本大大降低,据日本农林水产省的调查,在 1993 年,饲养规模在 29 头以下的农户每头生产成本为 40 201 日元,而饲养规模在 500 头以上的农户每头生产成本仅为 29 990 日元,效益十分显著。

荷兰 1973 年养猪户为 6.2 万户,1983 年为 3.7 万户,减少 40%,而平均每户养猪数由 103 头增至 279 头,全国养猪总数由 640 万头增至 1 030 万头。

美国 1970 年共有养猪户 87.1 万户,平均每户出栏肉猪 100 头。到 1976 年全国养猪户数为 66 万户,2005 年下降至 7 万户,而出栏肉猪数由平均每户 60 头上升至 900 头。1998 年至 2005 年,出栏 100 头以下规模的养殖户由 6.16 万户下降至 4.05 万户,出栏 100~1 000 头规模的由 36 500 户下降至 12 850 户,出栏 1 100~10 000 头规模的由 7 290 户下降至 4 360 户,出栏 10 000~50 000 头规模的由 360 户上升至 440 户,出栏 50 000 头以上规模的由 100 户上升至 110 户(表 1-3)。其中,2005 年 1~100 头规模场出栏数占全年出栏总数的 1%,100~500 头规模的占 3.5%,500~1 000 头规模的占 3.5%,1 000~5 000 头规模的占 14.5%,5 000~10 000 头规模的占 7%,10 000~50 000 头规模的占 15.5%,50 000 头以上规模的占 55%。

表 1-3　美国 1998 年和 2005 年不同规模生产猪场数量

规模(头) 年 份	1~ 100	100~ 500	500~ 1000	1000~ 5000	5000~ 10000	10000~ 50000	50000 以上
1998 年(户)	61600	26500	10000	6700	590	360	100
2005 年(户)	40500	9550	3300	3730	630	440	110

引自《美国养猪业》(作者:刁运华)

丹麦养猪场的规模也呈不断扩大的趋势。1984 年丹麦有 5.2 万个养猪场,1994 年减少至不足 2.8 万个,存栏头数在 100 头以下的养猪场数占全丹麦的 79.3％,而其养猪头数仅占全丹麦的 24％;1 000~2 000 头及 2 000 头以上的养猪场占 10％,养猪头数占 54.3％。

与畜牧业发达国家相比,我国的养猪经营规模仍处于发展阶段。有专家预测,到 2010 年,我国规模化养猪所占比例将超过 50％;到 2020 年,规模化养猪比例有望上升至 70％,而且大中型规模猪场的比例会逐年增加,小型规模猪场的比例将逐年下降。

因此,建立规模猪场以繁殖为核心的高效生产体系,不仅具有现实意义,而且具有长远意义。

第二节　我国规模猪场的类型以及规模猪场生产体系的核心

一、我国规模猪场的类型

我国目前的规模猪场按其提供产品和生产方式的不同,可大体分为种猪场、自繁自养商品猪场和商品肉猪专业场等 3 种类型。

(一)种猪场　以饲养原种猪为主,除少数种猪场饲养地方猪种、以达到保种目的之外,一般饲养的是长白、大约克夏、杜洛克、皮特兰以及培育品种或品系。为了满足三元杂交生产体系的需要,有些种猪场还繁殖二级种猪,如长大、大长等专做商品肉猪母本的杂交一代母猪。其产品显而易见,主要是各种良种公母猪、地方公母猪和二级种母猪。种猪场占整个规模猪场总数的比例不是很大。

(二)自繁自养商品猪场　即繁殖公母猪和肉猪在同一个猪场集约饲养,自己解决仔猪来源,以生产商品肉猪为主。在一个生产区内饲养繁殖公母猪,同时繁殖仔猪,另一个生产区内进行肥育。其产品主要是商品肉猪,也为商品肉猪专业场提供一部分用于肥育的仔猪。我国绝大多数大中型规模场均属此类。

(三)商品肉猪专业场 专门从事肉猪肥育,其仔猪由自繁自养商品猪场或其他母猪专业户提供,本场不进行繁殖工作。采用这种生产方式的多为小型猪场或专业户。

二、规模猪场生产体系的核心

以上3种类型的猪场,除商品肉猪专业场没有繁殖过程,其他两种规模猪场生产体系的核心,均是与繁殖相关的生产环节。可以说,一个种猪场的全部工作,都是围绕繁殖来进行的,从种公母猪的选育、饲养管理、繁殖配种、疫病防治,到母猪的分娩、仔猪的培育,所有的生产环节都是繁殖或与繁殖相关的工作。自繁自养商品猪场除去商品肉猪的肥育阶段,其他所有的生产环节也都是繁殖或与繁殖相关的工作,而且其管理力度、人员搭配以及科技含量也主要体现在繁殖或与繁殖相关的生产环节中。有学者说:"繁殖就是生产,生产就是繁殖。"此话不无道理。繁殖是规模猪场生产体系的核心,要提高规模猪场的生产效率和经济效益,其核心问题就是要提高规模猪场的繁殖效率。

第三节 我国规模猪场当前的生产(繁殖)水平

我国规模化猪场在过去的20多年虽然取得了很大的发展,但与发达国家相比,毕竟因发展时间较短而有较大差异。了解我国规模化猪场当前的总体生产水平,对于正确认识我国养猪业的现状,找出存在的问题和成功的经验,对于今后的继续发展,是非常重要和必要的。美国谷物协会在我国推出的"猪场管理场间比较分析系统"(Benchmarking),可以给我们提供有关我国规模养猪企业整体生产水平的参考数据,其来源于2002年以来4年多的猪场生产数据,猪场样本总数为257个,母猪总数达244 824头,猪场分布在广东、广西、北京、上海、福建、河南和江西等7个省、自治区、直辖市(表 1-4)。

表 1-4 我国参加"猪场管理场间比较分析系统"的猪场近 4 年的生产水平

	生产指标	平均数	中位均数	标准差	10%的最低水平猪场	10%的最高水平猪场
配种受胎	配种分娩率(%)	74.01	75.46	10.08	61.54	84.29
	后备母猪配种分娩率(%)	73.75	76.09	13.26	55.62	87.35
	成年母猪配种分娩率(%)	74.35	76.47	10.53	60.51	85.03
	前期流产率(%)	0.52	0.23	0.95	0.06	1.21
	后期流产率(%)	0.57	0.21	1.82	0.05	0.83
胎均成绩	胎均总产仔数(头)	10.2	10.2	0.96	9.15	11.15
	胎均产活仔数(头)	9.01	9.05	0.91	7.93	10.09
	胎均产死胎数(头)	0.64	0.56	0.38	0.26	1.11
	胎均产木乃伊胎儿数(头)	0.25	0.2	0.28	0.06	0.41
	胎均产淘汰仔猪数(头)	0.35	0.3	0.26	0.07	0.64
	窝提供保育猪数(头)	8.64	8.76	0.92	7.37	9.8
死亡率	哺乳期死亡率(%)	4.53	3.54	4.14	1.72	7.88
	保育期死亡率(%)	5.44	4.4	4.62	1.7	9.85
	生长肥育期死亡率(%)	4.71	3.51	4.61	1.7	7.76
	全期综合死亡率(%)	14.61	12.92	8.39	6.66	22.38
母猪年成绩	母猪年产仔窝数(窝)	2.13	2.15	0.27	1.72	2.43
	母猪年产活仔数(头)	19.18	19.42	3.42	14.55	23.46
	母猪年产总仔数(头)	21.73	21.87	3.59	16.69	26.61
	母猪年断奶窝数(窝)	2.07	2.11	0.3	1.66	2.4
	母猪年断奶仔猪头数(头)	17.82	18.01	3.28	12.76	21.75
	母猪年淘汰率(%)	25.33	26.95	15.33	3.23	45
	母猪年死亡率(%)	4.55	4	3	1.8	6.97
	后备母猪比例(%)	10.8	8.97	9.91	3.09	18.57

续表 1-4

生产指标		平均数	中位均数	标准差	10%的最低水平猪场	10%的最高水平猪场
生长性能	断奶平均日龄(天)	23.07	23	2.33	21	26
	保育期平均饲养天数(天)	44.6	45	8.06	32.48	50
	生长肥育平均饲养天数(天)	100.17	100	9.57	95	110
	中猪平均上市日龄(天)	92.33	95	9.53	80	100

引自《当前我国集约化养猪生产水平分析》(作者:郑华等)

我国参加“猪场管理场间比较分析系统”的猪场,在管理意识方面具有优势,生产水平可能比一般的规模化猪场要高些。换言之,我国规模化猪场的实际水平可能比表 1-4 列出的平均水平还低。从表 1-4 的数据分析,10%的最低水平猪场与整体平均数有较大的差距,与水平最高的 10%的猪场相比差距更大。例如,配种分娩率是繁殖过程中最重要的指标,水平最低的 10%的猪场只有 61.54%,而整体平均数为 74.01%,水平最高的 10%的猪场则达到了 84.29%,低水平猪场与高水平猪场的差距达到 22.75%。母猪年产活仔数是母猪生产力最重要的指标,也是评价一个猪场繁殖效率的最重要的指标之一,水平最低的 10%的猪场只有 14.55 头,而整体平均数为 19.18 头,水平最高的 10%的猪场则达到了 23.46 头,低水平猪场与高水平猪场的差距达到 8.91 头。可见,指标最低的 10%的猪场,其管理和技术水平与水平最高的 10%的猪场相比,差距是非常大的,其经济效益一定也会有很大的差别,高的可能获得丰厚的利润,而低的则可能是亏损。

将上述有关繁殖指标的平均水平,与美国参加“猪场管理场间比较分析系统”的 551 个猪场 2005 年的指标进行比较,其结果见表 1-5。

表1-5 我国规模猪场繁殖指标的平均水平与美国的比较

繁殖指标	我国平均水平	美国平均水平	相 差
配种分娩率(%)	74.01	79.32	5.31
胎均产总仔猪数(头)	10.2	11.89	1.69
胎均产活仔猪数(头)	9.01	10.7	1.69
母猪年产窝数(头)	2.13	2.26	0.13
母猪年产活仔数(头)	19.18	24.2	5.02
母猪年断奶猪数(头)	17.82	21.1	3.28
平均断奶日龄(天)	23.07	18.51	4.56
哺乳期死亡率(%)	4.53	12.55	8.02
母猪年淘汰率(%)	25.33	49.57	24.24
母猪年死亡率(%)	4.55	9.63	5.08

可以看出,我国规模猪场的几个主要繁殖指标的平均水平与美国相比有一定的差距。这说明我国规模猪场当前的繁殖效率与先进国家相比,不但有差距,而且有些指标的差距还很大。

无论是国内一般水平与国内先进水平相比,还是国内平均水平与美国平均水平相比,都存在差距。有差距,就有提高的潜力;差距大,提高的潜力也大。毋庸置疑,我国规模猪场现阶段的繁殖效率还有很大的改进和提高的空间。

每一个规模猪场都可以将自己生产水平的数据与表1-4和表1-5比较一下,从而看到自己所处的位置,与先进水平相差多远,找出存在的主要差距,提出改进和提高的措施。

第四节　影响规模猪场繁殖效率的因素

规模猪场繁殖效率是一个总体的概念,是所有单项繁殖指标的综合。猪场的单项繁殖指标很多,对总体繁殖效率影响较大的是以下几项(图 1-1)。

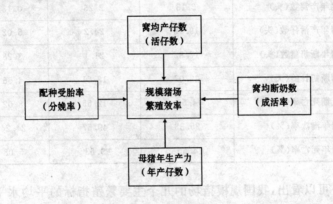

图 1-1　决定规模猪场繁殖效率的主要单项指标

我们可以根据影响每一类单项繁殖指标的因素,综合分析影响规模猪场繁殖效率的各种因素。

一、配种受胎率

配种受胎率可分为情期受胎率和总受胎率,还有一个包括工作范围更广的指标为配种分娩率。其计算方法分列如下。

情期受胎率(%)＝(妊娠母猪数÷配种情期数)×100%

总受胎率(%)＝(妊娠母猪数÷配种母猪数)×100%

配种分娩率(%)＝(分娩母猪数÷配种母猪数)×100%

分析影响配种受胎率或配种分娩率的因素,主要有以下几方面。

(一)公猪的影响 公猪精液的品质,直接影响配种受胎率。而公猪精液的品质,与公猪的年龄、营养状况、环境、气候和管理是否得当有关;在人工授精的情况下,公猪精液的品质又与采精人员的技术有关。

(二)母猪的影响 母猪的年龄、生理阶段(初产或经产,初配或复配)、营养状况(过肥或过瘦)、健康状况(有无生殖道疾病或其他繁殖障碍疾病)都对配种受胎率有直接影响。而有些母猪的繁殖障碍病(如流行性乙型脑炎、细小病毒病、伪狂犬病等)可造成妊娠母猪在不同阶段流产,从而影响配种分娩率。

(三)配种技术的影响 能否适时配种、人工授精操作技术(精液处理、输精量、输精部位、输精方法等)正确与否更直接影响母猪的受胎率。

(四)环境气候的影响 夏季高温、高湿季节的配种受胎率明显降低,猪舍内空气的洁净程度也影响配种受胎率。其直接原因是,恶劣的环境造成公猪精液品质下降和母猪发情不正常。

(五)管理的影响 对妊娠母猪的管理是否科学、到位,会影响配种分娩率。母猪虽然已受胎,但如果管护不当,造成流产,则使配种分娩率降低。

二、窝平均产仔数

窝平均产仔数也可称为胎平均产仔数,包括窝(胎)平均产仔总数和窝(胎)平均产活仔数两个指标。影响母猪窝平均产仔数的因素主要有以下几方面。

(一)品种 品种的因素即遗传的因素,不同品种母猪的窝平均产仔数有差异。

(二)品种内的基因型 同一个品种内基因型不同,其窝平均产仔数也有差异,这也是遗传的因素。如雌激素受体基因(ESR)

按产仔数多少的排序为 BB 型＞AB 型＞AA 型。

(三)年龄和胎次 不同年龄和不同胎次的母猪其窝平均产仔数不同。

(四)营养因素 配种阶段营养缺乏的母猪,排卵率会降低,从而导致窝产仔数减少;过于肥胖的母猪,窝产仔数也少。妊娠阶段的母猪,如果营养供给不足,胎儿得不到很好的发育,甚至死亡,也影响窝产仔数。

(五)公猪的因素 公猪对母猪的窝产仔数有重要的影响。其原因来自两方面:其一,不同公猪精子产生的胚胎,其活力有一定的差别,导致胚胎死亡率不同,窝产仔数也就有差别;其二,公猪使用的频率对窝产仔数有很大影响,使用过频,精液质量下降,影响窝产仔数。

(六)配种技术 配种技术对母猪的窝产仔数也有很大的影响,在发情的最佳时间配种、输入活力好的精液、采用正确的输精方法等,都可以充分发挥母猪产仔数的潜力。否则,就会影响母猪的产仔数。

(七)接产技术 接产技术的高低、接产人员责任心的强弱,均会影响窝平均产活仔数。

(八)气候 大量数据显示,配种后 7 天内的平均气温在 16℃～28℃,母猪有较高的窝产仔数和产活仔数。

三、窝平均断奶头数

窝平均断奶头数也可称为胎平均断奶头数,与此相关的指标还有断奶窝重、断奶个体重和断奶成活率。断奶窝重是指断奶时全窝仔猪的总重量;断奶成活率是指断奶时育成的仔猪数与产活仔数的百分比。影响窝平均断奶头数的主要因素有以下几方面。

(一)窝平均产活仔数 是窝平均断奶头数的基础。

(二)母猪的哺育力 母猪的哺育力受母猪产奶量和母性的影

响,泌乳能力强、产奶量高、母性强的母猪,其哺育力强,仔猪成活率就高。

(三)哺乳仔猪的培育技术　哺乳期内的培育技术是仔猪成活的关键,饲养员的培育技术和责任心都很大地影响断奶成活率,从而影响窝平均断奶头数。

(四)哺乳母猪舍的环境　仔猪哺乳期在哺乳母猪舍(也称分娩舍)内度过,分娩舍内的小气候(温度、洁净度)对仔猪成活率有很大的影响。

(五)哺乳仔猪的疫病防治　哺乳期仔猪的免疫力很弱,容易受各种病原的感染。因此,做好哺乳仔猪各种疫病的防治工作,对于提高仔猪的成活率至关重要。

(六)断奶技术　仔猪断奶是出生以来的一次强烈刺激,其营养、生存环境都发生了重大改变,有时还会引起应激反应,尤其是在早期断奶的情况下。稍有不慎,就会造成仔猪发病,轻者影响以后的生长发育,重者还会导致死亡。因此,科学的断奶技术,认真负责的工作态度,就成为仔猪成功断奶、提高成活率的关键。

四、母猪年生产力

母猪年生产力通常是指母猪年断奶仔猪数,这是一项综合的繁殖指标,也是衡量一个猪场繁殖效率最重要的指标。计算公式如下。

$$母猪年生产力(头) = \frac{窝产活仔数 \times 断奶成活率 \times 365(天)}{妊娠期(天) + 哺乳期(天) + 断奶至配种间隔(天)}$$

在以上公式中,妊娠期是固定的,其他均是可变的、能影响母猪年生产力的因素。

(一)哺乳期　仔猪哺乳期越短,母猪年产仔窝数就越多,年产仔数也就越多。哺乳仔猪早期断奶的目的就在于缩短仔猪的哺乳期,增加年繁殖的窝数,从而提高母猪的年生产力。

(二)断奶至配种间隔 断奶至配种的间隔时间越短,母猪的年繁殖窝数就越多,从而提高母猪的年生产力。断奶至配种的间隔时间除受断奶至发情时间的制约,还受情期受胎率的影响。情期受胎率高,断奶至配种的平均间隔时间就相对缩短。

以上两项加上妊娠期,也可综合成分娩间隔,即上一次分娩与这一次分娩的时间间隔,计算公式如下。

分娩间隔(天)＝

妊娠期(天)＋哺乳期(天)＋断奶至配种间隔(天)

分娩间隔的控制,是管理手段和技术手段的综合。

其他因素如窝产活仔数、断奶成活率等,前面已有叙述。图1-2可直观地说明影响母猪年生产力的因素。

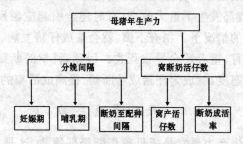

图 1-2 影响母猪年生产力的因素

从以上四方面单项繁殖指标的分析可见,影响规模猪场繁殖效率的因素,既有遗传因素,也有环境因素;既有营养因素,也有疫病因素;既有技术因素,也有管理因素。因此,影响规模猪场繁殖效率的因素是多方面的,几乎所有生产环节都存在影响繁殖效率的因素。

第五节 提高规模猪场繁殖效率的主要技术措施

既然影响规模猪场繁殖效率的因素是多方面的,要提高规模猪场繁殖效率就必须采取综合措施,任何单项措施的应用,任何一项新技术的采用,都必须有其他方方面面措施的配合。提高规模猪场繁殖效率的综合措施,笔者归纳成 6 句话:即优化种猪结构,科学饲养管理,严格疫病控制,规范操作技术,高效生产工艺和勇于技术创新。

1. 优化种猪结构 主要包括如下工作内容:一是从品种(品系或杂交组合)、年龄、胎次、公母猪数量合理配置等方面,优化种猪群体的结构,及时淘汰高龄、高胎次和病残种猪;二是对于自繁自养的规模猪场,做好种猪的选育工作;三是对于需从外面引种的猪场,做好引进种猪的选择。

2. 科学饲养管理 主要包括如下工作:一是按饲养标准和实际情况,科学配制种公猪、后备母猪、妊娠母猪、泌乳母猪以及仔猪的各阶段日粮;二是搞好后备公母猪的培育;三是加强妊娠母猪的饲养管理,提高正常分娩率,提高产活仔数;四是加强泌乳母猪和哺乳仔猪的科学管理,提高仔猪的成活率。

3. 严格疫病控制 主要包括如下工作:一是严格免疫程序,搞好各阶段猪只的疫病防治;二是搞好猪繁殖障碍病的预防和治疗,降低母猪的乏情、不孕,提高配种受胎率;三是搞好哺乳仔猪的疫病防治,提高成活率。

4. 规范操作技术 主要包括如下工作:一是规范并提高配种人员的配种(人工授精)技术,提高母猪的受胎率,减少母猪的空怀;二是规范分娩母猪的接产技术,提高产活仔数;三是规范仔猪的断奶技术,提高断奶活仔数;四是规范各类猪群(种公猪、后备母猪、妊娠母猪、哺乳母猪和哺乳仔猪)的饲养管理技术规程。

5. 高效生产工艺 主要包括如下内容:一是建立适合于本场实际情况的生产工艺;二是要有先进的生产设施,建立能适应各类猪群生理和生产要求的专用猪舍;三是要有良好的环境控制,猪舍要达到保温隔热、冬暖夏凉、清洁干燥、空气新鲜的要求,设备要符合猪的生理要求,方便劳动者的生产操作,并能给猪群创造舒适的生活环境;四是制定科学合理的年度生产计划,并周密地组织生产。

6. 勇于技术创新 主要包括以下内容:一是诱发发情技术,能缩短母猪断奶至发情的间隔时间;二是同期发情技术,有利于全进全出等集约化生产的组织;三是超数排卵技术,能提高产仔数;四是定时分娩技术,能提高仔猪的成活率,减轻饲养人员的劳动强度;五是早期断奶技术,能增加母猪的年产仔窝数和年产仔数,提高母猪的年生产力;六是胚胎移植技术,能大大提高优良母猪的繁殖力;七是其他能增加产仔数的技术,如分子标记选择技术、应用促性腺激素释放激素(GnRH)及其类似物增加窝产仔数的技术等;八是母猪早期妊娠诊断技术,能减少母猪的空怀,提高总体受胎率。

第二章 优化种猪群结构

种猪是养猪生产的基础。规模猪场的种猪群,少则数十头,多则数千头。提高规模猪场的繁殖效率,首要工作就是要优化种猪结构,即建立品种高产、个体优化、结构合理的种猪群体。品种高产是指猪场的母本品种或品系,除具有优良的生长肥育性能之外,还要具有高产的繁殖性能;个体优化是指公母种猪的年龄和胎次应处于最佳的繁殖阶段;结构合理是指各层次种猪的配置以公母种猪的数量配置合理。

第一节 选择高产母本品种或杂交组合

对于种猪繁殖场和自繁自养的商品猪场,高产(繁殖性能高)的母本品种或杂交组合是提高繁殖效率的基础。目前,我国商品猪场多以生产瘦肉型猪为主,因此在选择母本品种或杂交组合的时候,需综合考虑,既要满足生长速度(日增重)、饲料转化率(料重比)和胴体性状(屠宰率、瘦肉率)等生长肥育性能的需求,也要充分考虑高产的繁殖性能。

一、我国现有猪种资源概述

我国现有猪的品种按其来源,可分为地方品种、引进品种和培育品种。据 1986 年出版的《中国猪品种志》记载,我国地方猪种可分为 6 种类型 48 个品种,另有培育品种 12 个,从国外引进经过我国长期风土驯化的猪种 6 个,共计 66 个。该书出版后的 20 多年,也是我国养猪业大发展的时期,又陆续引进一些国外品种,并培育出一批新品种或新品系。

（一）地方猪种　我国地方猪种按其外貌、体型、生产性能、当地农业生产情况、自然条件和移民等社会因素，大致可以划分为6个类型，即华北型、华南型、华中型、江海型、西南型和高原型。

1. 华北型　地理分布最广，主要在淮河、秦岭以北。华北型猪毛色多为黑色，偶尔在末端出现白斑。体躯较大，四肢粗壮。头较平直，嘴筒较长。耳大下垂，额间多纵行皱纹。皮厚多皱褶，毛粗密，鬃毛发达，可长达10厘米，冬季密生绒毛。乳头8对左右。该猪种抗寒力强，产仔数一般在12头以上，母性强，泌乳性能好，仔猪育成率较高，耐粗饲，消化力强。代表品种为东北民猪、八眉猪、黄淮海黑猪和沂蒙黑猪。

2. 华南型　分布于云南省的西南部和南部边缘、广西和广东偏南的大部分地区，以及福建东南角和台湾各地。毛色多为黑白花，头部、臀部多为黑色，腹部多为白色，体躯偏小，体型丰满，背腰宽阔、下陷，腹大下垂，皮薄毛稀，耳小直立或向两侧平伸。性成熟早，乳头多为5～7对，产仔数较少（每胎6～10头）。脂肪偏多。代表品种为两广小花猪、蓝塘猪、香猪、槐猪和桃源猪。

3. 华中型　主要分布于长江南岸到北回归线之间的大巴山和武陵山以东的地区，大致与华中区相符合。华中型猪的体躯较华南型猪大，体型则与华南型猪相似。毛色以黑白花为主，头、尾多为黑色，体躯中部有大小不等的黑斑，个别有全黑者，体质较疏松，骨骼细致，背腰较宽而多下凹，乳头6～8对。生产性能介于华南型猪与华北型猪之间，每窝产仔10～13头，早熟，肉质细嫩。代表品种有金华猪、大花白猪、华中两头乌猪、福州黑猪和莆田黑猪。

4. 江海型　主要分布于汉水和长江中下游沿岸以及东南沿海地区。毛色自北向南由全黑逐步向黑白花过渡，个别猪种为全白色。骨骼粗壮，皮厚而松，多皱褶，耳大下垂。猪种繁殖力高，乳头多为8对或8对以上，窝产仔13头以上，高者达15头以上。脂肪多，瘦肉少。代表品种为太湖猪、姜曲海猪、虹桥猪和中国台湾猪。

5. 西南型　分布于云贵高原和四川盆地的大部分地区以及湘鄂地区西部。毛色多为全黑和相当数量的黑白花（"六白"或不完全"六白"等），但也有少量红毛猪。头大，腿较粗短，额部多有旋毛或纵行皱纹。产仔数一般为 8～10 头，屠宰率低，脂肪多。代表品种为内江猪、荣昌猪和乌金猪。

6. 高原型　主要分布于青藏高原。被毛多为全黑色，少数为黑白花和红毛。头狭长，嘴筒直尖，犬齿发达，耳小竖立，体型紧凑，四肢坚实，形似野猪。属小型早熟品种，每窝产仔 5～6 头，生长慢，胴体瘦肉多，背毛粗长，绒毛密生，适应高寒气候，代表品种为藏猪。

我国地方猪种所具有的共同遗传特性如下。

第一，成熟早，产仔多，母性性能好，使用年限较长。初情期为 64 天（二花脸）至 142 天（民猪），平均为 98 天，而国外主要猪种则在 200 天；初情期体重为 12 千克（金华猪）至 40 千克（内江猪），平均为 24 千克。太湖猪平均排卵数为 28.16 个，比其他地方猪种多 6.58 个，比国外猪种多 7.06 个；平均产仔 15.8 头；早期胚胎死亡率平均为 19.99%，国外猪种则为 28.4%～30.07%。

第二，适应性强，耐粗饲，抗病力好。通过对粗纤维利用能力、抗寒性、耐热性、体温调节功能、高温和高湿下的适应性、高海拔下的适应性、耐饥饿和抗病力等 8 项内容的测定表明，中国猪种具有高度的抗应激性和适应性，有些猪种对严寒（华北型猪）、酷暑（华南型猪）和高海拔（高原型猪和西南型猪）有很强的适应性，绝大多数中国猪种不会发生应激综合征。

第三，肉质好，但瘦肉少，脂肪多，皮肤比例高，骨骼比例少。对 10 个地方猪种的肌肉品质研究表明，肌肉颜色鲜红（没有白肌肉，即没有肉色灰白、质地松软和渗水的劣质肉）；系水力强，肌肉大理石纹适中，肌内脂肪含量高，反映到口感上是肉嫩多汁、肉香味美，而这些特点是国外猪种无法与之相比的。

第四,体格小,饲养期长,后腿不丰满,斜尻,产肉率低。贵州和广西地区的香猪、海南的五指山猪、云南的版纳微型猪和台湾的小耳猪,成年体高在 35～45 厘米,体重只有 40 千克左右,是我国特有的遗传资源。

(二)引进品种 19 世纪末期以来,从国外引入的猪种有 10多个,其中对我国猪种改良影响较大的有中约克夏猪、巴克夏猪、大白猪、苏白猪、克米洛夫猪、长白猪等;20 世纪 80 年代,又引进了杜洛克猪、汉普夏猪和皮特兰猪。目前,在我国影响较大的瘦肉型猪种有大约克夏猪、长白猪、杜洛克猪、皮特兰猪以及 PIC 配套系猪、斯格配套系猪。

1. 大约克夏猪 原产于英国,是世界分布最广的瘦肉型猪代表品种,引入我国多年。由于其体型大,被毛全白,亦称为大白猪,在全国各地均有饲养,可作为第一母本或父本利用。大约克夏猪具有生长速度快、饲料转化率高、胴体瘦肉率高、肉色好、产仔多、适应性强的优良特点。

大约克夏猪体型高大,皮肤可有隐斑;头颈较长,面宽微凹,耳向前直立;体躯长,背腰平直或微弓,腹线平,胸宽深,后躯宽长丰满;有效乳头 6 对以上。成年公猪体重在 250～300 千克,成年母猪体重在 230～250 千克。后备公猪 6 月龄体重可达 90～100 千克,母猪可达 85～95 千克。生长肥育猪在体重为 25～90 千克阶段,日增重 750～850 克,饲料转化率为 2.7～3,达到 90 千克体重的日龄为 155～170 天。在体重为 90 千克时屠宰,屠宰率可达71%～73%,腿、臀比例为 30.5%～32%,背膘厚 2.05～2.5 厘米,眼肌面积平均为 32～35 厘米^2,瘦肉率为 64%～65%,肉质优良。初产母猪产仔数为 9.5～10.5 头,产活仔数 8.5 头以上,初生窝重 10.5 千克以上,35 日龄育成数 7.2 头以上,窝重 57.6 千克以上,育成率 88% 以上;经产母猪产仔数为 11～12.5 头,产活仔数在 10.3 头以上,初生窝重 13 千克以上,35 日龄育成数在 9 头以上,窝重 83.7 千克以上,育成率为 92% 以上。

通常利用的杂交方式是杜×长×大或杜×大×长,即用长白公(母)猪与大约克夏母(公)猪交配生产,杂一代母猪再用杜洛克公猪(终端父本)杂交生产商品猪,这是目前世界上比较好的配合。我国用大约克夏猪作父本与本地猪进行二元杂交或三元杂交,效果也很好,可在我国绝大部分地区饲养,尤其适宜于规模猪场饲养。应注意的是,大约克夏猪部分个体肢蹄不够结实,容易发生蹄病,应加强饲养管理。

2. 长白猪　原产于丹麦,世界各地均有分布,引入我国多年。由于其体躯长,被毛全白,故称其为长白猪。在我国各地均有饲养,有加系长白、英系长白、丹系长白等,多作为第一父本或母本利用。长白猪具有生长速度快、饲料转化率高、瘦肉率高、产仔多的优良特点,但抗逆性差,对饲料营养要求较高。

长白猪被毛全白,皮肤可有隐斑;头小清秀,颜面平直,耳向前倾弯;体躯较长,前窄后宽呈流线型,背腰微弓,腹部平直;臀腿丰满,肌肉发达,体质结实;有效乳头 6 对以上。成年公猪体重为 250~350 千克,成年母猪体重为 220~300 千克。后备公猪 6 月龄体重可达 90~95 千克,母猪可达 85~95 千克。生长肥育猪在体重为 25~90 千克阶段,日增重 750~800 克,饲料转化率为 2.8~3,达到 90 千克体重的日龄为 165~175 天。在体重为 90 千克时屠宰,屠宰率为 72%~74%,腿、臀比例为 32%~34%,平均背膘厚 1.7~2.4 厘米,眼肌面积为 34~40 厘米²,瘦肉率为 64%~68%。性成熟较晚,公猪 6 月龄时性成熟,8 月龄配种。初产母猪产仔数为 9~10 头,产活仔数在 8.5 头以上,初生窝重 10.5 千克以上,35 日龄育成数为 7.2 头以上,窝重 57.6 千克以上,育成率达 88% 以上;经产母猪产仔数为 11~12 头,产活仔数在 10.3 头以上,初生窝重在 13 千克以上,35 日龄育成数为 9.3 头以上,窝重 83.7 千克以上,育成率在 92% 以上。

长白猪通常利用的杂交方式是杜×长×大或杜×大×长,即用长白公(母)猪与大约克夏母(公)猪交配生产,杂一代母猪再用杜洛克公猪(终端父本)杂交生产商品猪。用长白猪作父本与本地猪进行二元杂交或三元杂交,可以提高后代生长速度和瘦肉率,适宜在我国绝大部分地区饲养,尤其适宜于规模猪场饲养。

3. 杜洛克猪 原产于美国,是目前世界上著名的瘦肉型猪种之一。杜洛克猪以毛色为突出特征,色泽从金黄色至棕红色,深浅不一,以樱桃红色最受人喜爱;头较清秀,两耳中等大小,耳根硬、耳尖软,从耳中部开始下垂,称为半垂耳;嘴中等大小,面部微凹;胸宽且深,背略呈弓形;后躯肌肉丰满,四肢粗壮结实,蹄呈黑色而多直立。杜洛克猪生长发育迅速,后备种猪 6 月龄体重可达 90～100 千克,1 年后公猪体重可达 205 千克,母猪可达 170 千克以上。成年公猪体重为 300～400 千克,成年母猪体重 200～300 千克。初产母猪平均窝产仔数 6～8 头,经产母猪 9～11 头,仔猪初生重在 1.4 千克以上。生长猪在体重为 20～100 千克阶段,平均日增重 725 克以上,饲料转化率高,胴体瘦肉率在 64% 左右。在生产商品猪的杂交中多用作终端父本。

4. 皮特兰猪 原产于比利时。被毛灰白,夹有黑色斑块,还杂有部分红毛。皮特兰猪具有体躯宽短、背膘薄、后躯丰满、肌肉特别发达等特点,是目前世界上瘦肉率最高的一个猪种。但该品种的肌纤维较粗,肉质、肉味较差。性成熟较晚,初产母猪产仔 7 头左右,经产母猪产仔 9 头左右,日增重 800 克以上,饲料转化率为 2.4,胴体瘦肉率达 64%。在生产商品猪的杂交中多用作终端父本。

引进品种具有共性的种质特性如下。

第一,生长速度快,饲料转化率高。体格大,体型均匀,背腰微弓,后躯丰满,呈长方形体型。成年猪体重在 300 千克左右。生长肥育期日增重在 700～800 克或以上,料重比在 2.8 以下。

第二，屠宰率和胴体瘦肉率高。体重为 100 千克时屠宰，屠宰率可达 70% 以上，胴体背膘厚在 1.8 厘米以下，眼肌面积在 33 厘米^{2}以上，后腿比例 30% 以上，胴体瘦肉率在 62% 以上。

第三，肉质较差。肉色、肌内脂肪含量和风味都不及我国地方猪种，尤其是肌内脂肪含量在 2% 以下。出现白肌肉和暗黑肉的比例高，尤其皮特兰猪白肌肉的发生率较高。

第四，繁殖性能差。母猪通常发情不太明显，配种难，产仔数较少。长白猪和大约克夏猪经产母猪产仔数为 11~12.5 头，杜洛克猪、皮特兰猪一般不超过 10 头。

第五，抗逆性较差。

(三)培育品种　从 1949 年至 1990 年的 41 年间，我国广大养猪工作者和育种专家通力协作，在全国 23 个省、自治区、直辖市共育成新品种、新品系 38 个，近年来又有一些新品种或配套系育成，并通过国家畜禽品种审定委员会猪品种审定专门委员会的审定。这些猪的新品种和新品系既保留了我国地方品种的优良特性，又兼备了引入品种的特点，大大丰富了我国猪种资源基因库，推动了我国猪育种科学的进步，并且普遍应用于商品瘦肉猪生产。在猪的杂交繁育体系中，一般作为母系品种。主要培育品种如下。

1. 哈尔滨白猪　哈尔滨白猪简称哈白猪，产于黑龙江省南部和中部，以哈尔滨市及周围各县较为集中。哈尔滨白猪是当地猪种同约克夏、巴克夏和俄罗斯不同地区的杂种猪进行无计划的杂交，形成了适应当地条件的白色类群。自 1953 年以来，通过系统选育，扩大核心群，加速繁殖与推广，1975 年被认定为新品种。

哈白猪全身被毛呈白色，体型较大，头中等大小，两耳直立，颜面微凹。背腰平直，腹稍大不下垂。腿臀丰满，四肢健壮，体质结实。成年公猪体重为 200~250 千克，体长 150 厘米左右；母猪相应的为 180~200 千克和 140 厘米左右。8~9 月龄体重可达 90~100 千克，日增重约 587 克，饲料转化率为 3.7，体重 115 千克时屠宰,屠宰率在75%左右,眼肌面积在30厘米²左右,腿、臀比例为28%左右。体重90千克时屠宰,胴体瘦肉率45%～50%,背膘厚4厘米。母猪初情期为160日龄左右,发情周期20天左右,发情持续期2～3天。母猪一般在8月龄、体重达90～100千克时配种,公猪在10月龄、体重为120千克左右时开始配种。初产母猪平均产仔数9.4头,经产母猪平均产仔数11.3头。乳头6～7对。仔猪断奶时的平均体重为13.5千克。该猪具有较强的抗寒能力和耐粗饲性能,在肥育期间表现生长快、耗料少,母猪具有产仔多和哺育性能好等特点。

2. **上海白猪** 上海白猪的中心产区位于上海市近郊的上海县和宝山县。1963年以前的很长一段时期,上海市及近郊已形成相当数量的白色杂种猪群,这些杂种猪具有本地猪和中约克夏猪、苏白猪、德国白猪等的血缘。1965年以后广泛开展育种工作,1979年被认定为一个新品种。

上海白猪全身被毛白色,体质坚实,体型中等偏大,头面平直或微凹,耳中等大略向前倾。背宽,腹稍大,腿臀较丰满。有效乳头7对。成年公猪体重250千克左右,成年母猪体重180千克左右。在良好的饲养条件下,170日龄体重可达90千克,体重在20～90千克阶段日增重615克左右,料肉比3.62∶1。体重90千克时屠宰,屠宰率达70.55%,眼肌面积为26厘米²,腿、臀比例27%,胴体瘦肉率达52.5%。公猪一般在8～9月龄、体重100千克以上时开始配种。母猪初情期为6～7月龄,发情周期19～23天,发情持续期2～3天,多在8～9月龄配种。初产母猪产仔数9头左右,经产母猪产仔数11～13头。用杜洛克猪或大约克夏猪作父本与上海白猪杂交,一代杂种猪在良好的饲养条件下自由采食干粉料,在体重为20～90千克阶段,日增重为700～750克,料肉比3.1～3.5∶1。杂种猪在体重为90千克时屠宰,胴体瘦肉率可达60%以上。

3. 湖北白猪　主产于湖北武昌地区,是1973～1978年展开大规模杂交组合试验,确定以通城猪、荣昌猪、长白猪和大白猪作为杂交亲本,并以大白猪×(长白猪×本地猪)组合组建基础群,于1986年育成的瘦肉型猪新品种。

湖北白猪被毛全白,头稍轻、直长,两耳前倾或稍下垂,背腰平直,中躯较长,腹小,腿臀丰满,肢蹄结实,有效乳头12个以上。成年公猪体重250～300千克,母猪体重200～250千克。该品种具有瘦肉率高、肉质好、生长发育快、繁殖性能优良等特点。6月龄公猪体重可达90千克。在体重为25～90千克阶段平均日增重600～650克,料肉比在3.5:1以下,达到90千克体重的日龄为180日龄。初产母猪产仔数为9.5～10.5头,经产母猪为12头以上。以湖北白猪为母本与杜洛克猪和汉普夏猪杂交均有较好的配合力,特别是与杜洛克猪杂交效果明显。杜×湖杂交种一代肥育猪在体重为20～90千克阶段,日增重650～750克,杂种优势率10%,料肉比3.1～3.3:1,胴体瘦肉率在62%以上,是开展杂交利用的优良母本。

4. 三江白猪　主产于黑龙江省东部合江地区,是以长白猪和东北民猪为亲本,进行正反杂交,再用长白猪回交,经6个世代定向选育10余年培育成的瘦肉型猪新品种,于1983年通过鉴定,正式命名为三江白猪。

该猪种属瘦肉型品种,具有生长快、产仔较多、瘦肉率高、肉质良好和耐寒冷气候等特性,主要分布于黑龙江省东部三江平原地区,是生产商品猪及开展杂交利用的优良亲本。该猪种被毛白色,中躯较长,腹围较小,后躯丰满,四肢健壮。成年公猪体重250～300千克,成年母猪体重200～250千克。后备公猪6月龄体重可达80～85千克,后备母猪6月龄体重可达75～80千克。肥育猪在体重为20～90千克阶段日增重600克左右,体重达90千克的日龄为185天,胴体瘦肉率57%～58%。初产母猪产仔数9～10

头,经产母猪为 11~13 头。三江白猪与杜洛克猪、汉普夏猪、长白猪杂交都有较好的配合力,与杜洛克猪杂交效果显著,后代肥育期平均日增重 650 克,瘦肉率可达 62%。

5. 北京黑猪 北京黑猪的中心产区为北京市国营北郊农场和双桥农场。基础群来源于华北型本地黑猪与巴克夏猪、中约克夏猪、苏白猪等国外优良猪种进行杂交,产生的毛色、外貌和生产性能颇不一致的杂种猪群。1960 年以来,选择优秀黑猪组成基础猪群,通过长期选育,于 1982 年通过鉴定,确定为肉脂兼用型新品种。

北京黑猪全身被毛黑色,体质结实,结构匀称。头大小适中,两耳向前上方直立或平伸,面部微凹,额较宽,颈肩结合良好,背腰较平直且宽,腿臀较丰满,四肢健壮。乳头多为 7 对。成年公猪体重 262 千克,成年母猪体重 236 千克。初产母猪平均窝产仔数 10 头,经产母猪平均窝产仔数 11.52 头。据测定,在体重为 20~90 千克阶段,平均日增重为 609 克,料肉比为 3.7∶1。屠宰率为 72.4%,胴体瘦肉率为 51.5%。长白猪×北京黑猪一代杂种猪在体重为 20~90 千克阶段,日增重 650~700 克,料肉比为 3.2~3.6∶1,胴体瘦肉率在 55%左右。杜洛克×(长白猪×北京黑猪)和大约克夏×(长白猪×北京黑猪)三元杂交后代日增重 600~700 克,料肉比为 3.2~3.5∶1。在体重 90 千克时屠宰,胴体瘦肉率可达 58%以上。

二、各类猪种繁殖性能的比较和繁殖性能 表现出的杂种优势

(一)各类猪种繁殖性能的比较 反映母猪繁殖性能的指标很多,其中窝产仔数是最重要、对繁殖效率影响最大的指标。现将地方品种、引进品种和培育品种(每一类选择有代表性、分布较广的

品种)的产仔数进行比较,结果见表 2-1。

表 2-1 我国现有猪种的产仔性能 (单位:头)

类 型	品 种	窝产仔数		窝产活仔数	
		初 产	经 产	初 产	经 产
地方品种	民 猪	12.2	15.55	10.56	13.59
	河套大耳猪	8.4	10.11	8.19	9.01
	姜曲海猪	10.37	12.91	9.77	12.05
	二花脸猪	12.42	15.3	11.46	13.59
	嘉兴黑猪	10.82	15.02	10.19	14.07
	金华猪	10.56	14.22	10.13	13.26
	大围子猪	9.78	13.45	9.37	12.91
	内江猪	9.35	10.4	—	9.8
	大花白猪	8.45	10.11	8.19	9.01
平 均		10.26	13	9.73	11.92
引进品种	大白猪	9.5~10.5	11~12.5	8.5~9	10.3~10.5
	长白猪	9~10	11~12	8~8.5	9.5~10
	杜洛克猪	9~9.5	10~11	8.5~9	9~9.5
	皮特兰猪	8~8.5	9~10	7.5~8	8.5~9.5
	汉普夏猪	7~8	8~9	6.5~7	7.5~8.5
平 均		8.5~9.3	9.8~10.9	7.8~8.3	8.9~9.6
培育品种	哈尔滨白猪	9.4	11.3	—	—
	上海白猪	9	12.5	—	—
	湖北白猪	10.5	13	—	—
	三江白猪	10	13	9.59	12
	北京黑猪	10.5	11.7	10.13	11.01
平 均		9.9	12.3	—	—

　　表 2-1 所列的引进品种为世界著名猪种,广泛分布于全世界,品系很多。由于饲养管理条件不同、选育方向和方法不同,各个品系之间繁殖性能存在差异。我国多年来不断引进国外品种,尤其是近年来引进的数量较多,引进的地区和品系也很多,如长白猪就有加系长白、英系长白、丹系长白等;大白猪自 1957 年由澳大利亚引入后,近年来又相继从英国、美国、加拿大等国引进;杜洛克猪于1978 年第一次从英国引进,以后又相继从美国、日本、匈牙利等国引入多批。这些来源于不同国家和地区的猪种,其产仔数不尽相同,很难用一个平均数来反映。因此,表 2-1 中引进品种的数据,根据不同文献的报道,取其范围值较为妥当。而我国地方品种和培育品种的来源较为单一,品系也不多,分布也有较强的地区性,用平均值来反映其产仔性能是可行的。

　　从表 2-1 中的数据可见,我国地方猪种的繁殖性能最高,引进品种相对较低,而培育品种介于两者之间。这是因为培育品种一般是由我国的地方品种和引进猪种经多代杂交选育而成,既有我国地方猪的血缘,又有引进猪种的血缘。

(二)繁殖性能表现出的杂种优势

1. 猪的繁殖性状属于低遗传力性状　　遗传力是代表由遗传变异决定的表型变异部分,即代表由遗传变异中可遗传给下一代的最大部分。遗传力值越高,通过表型选择该类性状,其遗传进展越快。对低遗传力性状进行个体选择,选择反应较差。繁殖性状的遗传力一般为 0.1 左右(表 2-2)。由于繁殖性状遗传力低,一般认为难以通过个体选择得到遗传改良。

表 2-2　猪繁殖性状的遗传力估计值

性　状	遗传力(h^2)	作　者
窝产仔数	0.1	Mike Eills(1998)
窝产活仔数	0.1	Mike Eills(1998)

续表 2-2

性 状	遗传力(h^2)	作 者
3 周龄仔猪数	0.08	Mike Eills(1998)
断奶仔猪数	0.06	Mike Eills(1998)
仔猪断奶成活率	0.05	Mike Eills(1998)
初生重	0.15	Mike Eills(1998)
3 周龄重	0.13	Mike Eills(1998)
断奶重	0.12	Mike Eills(1998)
初生窝重	0.15	Mike Eills(1998)
3 周龄窝重	0.14	Mike Eills(1998)
断奶窝重	0.12	Mike Eills(1998)
排卵率	0.35	Mike Eills(1998)
重配间隔	0.2	Mike Eills(1998)

2. 低遗传力的繁殖性状表现显著的杂种优势 杂种优势的定义为:杂种一代(F_1)与纯合亲代均值间的差数。换言之,所谓杂种优势就是不同品种、品系间杂交,杂交后代性能平均值超过双亲平均值的那部分。遗传力低的性状杂交优势高,遗传力高的性状杂交优势低。一般来说,繁殖力和健壮性(抗应激能力、四肢强健程度等)表现出较高的杂种优势;生长速度和饲料转化率属于中等杂种优势的性状;而屠体性状、背膘厚、胴体长、眼肌面积、肉的品质等表现为弱或不表现杂种优势的性状(表 2-3)。

表 2-3 遗传力与杂交优势、近交衰退间的关系

性　状	遗传力	近交衰退	杂交优势
繁殖力	低	高	高
生活力、健壮程度	低	高	高
生长速度	中	中	中
胴体性状、背膘厚	高	低	低

3. 杂种优势的计算

杂种优势的计算公式如下。

$$杂种优势率(\%)=\frac{杂一代平均值-双亲平均值}{双亲平均值}\times100\%$$

法国和英国在 20 世纪 80 年代对我国的太湖猪开展了一系列的杂交试验,根据郑丕留(1985,1987,1989)的数据将法国和英国的研究结果综合成表 2-4。

表 2-4 欧洲猪与太湖猪及其杂交后代产仔性能统计 （单位:头）

品种或杂交组合	窝平均产仔数	窝平均产活仔数
法国长白猪	10.06	9.56
英国大白猪	12.01	10.83
梅山猪	15.08	14.04
嘉兴猪	15.1	14.07
大白猪×梅山猪	15.62	13.79
梅山猪×长白猪	14.55	13.36
大白猪×嘉兴猪	16.2	14.93
长白猪×嘉兴猪	16.06	15.29

根据表 2-4 的结果,计算大白猪×梅山猪、梅山猪×长白猪、大白猪×嘉兴猪、长白猪×嘉兴猪 4 种杂交组合的杂交一代(F_1)

在产仔数方面的杂种优势率(表 2-5)。

表 2-5 杂交一代(F_1)在产仔数方面的杂种优势率 (单位:头)

杂交组合 (F_1)	窝平均产仔数			窝平均产活仔数		
	F_1 均值	双亲均值	杂种优势率	F_1 均值	双亲均值	杂种优势率
大白猪×梅山猪	15.62	13.54	15.36%	13.79	12.43	10.94%
梅山猪×长白猪	14.55	12.57	15.75%	13.36	11.8	13.22%
大白猪×嘉兴猪	16.2	13.56	19.46%	14.93	12.45	19.91%
长白猪×嘉兴猪	16.06	12.58	27.67%	15.29	11.82	29.35%

由表 2-5 可见,4 种杂交组合的杂交一代(F_1)窝平均产仔数方面的杂种优势率在 15.36%~27.67%,窝平均产活仔数方面的杂种优势率在 10.94%~29.35%,杂种优势非常明显。

4. 杂种优势的分类 经过性能测定所得到的个体记录可能受到 3 种效应的作用,如母猪的窝产仔数受到父本效应(公猪的配种能力和精液的授精力)、母本效应(母猪的排卵数、子宫内环境、生活力和抵抗力)和个体(子代)效应(仔猪的生活力和抵抗力)的影响。因此,杂种优势一般也分为 3 种类型。

(1)父本杂种优势 取决于公猪的基因型,是指杂种代替纯种作父本时公猪性能所表现出的优势。表现在杂种公猪比纯种公猪性成熟早,睾丸较重,射精量大,精液品质较好,受胎率高,年轻公猪性欲强等特点。因此,父本杂种优势主要影响繁殖性能,对生长和胴体性状影响不大。

(2)母本杂种优势 取决于母猪的基因型,是指杂种代替纯种作母本时所表现出的优势。表现在杂种母猪比纯种母猪产仔多(一般情况下母本杂种优势率为 10%左右),泌乳力强,体质健壮,断奶窝重也相应较高(优势率也可达 10%左右)。母本杂种优势在生长和胴体性状上表现甚微。

（3）个体杂种优势　又称直接杂种优势、后代杂种优势和子代杂种优势，指杂种仔猪本身呈现的杂种优势，取决于杂交商品猪的基因型。主要表现在杂种仔猪比纯种仔猪生活力更强，死亡率降低，生长速度较快等。

以上杂种优势的 3 种类型，影响繁殖性状的是父本杂种优势和母本杂种优势，其中又以母本杂种优势影响最大，尤其对于最主要的繁殖性状——产仔数的影响，主要来自于母本杂种优势。

5. 母本杂种优势效应的估计　母本杂种优势的估计公式如下。

$$Hm = [C(AB) + C(BA)] \div 2 - [CA + CB] \div 2$$

式中，AB 是以 A 品种为父本、B 品种为母本的 F_1 均数，BA 是以 B 品种为父本、A 品种为母本的 F_1 均数；C(AB)、C(BA) 是以 C 品种为父本正反交 F_1 为母本的三元杂交均数；CA、CB 是以 C 品种为父本，A、B 分别为母本的二元杂交均数。

从估计公式可以看出，进行母本杂种优势的无偏估计需要很高的费用和很长的时间。Sellier(1976) 和 Johnson(1981) 对繁殖性状母本杂种优势进行了试验研究，得出的平均估计值见表 2-6。

表 2-6　猪繁殖性状母本杂种优势的平均估计值

繁殖性状	Sellier,1976		Johnson,1981	
	绝对值	%	绝对值	%
产仔数	+0.75	8	+0.93	9.9
断奶仔猪数	+0.95	11	+0.93	13
断奶仔猪重（千克）	0	0	+0.15	2.8
断奶窝重（千克）	+8	10	+6.4	16.7

Sellier(1976) 对繁殖性状母本杂种优势的变异范围进行了研究，结果见表 2-7。

表 2-7　繁殖性状母本杂种优势的变异范围

性　状	最　小	最　大	N
产仔数（头）	+0.3	+1.8	7
断奶仔猪数（头）	+0.4	+1.2	7
断奶仔猪重（千克）	-4	+3	7
断奶窝重（千克）	+2	+18	7

以上这些数据可供我们在利用母本杂种优势时参考。

6. 遗传互补性　是指不同亲本群体所具有的优点相互补充，目的在于通过杂交将 2 个或 2 个以上群体的不同优良性状结合于商品猪上，使商品猪的优点比任何两亲本群体都全面，从而提高其商品价值。

遗传互补性涉及多个性状的复合。一般来说，猪的生长肥育性能和繁殖性能往往为负相关。如果 2 个群体在有关生长肥育性能和繁殖性能间相互补充时，我们说两者存在遗传互补性。

繁殖性能几乎只依赖于母本的遗传素质。在一个杂交方案中，当一个具有高繁殖性能的群体作为母本系，而另一个具有特别理想的生长肥育性能群体作为父本时，可以利用遗传互补性。

三、商品猪生产杂交组合的选择

我国商品猪的生产，正向着高产、优质、高效的现代养猪方向发展。现代养猪的生产体系，均采用杂交的方式，以充分利用杂交优势。于是，因地制宜地选择优秀的杂交组合，就成为提高规模猪场繁殖效率的基础。

目前，商品猪生产的杂交方式有二元杂交、三元杂交、四元杂交以及四元以上的多元杂交。在选择杂交组合时，要将生长和胴体性状与繁殖性状统筹考虑。

(一)二元杂交父母本的选择 从遗传互补的观点出发,对二元杂交(AB)母本(B)的选择应侧重于繁殖性能;而父本(A)则应要求有很好的生长速度和胴体品质,多产性则是次要的。根据这一原则,引进的国外品种(大白猪、长白猪、杜洛克猪、皮特兰猪等)显然是父本品种的主选,其中的杜洛克猪又以其良好的生长性能和胴体品质,以及良好的配合力成为父本品种的首选。母本则以培育品种和地方良种为主,以充分发挥其较高的繁殖性能。二元杂交的模式见图 2-1。

图 2-1 中 A 为父本,一般为引进品种;B 为母本,一般为我国自行培育的品种或地方良种;AB 为商品肉猪。

图 2-1 二元杂交模式 我国于 20 世纪 70 年代以来,在全国范围内推广公猪外来良种化、母猪本地良种化、商品猪杂交化的二元杂交模式,并开展了一些杂交组合试验,筛选出一些适合各地养猪生产实际的杂交组合。对 17 个品种(品系)的 265 个杂交组合进行了 146 批次的试验,筛选出 8 个优良杂交组合,其中包括 4 个二元杂交组合,它们是杜洛克猪×上海白猪、杜洛克猪×湖北白猪、杜洛克猪×三江白猪、杜洛克猪×浙江中白猪。

这些组合都在不同程度上促进了我国养猪生产的发展,至今仍有一些地区的猪场按上述的杂交模式生产。在我国广大农村,也还有相当一部分的猪场,主要使用本地的地方良种作母本,引进品种作父本,如长本(长白猪×地方良种)、大本(大白猪×地方良种)、杜本(杜洛克×地方良种)等。

二元杂交生产模式的优点是方法简单,操作容易,制种成本较低。不足之处在于繁殖性能的杂种优势不能得到充分利用,因为杂一代全部作商品猪用。

(二)三元杂交父母本的选择 三元杂交即 C(AB),纯种母本

(B)应按二元杂交时母本的要求进行选择,而对第一父本(A)的挑选应考虑到杂交一代(F_1)母猪(AB)仍具有较好的繁殖性能。因此,第一父本要选用与纯种母本在生长肥育和胴体品质上能互补的,且多产性较好的引进品种。根据我国引进种猪的实际情况,第一父本应首选大白猪,其次是长白猪;终端父本的挑选应着重考虑生长速度和胴体品质,就我国的情况应选用杜洛克作终端父本。三元杂交的模式见图2-2。

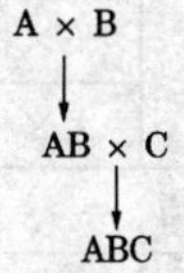

$$A \times B$$
$$\downarrow$$
$$AB \times C$$
$$\downarrow$$
$$ABC$$

图2-2　三元杂交的模式

图2-2中 A 为第一父本,首选大白猪,其次是长白猪;B 为纯种母本,应充分考虑其繁殖性能;C 为终端父本,一般选用杜洛克猪。

欧洲商品猪的生产模式以杜长大、杜大长的三元杂交组合为主。我国筛选出的 8 个优良杂交组合,其中包括 4 个三元杂交组合,它们是杜洛克猪×(长白猪×北京黑猪)、大白猪×(长白猪×北京黑猪)、杜洛克猪×(长白猪×嘉兴黑猪)、杜洛克猪×(长白猪×太湖猪)。

近年来,国内的规模猪场普遍推广的三元杂交模式有两种:一种称为外三元(或洋三元),即 3 个品种均为引进的国外品种,如杜长大、杜大长等;另一种称为内三元(或土三元),即第一、第二父本为引进品种,如杜洛克猪、大白猪、长白猪等,母本为培育品种或地方良种。第二种模式(内三元)利用了培育品种和我国地方良种的高繁殖性能,繁殖效率较高。四川农业大学毛剑、辽宁省丹东市种畜场胡成波等人、浙江省绍兴市畜牧兽医站孙菊英等人、广东省农业科学院蔡更元等人和湖南省韶山市畜牧水产局钟建生等人,分别对外三元和几种内三元杂交组合的产仔情况进行了观察和统计,结果见表2-8。

表 2-8　我国一些三元杂交组合的产仔情况　（单位：头）

杂交组合（♂×♀）		窝平均产仔数		窝平均产活仔数	
类　型	名　称	初　产	经　产	初　产	经　产
外三元	杜×大长	11.1	12.15	10.37	11.4
	杜×长大	11.67	12.6	11.1	11.9
	长×杜大	10.71	11.75	9.8	10.3
	大×杜长	9.52	11.48	9.2	10.3
平　　均		10.75	11.99	10.11	10.97
内三元	杜×大雅	12.3	13.8	11.8	13.18
	杜×长雅	12.03	13.4	11.05	13.22
	大×杜雅	12.25	13.75	11.72	12.9
	杜×长黑	12.4	13.9	12	13.26
	杜×大黑	12	13.3	11.5	12.97
	长×杜黑	12.33	13.67	11.66	13.17
	大×杜黑	12.17	13.6	11.84	12.95
	大×长嵊	—	14.2	—	13.5
	大×长嘉	—	14.8	—	13.8
	大×长金	—	11.4	—	11.4
	杜×长上	—	12.84	—	11.78
	杜×长湖	—	12.54	—	11.62
平　　均		12.21	13.43	11.65	12.81

注：表中"雅"为雅南猪，"黑"为辽宁黑猪，"嵊"为嵊县花猪，"嘉"为嘉兴黑猪，"金"为金华猪，"上"为上海白猪，"湖"为湖北白猪

由表 2-8 可见，内三元的繁殖性能高于外三元。三元杂交目前已成为我国规模化猪场生产商品猪的主要模式。

（三）四元杂交父母本的选择　四元杂交可分为以下两种模式。

1. 第一种模式 利用三元杂交所得到的杂种母猪,再用另一品种的公猪与之杂交,杂交后代作商品猪(图 2-3)。

这种杂交模式终端父本的选择,应以生长速度和胴体性能为主。而这之前的三元杂交,应充分考虑繁殖性能,使三元杂交的后代(即四元杂交的终端母本)具有较高的繁殖力。

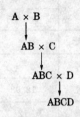

图 2-3 四元杂交的第一种模式

2. 第二种模式 用 4 个品种的猪,首先分别进行两两杂交,从其后代选留优良个体,再进行杂交,又称为双杂交,即(AB)×(CD),见图 2-4 所示。

图 2-4 四元杂交的第二种模式(双杂交)

这种杂交模式中 A 系和 B 系的挑选重点是相同的,应与三元杂交时对终端父本的要求相似,即侧重于产肉性能,当然从互补的角度出发,A 系和 B 系还应有所差别。C 系的挑选同三元杂交时的第一父本,D 系则同三元杂交时的纯种母本。

四元杂交的优点是可以充分利用杂种公母猪的杂种优势,能表现出更高的繁殖力,并使四元杂交后代的生产性能更高。其缺点是需要的亲本多,而且要进行杂种公猪和杂种母猪的制种,建立繁育体系复杂,中小型规模猪场不容易操作。

目前,我国规模化猪场应用四元杂交模式生产商品猪的还不多,现将几例四元杂交组合的产仔情况列于表 2-9,供参考。

表 2-9　四元杂交组合的产仔数　（单位：头）

杂交组合 （♂×♀）	窝平均产仔数		窝平均产活仔数	
	初产	经产	初产	经产
皮杜×长大	—	10.9	—	10.22
杜大×长嵊	—	14.2	—	13.6
杜×大长雅	12.08	13.7	11.7	13.05
杜×大长黑	12	13.67	11.67	13.03

有些四元杂交组合与三元杂交组合在繁殖性能方面的杂种优势表现得更突出一些。江西农业大学兰旅涛等人用二花脸猪为母本，用新美系杜洛克猪、德系抗应激皮特兰猪、加系双肌臀大白猪和新丹系长白猪等瘦肉型猪种作为父本，进行四元配套杂交组合试验，并与杜长大三元杂交组合进行比较，结果表明二花脸猪土四元杂交组合在繁殖性能方面有突出表现，优于杜长大，尤其是以长大杜二组合的杂交效果最为理想（表 2-10）。

表 2-10　各杂交组合经产母猪的繁殖性能

杂交组合（♂×♀）	窝数（窝）	窝平均产仔数（头）	窝平均产活仔数（头）
长大×皮二	37	12.93±3.17	12.71±3.12
长大×杜二	65	14.51±3.91	13.86±3.66
皮杜×大二	21	12.02±2.86	11.63±3.13
杜×长大	32	11.04±3.16	10.14±3.23

第二节　合理调整种猪结构

规模猪场生产的品种或杂交组合确定之后，接下来就是要建立种公母猪个体优化、数量配置合理的种猪群体，并且不断进行调整，及时淘汰繁殖性能低或超过配种年龄的种猪，使种猪个体始终处于最佳的繁殖状态，使种猪群体始终处于最合理的配置结构。

一、种公猪的优化使用

正确利用种公猪不仅能保持良好的精液品质，提高受胎率和产仔数，而且有助于延长其种用寿命。利用不当，不仅会降低繁殖效率，而且会缩短种用年限，提高种公猪的培育成本。要最大限度地发挥优秀公猪的作用，合理利用至关重要。

（一）初配年龄和体重　适宜的初配期，有利于提高公猪的种用价值。过早使用会影响种公猪本身的生长发育，缩短其利用年限；过晚配种会引起公猪性欲减退，影响正常配种，甚至失去配种能力。种公猪的初配年龄，依品种、生长发育状况和饲养管理条件的不同而有区别。我国地方品种性成熟早，国外品种、培育品种和杂种公猪性成熟较晚，最适宜的初配年龄，要以品种、年龄和体重进行综合权衡而定。

一般情况下，我国地方品种的初配年龄为 6～8 月龄，体重达 60 千克以上；引进的国外品种和培育品种初配年龄为 8～10 月龄，体重达 90 千克以上。也就是说，初配时的体重应达到该品种成年体重的 50%～60%。

（二）使用强度　种公猪的使用要根据年龄和体质强弱合理安排，如果使用过度就会出现体质虚弱、配种能力降低和使用年限缩短等情况；而如果利用不够，则会出现身体肥胖笨重，同样导致配种能力低下。因此，掌握种公猪合理的使用强度是非常重要的。一般情况下，种公猪每 2～3 天使用 1 次较为适宜。成年种公猪比青年种公猪的使用强度可稍大一些。公猪合理的使用强度可提高母猪的受胎率和产仔数。

表 2-11 统计了某品种公猪的使用强度与母猪产仔数之间的关系。

表 2-11　种公猪配种间隔时间对母猪产仔数的影响

两次配种的间隔时间(天)	统计窝数(窝)	窝产仔数(头)
0	289	9.51
1~2	455	10.71
2~4	253	10.13
5~6	241	10.46
7~9	167	10.44
10~30	200	9.56
>30	36	9.77

表 2-11 的数据显示,种公猪两次配种的间隔时间小于 1 天,母猪的窝产仔数较低;种公猪两次配种的间隔时间在 2 天以上,母猪有较高的窝产仔数;而如果种公猪两次配种的间隔时间过长,休息得太久,反而会降低母猪的窝产仔数。

(三)使用年限　种公猪的使用年限一般为 3~4 年(4~5岁),2~3 岁正值壮年,为配种的最佳时期,年更新率为 30%。在一般的商品猪场,如果使用合理、饲养良好、体质健壮结实、膘情良好,可适当延长使用年限至 5~6 岁;而在育种场,为缩短世代间隔,加快育种进程,使用年限较短,为 1~2 年,对特别优秀的种公猪可采用世代重叠,延长利用年限。

(四)种公猪生产水平的评估　种公猪饲养情况怎样,生产水平如何,需要如何改进,是否需要淘汰,需要一个评估标准,达到这个标准的,可以继续使用。达不到这个标准的,应淘汰或改善饲养管理条件(表 2-12)。

表 2-12　种公猪生产水平评估参考标准

指　标		一　般	较　好
膘　情		稍肥或稍瘦	适　中
身体状况		健　康	健康,有活力
性　欲		一　般	强
新鲜精液外观		乳白色,有腥味	云雾状,乳白色,有腥味
每次射精量		150～300 毫升	300～500 毫升
每次射精总精子数		200 亿～400 亿个	400 亿～800 亿个
精子活力		0.7	0.7 以上
配种受胎率		初产母猪 75％,经产母猪 85％以上	初产母猪 80％以上,经产母猪 95％以上
窝产仔数		9 头左右	10 头以上
每头种公猪每年的配种任务	本　交	25～30 头母猪	30～40 头母猪
	人工授精	100～150 头母猪	250～350 头母猪

二、种母猪的优化使用

即根据母猪的年龄、胎次、身体状况合理利用,及时淘汰年龄胎次较大、体质弱或产仔记录差的母猪,使繁殖群母猪始终处于最佳的繁殖状态。

(一)初配年龄和体重　母猪的适配年龄应根据其生长发育情况而定,一般在性成熟期以后,其体重达到成年体重的 70％～75％为宜。瘦肉型青年母猪的适配年龄一般在 8～9 月龄,即240～280 日龄,而我国地方猪种母猪的适配年龄一般在 5～6 月龄,在这一时期配种,受胎率和产仔数均较高。

(二)适宜的年龄胎次　一般初产母猪窝产仔数少于经产母猪,从第一至第四胎产仔数逐渐增加,第五至第七胎的窝产仔数达到最多,然后相对稳定。从 4.5 岁后,窝产仔数开始下降(图 2-5)。

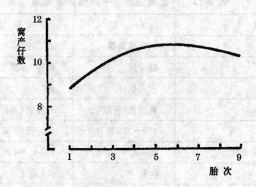

图 2-5　母猪胎次与窝产仔数的关系

　　何勇军等对南方某大型养猪场长大母猪各胎次窝平均产仔数的调查情况见表 2-13。

表 2-13　长大母猪各胎次窝产仔数情况

胎　次	调查窝数(窝)	窝平均产仔数(头)
1	262	8.6±2.38
2	255	8.98±2.47
3	239	9.41±2.54
4	237	9.87±2.41
5	254	10.2±2.27
6	234	10.6±2.59
7	193	10.9±2.5
8	157	11.0±2.49
9	192	9.99±2.85
10	148	9.86±2.63

在我国目前的情况下,一般种母猪利用 5～6 胎,优良个体可利用 7～8 胎。

三、种猪群结构的优化

种猪群结构的优化包括公、母猪数量的合理配置和母猪群各胎次母猪的合理搭配。

(一)公、母猪比例　根据规模猪场不同的繁殖计划以及不同的配种方式,公、母猪的数量配置有所不同。

1. 季节性产仔　有些猪场根据当地市场的需求,采用季节性产仔,母猪集中在一段时间内配种。在这种情况下,以母猪年产 2 窝,每情期交配 2 次计算,如果采用本交,1 头公猪可负担 25～30 头母猪的配种任务,也就是说,公、母猪的比例为 1∶25～30。而如果采用人工授精,一般情况下 1 头种公猪可负担 100～150 头母猪的配种任务,也就是说,公、母猪的比例为 1∶100～150。

2. 常年产仔　目前更多的猪场采用常年分娩、常年产仔、常年配种的方式,在这种情况下,每头种公猪可比季节性产仔负担的母猪增加 1 倍。也就是说,如果采用本交,1 头公猪可负担 50～60 头母猪的配种任务,公、母猪的比例为 1∶50～60。而如果采用人工授精,一般情况下,1 头种公猪可负担 200～300 头母猪的配种任务,也就是说,公、母猪的比例为 1∶200～300。

(二)母猪群的结构　猪群结构是指种猪繁育各层次中种猪的数量,特别是种母猪数量,以便计算所需种公猪数量和能生产出的商品肉猪。合理的猪群结构,可从以下两方面考虑:一是确定商品肉猪杂交方案和生产数量,具体采用哪种杂交方法,应根据已有的猪种资源、猪舍及设备设施条件、市场状况等进行综合判断;二是要考虑包括遗传、环境和管理等在内的各种猪群的结构参数以及猪群本身的状况和性能表现,主要包括种猪使用年限、配种方式、公猪和母猪的比例、种猪的淘汰更新率、母猪年生产力以及每头母猪年提供的后备种猪数等重要参数。

一般来说,繁殖母猪数量约占全年出栏生猪总数的6%,种母猪利用5~6胎,优良个体可利用7~8胎,则母猪群合理胎龄结构为1~2胎占生产母猪的30%~35%,3~6胎占60%,7胎以上占5%~10%。在种猪繁育过程中,母猪的规模是关键。采用常规的二元、三元杂交模式时,各层次母猪占母猪总数的比例大致为核心群占2.5%,扩繁群占11%,生产群占86.5%,呈典型的金字塔结构。

(三)母猪的淘汰

1.母猪的淘汰率 在育种猪场,主要淘汰性能低下的个体,为的是遗传改良;在商品猪场,主要淘汰老弱病残和生产性能低下的个体,为的是保证种猪群的壮龄化、健康化和高性能化(表2-14)。在商品猪场,母猪一般利用到6~7胎,年更新率在30%左右。

表 2-14　母猪利用胎次(或年限)与母猪更新率的关系

每头母猪分娩窝数(窝)	按155天产仔间隔母猪在群年数(年)*	每年的更新率(%)
3	1.27	79
4	1.7	59
5	2.13	47
6	2.55	39
7	2.98	33
8	3.4	29
9	3.83	26
10	4.25	23

*年数等于从第一窝至最后一窝的时间

2. 淘汰母猪的原则　淘汰母猪应遵循以下原则：①连续配种 3 次没有受胎，或连续 2 个情期发情拒配的母猪；②断奶后 2 个月不发情的母猪；③哺育性能差的母猪（咬仔、拒乳、无乳等）；④窝产活仔数连续 2 胎在 5 头以下的母猪；⑤习惯性流产的母猪；⑥子宫炎久治不愈的母猪；⑦患有肢蹄病影响生产力的母猪；⑧7 胎以上繁殖性能下降的母猪。

3. 母猪的淘汰计划　以一个拥有 500 头基础群母猪的猪场来计算，淘汰率 30%，则年需更新 150 头母猪，每周需更新 3 头母猪。为保证母猪的更新，每周应配种 5 头，按 85% 的受胎率，受胎 4 头；根据 1～2 胎的繁殖成绩，再淘汰，于是可留 3 头转入基础群。一般应按以上原则进行淘汰。健康水平差的猪群，淘汰率还应提高。

第三节　自繁种猪的选留技术

原种猪场和种猪繁育场，其种猪主要靠自繁选留；有些较大型的商品猪场，本场也进行种猪的繁育工作。例如，一些三元杂交的猪场，自己进行杂交一代母本的繁育。种猪的选留，就是根据繁殖的需要，将预期生产性能优良的公、母猪留下来，并加以培育，最后充实进繁殖猪群。种猪选留直接关系到猪群的整体质量，对猪场的繁殖效率和经济效益影响重大。

一、种猪选留的原则

为了能选出性能优良的种猪，一般应考虑如下原则。

(一)尽可能地利用能够利用的所有信息与资料　如体型外貌、生产性能、自身表现以及祖先、后裔与同胞的生产成绩，这就要求规模猪场要有各种详实的记录。

(二)不同的品系(父系或母系)或性别对所选性状应有不同的侧重 如父系或公猪应注重生产性状、胴体性状和肌肉的丰满程度。体型外貌应符合品种特征,体质结实,肌肉发达,结构匀称,四肢健壮,生殖器官发育正常;增重快,饲料转化率高,背膘薄,瘦肉率高;性欲良好,配种能力强,精液检查品质优良。

母系或母猪应注重繁殖性状和与泌乳产仔有关的外形。体型外貌应符合品种特征,体质结实,结构匀称,四肢健壮,生殖器官发育正常,乳头7对以上,排列整齐,无瞎乳头和副乳头;发情明显,易受胎,产仔数多,泌乳力强,断奶窝重大;生产肥育性状也应给予一定程度的重视,如增重快,饲料转化率高,背膘薄,瘦肉率高等。

(三)尽可能选用现代的、最有效的选择方法 种猪选择的主要方法包括个体选择、系谱选择、同胞选择、后裔测定和分子选择等,在生产中,各规模猪场可根据实际情况灵活选择。

二、种猪选择的方法

(一)个体选择 是根据猪本身的外形和性状的表型值进行的选择。这种方法对中等以上遗传力的性状(如体型外貌、生长发育、生长速度和饲料转化率等)效果较好,且方法简单、有效、易掌握、实用性强。

1. 种公猪的个体选择 俗话说:"公好好一坡,母好好一窝。"一头种公猪在本交的情况下,每年要配种30多头母猪,产仔数百头;若采用人工授精,每年配种100余头,产仔数千头。因此,种公猪对后代的遗传影响是巨大的。种公猪的选择应从以下几方面考虑:一是生产性能,背膘厚度、生长速度和饲料转化率都属于中等或高遗传力的性状,因此对后备种公猪的选择首先应测定该公猪在这方面的性能,并进行比较,选择具有较高性能指数的公猪。二是优秀后备种公猪除性能指数较高之外,还应注意其外貌评分。

种公猪的外貌评定,应特别注意以下两个方面:一是身体结实度。种公猪身体结实是非常重要的,因为种公猪主要用于配种,需要强壮的肢蹄。二是乳房发育程度。对种公猪腹底线的选择没有后备母猪重要,但种公猪可以遗传诸如翻转乳头等异常腹底线给所生的小母猪。因此,如果要选留后代小母猪,则种公猪应当具有正常的腹底线。后备种公猪外貌评分标准见表 2-15。

表 2-15 后备种公猪外貌评分标准

部 位	评定说明	评定分数	
		满 分	得 分
基本特征	符合品种特征,雄性特征明显,身体结实匀称,骨骼强壮,被毛光滑而有色泽,膘情适中	40	
头 颈	头部大小适中,颈部坚实无过多肉垂	5	
背 腰	平直,结合良好	10	
腹 部	不下垂	5	
臀 部	肌肉发达,腿臀围大	10	
四 肢	肢蹄端正,无卧系。系短而强健,步伐开阔,行动灵活,无内外八字	20	
乳 房	发育正常,至少有 6 对正常乳头,乳头排列均匀	5	
外生殖器	睾丸发育良好,左右对称	10	

四川省畜牧科学研究院测定了四川省内主要种畜场饲养的引进种猪的体尺等主要外貌性状,制定了引进猪种成年公猪的选留和淘汰指标(表 2-16),可供选留种猪时参考。

表 2-16　成年公猪的选留与淘汰指标

评定项目	指　标
基本特征	符合品种特征,无凸凹背,体质结实,四肢坚实
体　长	长白猪 170～180 厘米,大约克夏猪 160～170 厘米,杜洛克猪 140～150 厘米
体　高	长白猪 85～95 厘米,大约克夏猪 85～95 厘米,杜洛克猪 85～95 厘米
繁殖性能	性欲强,配种受胎率高;射精量 200 毫升,精子活力在 0.8 以上
遗传缺陷	所产后代中患有锁肛、疝气等的个体不超过 5%
疾　病	患过细小病毒病、流行性乙型脑炎、伪狂犬病的个体应淘汰
四　肢	结实,无病变

2. 母猪的个体选择　母猪主要选择其母性能力(高产仔数和断奶重、温驯、易管理、身体结实),其次是背膘厚和生长速度,通常应满足以下条件:①易受精、受胎,产仔数高;②母性强、泌乳力强;③体质结实;④在背膘厚和生长速度上具有良好的遗传潜力。

四川省畜牧科学研究院制定的成年母猪选留和淘汰指标见表 2-17,可供参考。

表 2-17　成年母猪的选留与淘汰指标

评定项目	指　标
基本特征	符合品种特征,无凸凹背,体质结实,四肢坚实
体　长	长白猪 140～160 厘米,大约克夏猪 140～150 厘米,杜洛克猪 130～150 厘米,大长猪 140～155 厘米
体　高	长白猪 75～85 厘米,大约克夏猪 75～85 厘米,杜洛克猪 75～85 厘米,大长猪 75～85 厘米

续表 2-17

评定项目	指　标
繁殖性能	窝产活仔数:长白猪、大约克夏猪 8~11 头,长大猪、大长猪 9~12 头,连续 3 窝产活仔 24 头或 3 窝断奶仔猪 20 头以上 低于上述性能,或断奶后 30 天不发情,或连续 3 次配种失败者应予淘汰
遗传缺陷	所生仔猪中患有锁肛、疝气等的个体不超过 5%
疾　病	患过细小病毒病、流行性乙型脑炎、伪狂犬病等繁殖障碍疾病,患乳房炎、子宫炎、阴道炎、蹄病等经治疗无效的母猪,以及生产性能低的母猪,均应淘汰
四　肢	结实,无病变
年　限	母猪连续使用超过 5 年应淘汰

后备母猪的选择标准还应包括以下三方面内容。

一是乳房发育程度。后备母猪沿腹底线至少应均匀分布 12 个正常的乳头。后备母猪拥有的乳头数可在断奶前检查,当其达到配种年龄时,必须重新检查这些乳头的发育情况,如发现有瞎乳头、翻转乳头或其他畸形乳头时应予以淘汰。后备母猪的无效乳头在产仔后将明显降低对仔猪的哺乳能力,从而大大降低断奶仔猪数。因此,乳房选择是种用后备母猪选择的一个重点。

二是身体结实度。必须从遗传学和经受环境应激能力两方面来评价身体结实度。身体畸形的种母猪可能将其缺陷传递给下一代。很多后备母猪必须长时间站立在地面上,并且在配种时要支撑公猪的体重,因此肢蹄结构尤为重要,这些性状直接影响母猪的生产性能。通过淘汰群体中肢蹄较差的母猪,可提高猪群总体的肢蹄结实度。

三是生产性能。后备母猪选择的另一个标准就是种母猪的生产性能,包括胴体品质(背膘厚等)和生长速度等性状,后备母猪应当具有比猪群平均水平更好的胴体品质和生长速度。

(二)系谱选择 系谱是一个个体各代祖先的记录资料。系谱选择就是根据个体的双亲以及其他有亲缘关系的祖先的表型值进行的选择。这种方法资料来源早,一般用于在个体本身性状尚未表现出来时,作为选择的参考,多适用于中等遗传力性状(如肥育性状、胴体性状、肉质性状等)或低遗传力的性状(繁殖性状)。在个体的祖先中,父、母对个体的影响最大,在系谱选择中常常只利用父、母的成绩;祖代以上祖先的成绩已经没有很大的参考价值,较少使用。

系谱选择有一定的年龄限制,一般都在个体生长发育的早期阶段使用。如果已达5～6月龄,个体本身的一些主要性能和发育已能得到测定数据,这就要结合个体表型选择进行,以保证选择的效果。如果要选择繁殖性状,则采用家系和家系内相结合的方法比较有效。系谱选择准确度不高,一般只用于断奶时的选择参考。

(三)同胞选择 是根据同胞或半同胞的性能来选择种猪的一种方法。由于所选种猪的同胞、半同胞比其后代出现得早,因此利用同胞或半同胞的表型选择种猪,所用的时间比后裔测定所用的时间短。如要测定公猪后裔的产仔数,必须要等到该公猪的女儿成年产仔后才能进行,这样就大大减少了优秀种猪的使用年限。若利用同胞、半同胞选择,在种公猪成年的同时,就可以确定公猪的优劣,从而大大延长了优秀种公猪的使用年限。

(四)后裔选择 根据被测种猪子女平均表型值的高低来进行选种的方法,称为后裔选择。后裔选择是通过对子女的性能测定和比较来确定被测个体是否可留作种用。此方法主要用于种公猪的选择,也可用来鉴定母猪。具体做法是:从被测公猪和3头以上与配母猪所生的后裔中每窝选出3头(1公,1母,1阉公)共9头子女,以其生产性能成绩作为鉴定种公猪的依据;同窝3头的成绩作为鉴定母猪的依据。后裔选择应注意以下4点:①被测各公猪所配母猪的条件要尽可能一致;②后代的年龄、饲养管理条件以及其他环境条件应尽可能一致;③后代子女头数越多,鉴定结果的准确性越大;④以生产性能鉴定为主,同时要全面分析后代的外形、生长发育状况、适应性和有无遗传缺陷等。

后裔选择是准确性较高的选种方法,但选种速度较慢,同一头公猪要等到有后裔测定结果后才能大量使用,需要有 1.5~2 年的时间,延长了世代间隔,影响了选种效率。所以,目前的后裔测定仅在如下情况下采用:一是被选性状的遗传力低或是一些限性性状;二是被测公猪所涉及的母猪数量非常大,如采用人工授精的公猪。

三、种猪选留的程序

自繁后备猪的选择程序,一般经过下列 4 个阶段。

(一)断奶阶段选择 即第一次挑选(初选),这一阶段仔猪的生产性能尚未显示,此时对预留种猪的选择,主要依据其父母的成绩,同窝仔猪的整齐度以及断奶仔猪自身的发育状况和体质外貌来决定。应从亲代品质优秀、同胞仔猪多且长势良好、生长发育整齐均匀、断奶仔猪数多、断奶窝重大的家系中,在仔猪断奶时选留初生重大、断奶重大的个体。所选个体应生长发育好,结构匀称,体躯长且深广,皮毛光亮,背部宽长,四肢结实有力,稍高,肢距宽,尾根附着点高,眼大明亮有神,行动活泼,健康,乳头数在 7 对以上,排列均匀,具有本品种的外貌特征,本身和同窝仔猪没有明显的遗传缺陷。一般采用窝选或多留精选的方法。小母猪选 1 留 2,小公猪选 1 留 4。

(二)保育结束阶段选择 即第二次挑选,保育猪要经过断奶、换环境、换料等几关的考验,保育结束一般仔猪达 70 日龄。断奶初选的仔猪经过保育阶段后,有的适应力不强,生长发育受阻,有的遗传缺陷逐步表现,因此在保育结束时进行第二次选择,将体格健壮、体重较大、没有瞎乳头、公猪睾丸良好的初选仔猪转入下阶段测定。

(三)6月龄选择 即第三次挑选,6月龄时个体的重要生产性状(除繁殖性能外)都已基本表现出来。因此,这一阶段是选种的关键时期,应作为主选阶段。这时的选种要求综合考查,严格淘汰。除了考虑其生长速度、饲料转化率以及采食行为以外,还要观察其外形、有效乳头数、是否有瞎乳头,以及外生殖器的发育情况等,还应观察发情征候和规律。对在上述方面不符合要求的后备猪,应严格淘汰。除了以本身性能和外形表现为依据外,这个时期的选种还应参考同胞的成绩。该阶段的选留数量可比最终留种数量多15%~20%。

(四)初产阶段选择 即第四次挑选,这时后备种猪已经过3次选择,对其祖先、同胞、自身的生长发育和外形等方面已有了较全面的评定。在这个阶段,母猪本身已有繁殖能力和繁殖表现,对其选留或淘汰应以其本身的繁殖成绩为主要依据。对公、母猪同样要考虑其生长发育等情况和体型外貌,只是重点放在生产性能上。

1. 母猪选择 总产仔数特别是产活仔数多、母性好、护仔性强、泌乳力强、仔猪断奶成活率高、断奶窝重大、所产仔猪无遗传缺陷的母猪留作种用。

对出现下列情况的母猪可考虑淘汰:①至7月龄后毫无发情征兆者;②在1个发情期内连续配种3次未受胎者;③断奶后30天无发情征兆者;④母性太差者;⑤产仔数过少者。

2. 公猪选择 主要依据同胞姐妹的繁殖成绩,同胞测定的肥育性能和胴体品质以及本身性功能表现等确定选留或淘汰。性欲低、精液品质差、所配母猪产仔数较少者淘汰。

(五)二胎以上母猪的选择 即第五次挑选,本阶段的选择依据,主要是后裔成绩及本身生产力的表现。这一时期,也是决定被选个体能否进入核心群的关键时期。需要强调的是,核心群和繁殖群的个体并非终身制,应依据以后生产力的具体表现予以升降调整,这样才能保证猪群质量的不断提高。

四、猪繁殖性能的分子标记选择技术

分子标记选择是随着分子生物学在育种中的应用而发展起来的一项新的选种技术。目前,一些与猪经济性状相关的主基因及数量性状位点(QTL)相继被发现和定位,并开始应用于猪的遗传改良。与其他选择方法相比,分子标记选择具有更高的准确性和时效性,可以进行早期选择,不受年龄、性别和环境的影响,选择强度大,遗传进展快。到目前为止已定位的猪重要经济性状相关基因有数十个,有些已广泛应用于猪的育种工作。例如,控制猪应激综合征或白肌病发生的氟烷基因(RYRI)已广泛应用于种猪的选择中。

近年来的研究表明,雌激素受体基因(ESR)、卵泡刺激素 β 亚基基因(FSHβ)、催乳素受体基因(PRLR)、视黄醇结合蛋白 4 基因(RBP4)等与母猪的窝产仔数密切相关。其中雌激素受体基因被认为是窝产仔数的主效基因。雌激素受体基因的限制性片段长度多态性(RFLP)基因有两种,即 B 基因和 A 基因。大量的研究结果表明,无论是我国地方品种,还是外来品种,以及杂交系,窝产仔数多少的基因型排序均为 BB 型＞AB 型＞AA 型。据陈克飞等人报道,在外国商品猪种内,雌激素受体基因型为 BB 型的母猪比 AA 型的母猪平均多产 2.395 头;在我国本地猪品种中雌激素受体基因型为 BB 型的母猪比 AA 型的母猪平均多产 2.385 头。其最小二乘均数的分析结果见表 2-18。

**表 2-18　我国地方猪种和外来品种猪雌激素受体基因型
总产仔数和产活仔数的最小二乘均数**

基因型		数　量	初　产		经　产	
			总产仔数	产活仔数	总产仔数	产活仔数
ESR1	AA	5	8.25	6.96	10.99	10.33
	AB	35	10.08	8.93	11.39	10.25
	BB	44	11.62	10.54	12.39	10.96
ESR2	AA	74	9.53	8.85	10.3	9.45
	AB	85	10.4	9.8	10.95	10.21
	BB	19	12.32	11.51	12.3	11.36

注:ESR1 为我国地方猪种的雌激素受体基因型,ESR2 为外来猪种的雌激素受体
基因型

　　因此,规模猪场可以通过基因型选择的方法提高母猪的窝产仔数。根据检测的结果,淘汰低产仔数的 AA、AB 基因型,保留产仔数高的 BB 基因型,这样就可以大幅度提高群体产仔数。当然,分子标记选择也要与常规选择紧密结合。

　　现以雌激素受体基因的限制性片段多态性标记选择为例,说明猪分子标记选择的方法。

　　(一)检测样品的采集、保存和提取 DNA　对待检测的后备猪进行采样,其样品的来源有 3 种,即毛样、血样和组织样。其中毛样的采集显然是最方便的。

　　1. 毛样品的采集和 DNA 提取　采集猪毛(带毛囊)30 根左右,装入盛有 0.85％灭菌生理盐水的离心管(1.5 毫升)中,冰冻后带回实验室。如暂时不用,可保存于 -70℃ 超低温冰箱中备用。

　　将猪毛用灭菌双蒸水洗净,剪下毛囊放入盛有 200 微升 TE溶液的 1.5 毫升离心管中,然后加入 10％十二烷基磺酸钠 10 微升、蛋白酶 K(20 毫克/毫升)5 微升,混匀,60℃水浴 30 分钟,37℃水浴 12～24 小时后,用等体积苯酚-氯仿混合液抽提 2 次,最后用

氯仿抽提 1 次,获得的 DNA 样品置于—20℃ 条件下保存备用。

2. 血液样品的采集和 DNA 提取 耳静脉采血,血样加 20 克/升的 EDTA 抗凝,采用苯酚-氯仿抽提法提取 DNA(与毛样品的抽提方法相同),并溶于 TE 溶液中,—20℃ 条件下保存备用。

3. 组织样品的采集和 DNA 提取 取 1 块耳组织(约 10 毫克)置于 1.5 毫升离心管内,用小剪刀将其剪碎。加入 0.4 毫升组织 DNA 提取液[50 毫摩/升 Tris-Cl 溶液(pH8),100 毫摩/升 EDTA 溶液(pH8),100 毫摩/升氯化钠溶液,1%SDS 溶液],再加入蛋白酶 K 至终浓度 100 微克/升,55℃ 水浴消化过夜。加入 RNase 至终浓度 20 纳克/毫升,37℃ 温育 1 小时。用苯酚和 1∶1 苯酚-氯仿溶液各抽提 1 次,每次以 12 000 转/分处理 10 分钟,将其上清液移到另一离心管中。加入 1/10 体积 3 摩/升 NaAc (pH5.2),混匀后加入 2 倍体积的无水乙醇沉淀 DNA,将 DNA 絮状沉淀挑入新离心管中,并用 70%乙醇洗 1 次,真空抽干乙醇。以适量 TE 溶液或灭菌双蒸水溶解 DNA。

(二)用于雌激素受体基因 PCR 扩增的引物

上游引物:5′-CCTGTTTTTACAGTGACTTTTACAGAG-3′。

下游引物:5′-CACTTCGAGGGTCAGTCCAATTAG-3′。

按引物序列送有关公司合成,扩增的特异性片段长度约为 120bp,位于雌激素受基因的第五外显子。

(三)PCR 扩增的反应体系和条件

1. PCR 扩增的反应体系 引物浓度为 0.4 摩/升,0.2 毫摩/升的 dNTP,85~100 纳克 DNA,1 单位 Tag,1 倍 PCR 缓冲液,加双蒸水至 25 微升。

2. PCR 扩增的反应条件 94℃ 变性 3 分钟,35 次循环(94℃ 1 分钟,65℃ 1 分钟,72℃ 1 分钟),循环结束后,72℃ 延伸 10 分钟,最后置于 4℃ 条件下保存。

(四)酶切反应 在酶切之前,用 1%琼脂糖凝胶电泳检测 PCR 扩增产物,若扩增产物特异性较好,再进行酶切。酶切过程: 在 16 微升 ESR 的 PCR 反应产物中,加入 5 单位 PvuⅡ和 1 倍酶 切缓冲液,加水至 20 微升,37℃反应 3 小时。

(五)基因型判断 8%聚丙烯酰胺(PAGE)凝胶电泳(稳压 100 伏,电泳 4 小时),银染或 2.5%琼脂糖凝胶电泳,溴化乙锭 (EB)染色,若出现 120bp 条带为 AA 基因型,出现 65bp 条带和 56bp 条带为 BB 型,同时出现 120bp、65bp 和 56bp 条带的则为 AB 型。

检测结束后,将样本的编号与个体相对应,BB 基因型(即出现 65bp 条带和 56bp 条带)所对应的母猪将会有较高的产仔数。

分子检测技术毕竟是一项新技术,所以目前我国大多数规模 猪场尚没有这方面的技术和设备。没有实验条件的猪场开展这项 工作,可与有关的科研单位或大专院校联系,按要求采集母猪的毛 样、血液样品或组织样品,送到相关单位的实验室进行基因型检 测。根据检测的结果,淘汰低产仔数的 AA、AB 基因型,保留产仔 数高的 BB 基因型,这样就可以大幅度提高群体的产仔数。随着 今后分子育种技术的发展,一些与生产性状密切相关的基因标记 会不断地被开发出来,规模较大的猪场建立这方面的技术体系是 十分必要的。

第四节 规模猪场的引种技术

所有的规模化猪场都无可避免地要从外面引入种猪。原种猪 场出于育种的目的,需要不断引入更高产的基因,以取得更好的遗 传进展;种猪繁殖场要不断更新血统,或引入更高产的种猪,以繁 殖更优良的纯种猪或杂交母本;而商品猪场,每年有 30%左右的 种猪需淘汰、更新,引种更是一件经常性的工作。如何引进性能优良的种猪,对即将引进的种猪如何进行选择,是规模猪场技术工作的一项重要内容。这项工作做得好与不好,对规模猪场的繁殖效率影响重大。

一、制定周密的引种计划

无论哪种类型的猪场,每年都需要根据本场猪群的现状、外面的育种进展和生产计划,确定当年是否需要引种。如需引种,便要制定详细的引种计划。

(一)品种和数量的确定　根据办场定位或场内猪群血缘更新的需求进行确定。原种猪场必须引进同品种多血缘纯种公、母猪,扩繁场可引进不同品种的纯种公、母猪,商品猪场可引进纯种公猪和二元杂交母猪,长大二元杂交母猪综合了长白猪与大白猪的优点,具有繁殖力高、抗病力强、母性好、哺育率高的特点,是瘦肉型商品猪生产的优良母本。

具体引进种公、母猪的数量要根据场内生产需求而定,一般引进的数量应比实际需求的数量高一些,因为再细致地选择也难免出现个别不符合要求的种猪,同时在调运的过程中也有可能出现损失。

(二)引种场的确定　引种前要认真考察引种场的情况,通常要注意以下几方面内容。

1. 应具备种猪生产经营资质　供种场应具有相应政府主管部门(通常是各级畜牧局)核发的种畜禽生产经营许可证、当地兽医卫生监督检验部门核发的兽医卫生合格证以及当地工商部门核发的营业执照,并且在有效期内。

2. 应有足够的规模　有规模的种猪场一般在选种育种、饲养管理、兽医防疫等方面比较规范,种猪质量比较可靠,有比较好的技术服务人员,可以提供完整的种猪资料。因此,引进种猪时,尽可能不要贪图便宜,到规模小、不具有生产经营许可证的猪场购买种猪。

3. 应有较好的信誉　信誉好的场可以协助选择理想的种猪，一旦发生纠纷也比较容易解决。

4. 了解引种场猪群的健康状况　猪群的健康状况是确定能否引种的前提，要了解引种场及其周边地区是否有疫情。

5. 确定种猪的性价比是否合适　根据当地、当时的市场情况和市场生产的实际情况，权衡引进种猪的价格与性能是否匹配、合理。

二、引种的选择技术

从外面引进种猪，不同于自繁种猪的选择。引进种猪的选择只有两条途径：一是通过现场体型外貌的观察选择，二是通过系谱资料和所选种猪的个体资料选择，而且选择的时间很短，不可能像自繁种猪有很长的选择时间。这就要求选购人员要有丰富的选种经验，同时要仔细、充分地利用系谱资料和个体资料进行分析、判断，决定取舍。

引进种猪时应根据以下 3 个方面进行选择：一是根据种质特性挑选种猪，看所购种猪是否符合品种特征，比如大白猪和长白猪都是毛色纯白，没有黑色、红色、棕色、灰色等杂色毛；杜洛克猪毛色为棕色，没有白毛；巴克夏猪有六白的特点；汉普夏猪肩和前腿为白色等。不同品种的头型、耳型和体型也都各有特色。二是根据性征特点挑选种猪，公猪的性征指前胸、睾丸，兼顾乳头；母猪的性征指后腿间距、阴户状况、乳头数量、整齐度等。三是根据系谱挑选种猪，要了解其父母代的生产性能，如产仔数、成活率和生长发育情况等。

(一)选购种猪的年龄　规模猪场引进的种猪，一般体重在 60 千克以上，5 月龄左右。在这个阶段，种猪一些重要特性都已显示出来，种猪场自身也已进行了两次选留，其个体记录也基本上能反映出生长发育的情况。购买这一阶段的种猪比较放心,也比较安全,在运输过程中损失较小。

也有因市场紧俏,或想加强早期管理而引进较小的种猪,但再提前,引进的种猪也不应小于 2 月龄。引进过小的种猪,一是难以选择,许多性状还没有表现出来;二是在运输过程中和引进后生活环境的改变,都会造成小种猪的损失。

还有在某些情况下,需要购买成年种猪。购买成年种猪主要有两种情况:一是新建猪场为了尽早进入生产阶段,急需成年种猪;二是猪场的成年种猪因某种原因(疾病、中毒、意外事故等)造成死亡,急需补充成年种猪。但在一般情况下,不提倡购买成年种猪。

选购不同生长发育阶段的种猪,应注意不同的选择重点。

(二)小种猪(2 月龄)的选购　小种猪的选购要在产仔较多、成活率较高的窝中挑选。要注意选择在同群中个体最大的猪,虽然可能价格高些,但若性能好则会成倍地补偿回来。切不可为了省钱而购买个体小的种猪,因小失大。

体型外貌的共性标准:①体重应比同龄猪稍大一些。②头的大小应与躯体相称,长白猪的头比其他品种猪的头稍小,头大身小或头小身大都表示发育不良。③眼睛大而突出,灵活有神;嘴形应圆而略扁,唇薄,上下唇齐平,这种猪不挑食;耳朵符合品种特征。④额部要求平坦、略突和无皱纹,鼻孔宜宽大。⑤母猪颈要细,公猪颈要粗短。⑥身躯长、大,前躯的肩部应宽而平坦(肩宽不可超过臀部宽度),肩胛倾斜,肩高;中躯的背部应平宽而直长;腰部要平直,与背、臀衔接良好;腹部要平直而紧凑,无下垂;后躯的臀部长、宽、平或稍倾斜,忌"尖屁股";尾根应粗,尾尖刺手,尾巴卷成一圈或左右摇动,显示健康状况良好。⑦前脚间距宜宽大,后脚高而直(吃料时后脚频频提起),蹄距宽,膝头不向内靠拢。⑧鬐甲要平而宽,没有凹陷,鬐甲与背的结合部位也不要凹陷。⑨乳头稀疏,连线呈椭圆形,胸部宽而深,显示心肺功能较好。

在选购小公猪时,除共性标准外,要特别注意生殖器官的发育状况。睾丸发育应良好,轮廓明显,左右对称,大小一致,没有单睾、隐睾或疝气,包皮内没有明显的积尿,乳头6对以上且排列整齐。

在选购小母猪时,除共性标准外,也要特别注意生殖器官的发育状况。乳头6对以上且排列整齐均匀,有一定间距,没有无效乳头(瞎乳头、翻乳头、副乳头);外阴较大且下垂,阴户较小而上翘的母猪往往生殖器官发育不良。

(三)后备种猪(体重60千克以上)的选购 正常情况下均应购买这一阶段的种猪。

1. 后备公猪的选购 选择后备公猪时应考虑以下两个重要条件:一是选择的公猪能够保持猪群的生产水平,二是所选公猪能够改进猪群的缺点。

(1)体型外貌 要求头和颈较轻细,占身体的比例小,胸宽深,背宽平,体躯要长,腹部平直,肩部和臀部发达,肌肉丰满,骨骼粗壮,四肢有力,体质强健,符合本品种的特征。和身体有关的性状包括乳房部分(乳头间隔,乳头数目,乳头凹凸的情况)、脚部和腿部的健全、骨骼的大小和强度、遗传缺陷(疝气和隐睾)、配种能力等。体型结构性状包括体长、体深、体高、骨架大小、猪的雄性特征及睾丸的发育和外观。有些性状如体长、体高和乳房部分均有很高的遗传力,但是却表现出很低的杂交优势。这些性状经济重要性变异很大,在选择时要依照公猪本身的记录选拔。体型(结构健全、骨骼大小及骨骼强度)有很高的遗传力,同时杂交时有很高的杂交优势,在经济价值方面有较高的重要性。选择公猪时,以公猪本身的记录为基础,同时注意其同胞的记录及其他相关的记录。

(2)繁殖性能 包括亲代和同胞母猪的产仔数、泌乳力以及母性等。21日龄窝重(泌乳力)和母猪发情至再配种的时间间隔也是用来测定母猪生产性能的指标。行为性状和繁殖性状遗传力较低,但在杂交方式下却能表现出较高的杂种优势。因此,当我们选择公猪的这些性状时,应该考虑该公猪的亲代记录、同胞的记录以及其他有关的记录。

(3)生长肥育性能 包括生长速度(日增重)和饲料增重比。这些性状具有中等遗传力(20%～50%),在杂交种上也有中等水准的杂交优势(5%～15%)。当我们选择公猪的这些性状时,只需考察公猪本身的性状表现,其他亲属的记录不太重要。选择时要求生长快,一般瘦肉型公猪体重达 100 千克的日龄在 170 天以下;耗料省,生长肥育期每千克增重的耗料量在 2.8 千克以下;背膘薄,体重 100 千克测量时,倒数第三至第四肋骨离背中线 6 厘米处的背膘厚在 15 毫米以下。

2. 后备母猪的选购 母猪群的生产力是商品猪生产的基础。母猪质量的优劣直接影响商品猪的质量。在遗传上,母猪所在窝仔猪数和该窝仔猪的断奶体重是由母亲遗传的,应依此选择母猪。身体健全和来自大窝的母猪,若生长速度、瘦肉率都高,就应留作后备母猪。反之,来自小窝的母猪不宜留种。

(1)体型外貌 在选择后备母猪时,体格健全是指没有可以干扰到正常繁殖性能的缺陷或缺点。有 3 个方面应特别注意,即生殖器、乳房和骨骼。在选择后备母猪时,必须符合这 3 个方面的最低要求。脚和腿部有问题的后备母猪,由于会影响正常的配种、分娩和哺乳,因此不宜保留。

(2)繁殖性能 后备母猪的外生殖器应发育正常。阴门小的母猪,表明产道停留在发育前的状态,这种母猪不宜留种;乳腺功能应正常,应该有数目足够和功能健全的乳头,小母猪至少要有 6 对相隔适当距离和完整的乳头,当后备母猪达初情期时,乳腺组织应该变得更显著,这样才表示乳头发育正常。

(3)生长肥育性能 与后备公猪的选择基本相同。

(四)成年种猪的选购 成年种猪应在种猪场的核心群或生产群中挑选,种猪场对这些种猪已很了解,也有各种详细的记录。购买成年种猪,首先要了解的是该种猪的年龄、胎次,引回去以后还能使用多长时间。年龄、胎次过大的种猪显然是不能购买的。

1. 成年种公猪的选购 购买成年种公猪,主要依据是配种效果,兼顾外形体质。要调查其性能,了解配种时的爬跨情况;通过了解与配母猪的受胎、产仔情况,间接判断其配种效果;参考系谱档案中的同胞肥育测定,间接判断其后代的生长发育及产肉性能;太肥或太瘦的公猪均不可购买。

2. 成年种母猪的选购 调查产仔情况,产仔数在品种标准范围内;后代的生长发育及产肉性能在品种标准范围内。屡配不孕或母性不好的,都不能购买。应选择乳房丰满、乳头间隔明显,乳头不沾草屑,排乳时间长,性格温驯的母猪。

三、种猪的调运

(一)运输车辆的准备 种猪经过仔细挑选后,要进行装车运输。在运输过程中应尽量减少应激和损伤,使种猪的残次发生率降低到最低限度。种猪运输时应注意以下几方面的问题。

第一,运输车辆忌用社会上贩运肉猪的运输车,任何车辆承运前均须进行检查,并彻底清洗消毒。

第二,做好车辆隔栏准备,以每栏 8~10 头为宜,种猪应能自如站立、活动,不可拥挤或过于宽松。

第三,车厢底应垫上木屑或稻草,以免种猪肢蹄受损。

第四,起运前种猪不宜饱食。

第五,装车时应尽可能让同类别猪只混在一栏,且体重不宜相差太大,最好上车时对猪群喷洒有较浓气味的消毒药水。

第六,运输途中应保持车辆平稳行驶,不能骤停急刹。

另外,长途运输时应随车备有注射器及镇静剂、抗生素等药物,停车时注意观察猪群状况,遇有异常猪只需及时处理。

(二)严格把好检疫关 调运种猪必须把好检疫关,所调运的种猪必须是进行过常规免疫的猪。另外,还需要到当地畜禽检疫部门了解供猪地区和猪场有无疫病流行,并办理检疫证明。

(三)判断猪的健康状况　购买种猪,首先要判断猪的健康状况,观察其是否为病猪,这是至关重要的。一般从猪的外观表现上,基本可以做出一定的判断(表 2-19)。

表 2-19　健康猪与非健康猪的比较

判别项目	健康猪	疑似病猪
毛	毛顺,毛色发亮	毛色发暗,无光泽,有卷毛、逆毛现象
皮　肤	白猪肤色红润(呈粉红色),干净	皮肤干、苍白,有红疹点或紫斑块
眼	眼睛灵活,见到生人两眼盯人,处于戒备状态	眼睛不灵活,见到生人无任何反应,内眼角有分泌物、泪痕
鼻	鼻镜湿润,鼻子灵活、不时向上翻动,鼻筒端正	鼻镜干燥,鼻筒歪斜、抽缩
耳	耳根温热	耳根烫热
腿	四肢端正,步态稳健有力	四肢不端正,步态不稳,关节肿胀,后肢无力
蹄	四蹄着地	三蹄着地
尾	尾巴上翘卷曲,或下垂的尾巴不停摇摆	尾巴下垂,不摇摆,其上沾有粪便
身　形	站立时身展平稳、端正,见生人靠近立即后蹲,行动灵活	身躯蜷缩,如犬坐姿势,易被人抓住
声　音	小猪被捉住后叫声尖脆洪亮	小猪被捉住后叫声沙哑
采　食	喂料时食欲旺盛,挤着吃料,互相争夺,互不相让	对喂料无反应,静立墙角,不争不抢,或躺卧不动
呼　吸	呼吸均匀	喘　息
粪　便	表面光泽,呈长串状	粪便呈稀水状或带血、带黏液

(四)调运前的检查核对 种猪调运前要认真进行检查核对，以免出现差错。检查核对主要有以下几方面的内容。

1. 品种 检查核对是否为选择的品种。

2. 头数 核查头数，如果调运的头数较多，应进行 3 次核查。

3. 重量 如果所购种猪是以重量计算款项，应检查核对称量的工具和种猪的重量。

4. 耳号 核对耳号十分必要，耳号接近的种猪容易混淆，因此要认真核对，以免购回非选择的猪。

5. 性别 为防万一，有必要再将性别核对一下。

6. 档案 购买种猪必须核对卖方提供的种猪档案，以利于购回场后的技术管理。

7. 手续 运输种猪必须持有有关检疫部门出具的检疫证明和购猪的正式发票。否则，运输途中接受检查时，若无上述证明，会造成麻烦。

8. 车辆 装猪前应检查运输车辆的状况，看加油是否充足，一般在途中最好不停车或少停车。

(五)运输途中的管理 种猪在运输途中容易发生应激。应激程度有大有小，轻的应激影响不大，有时几乎发现不了；重的应激表现为猪只卧倒、颤抖、口吐白沫、呼吸加快，严重者很快死亡。应激程度的大小与品种有关，瘦肉型品种猪由于其氟烷基因的频率高，所以应激反应明显。应激最严重的品种是皮特兰猪，调运过程中极易发生应激现象，而且死亡率很高。

为了避免应激损失，通常在调运前注射镇静剂。可在运输前肌内注射盐酸氯丙嗪，剂量为每千克体重 1～2 毫克。

对出现运输应激综合征的种猪，应及时对症治疗。出现全身震颤、高热的，每千克体重肌内注射盐酸氯丙嗪 2～3 毫克；对重症者同时肌内注射地塞米松磷酸钠 3～5 毫克；出现脱水、酸中毒时，及时使用 3%～5%碳酸氢钠注射液 50～80 毫升，一次静脉注射，在酸中毒现象得到缓解后,用5％糖盐水250～500毫升,加维生素C 0.5～1克,一次静脉注射,疗程不少于3天;有并发感染时,应配合使用抗菌消炎的解热镇痛药物。

(六)运回后的隔离管理　种猪运到猪场后应做好以下几项工作。

1. 隔离　把种猪放到隔离舍内隔离饲养1个月,确定健康无病后再混入基础种猪群。为确保种猪尽快适应新环境,圈舍应做到温度适宜,不能拥挤,尽量减少应激,以利于种猪尽快恢复到调运前的状态。

2. 饲养管理　把饲料和饮水放置在猪容易得到的地方,到场当天只提供饮水,不供应饲料。到场后的前几天限量饲喂,以免食量过多诱发胃肠疾病。

3. 防疫　保持圈舍卫生良好,增强猪体自身抗病能力,按照种猪场提供的免疫程序按时接种各种疫苗;一般养殖户购买的种猪到场后,个别猪只会出现咳嗽和体温上升现象,这是运输应激造成的,稍做对症治疗即可消除症状。

4. 驱虫　在隔离期间进行两次驱虫。用驱虫精涂布两耳,同时内服敌百虫(使用剂量参考说明书)进行第一次体内驱虫,间隔1周后再进行1次。

四、引种过程中须注意的问题

规模猪场每年都要更新种猪,种猪的更新率和更新质量关系到养猪场的命运。但许多引种客户在进行引种时存在很多误区,往往导致引种失败,造成经济损失,有的甚至将疫病带入场内。大多数购买种猪者在种猪的选择上有以下几个方面的误区,应注意避免。

(一)选择价格低廉的种猪而忽略种猪的质量　刚步入养猪行业的场(户),往往只讲价钱不讲质量,当发现购买的种猪质量比较差,繁殖的后代生长速度慢、料肉比高、出栏时间长时,已经晚了1年,给猪场带来了不可弥补的损失。引进种猪时多数养殖户喜欢挑选体重大的猪,殊不知这样已经给今后的生产埋下了隐患,这是因为体重大的猪多数是别人选剩下的猪,挑选的余地比较小,有些猪可能在某些方面有问题或生长性能不理想。后备母猪达60千克体重后,应将饲料更换为后备母猪料,以促进后备母猪生殖器官的发育,同时要实行限量饲喂,以防止后备母猪过肥。而有些种猪场往往为了追求高生长速度和丰满的体躯,而不改变饲料配方,也不限量饲喂。

（二）过分追求种猪的体型特别是后躯发育的丰满程度　种猪和商品猪是不同的,不能按商品猪的要求和眼光去选择种猪。后臀发育丰满的种猪,不易发情,配种困难,易难产,往往会因背部下陷、变形而导致淘汰。同时,由于其背膘薄,泌乳能力差,可造成仔猪成活率低(背膘厚与泌乳力呈正相关)。很多种猪场为了抓住客户的心理,把母猪的后臀发育大小作为猪场的选育目标,过分包装它,结果购买这些种猪的客户回到自己的猪场后,发现这些种猪不能正常发情配种,淘汰率可达40%～50%,很多养殖场在这方面都有很深的教训。为此,建议大家在购买母猪时,要侧重于母性特征,如产仔率、泌乳力、体质及母性品质等方面的问题,后躯发育特别优秀的母猪不能作为种用。如果是挑选公猪,则应侧重于瘦肉率、胴体品质、四肢粗壮、生长速度、饲料转化率等性状,这是提高后代质量的最好措施。

（三）多处引种　有些人认为种源多、血缘远,有利于本场猪群生产性能的改善,因此从多处引进种猪。但是每个猪场的病原或潜在病原的差异很大,而且疾病多呈隐性感染,一旦不同猪场的猪群混群后,暴发疾病的可能性很大。因此,在引种时,如有可能,应尽量从一家猪场引进种猪。引种的猪场越多,可能带来疫病的风险就越大。

第三章　繁殖过程中的生产
工艺和生产组织

我国的养猪业正面临着从传统产业向现代产业的转变。现代养猪业普遍采用分阶段饲养和全进全出的连续流水式生产工艺。生产工艺流程通常将猪群划分为若干工艺类群,然后将它们分别置于相应的专门化猪舍内,把配种、妊娠、分娩、保育、生长肥育等各个生产环节有机地联系起来,形成一条科学合理的养猪生产线,使整个生产按固定的周期,有节律地、连续、稳定地生产出指定数量的规范化产品。在这条连续流水式生产线中,从种猪的饲养、配种、妊娠、分娩到仔猪的培育、断奶,繁殖过程是整个生产体系的核心。对于原种猪场和种猪繁殖场而言,繁殖过程的生产工艺和生产组织即是猪场的全部生产工艺和生产组织;对于商品猪场而言,繁殖过程的生产工艺和生产组织则是猪场生产的主体部分。

第一节　树立现代养猪生产的理念

搞好规模猪场的生产经营,首先须树立现代化养猪生产的理念。在现代养猪生产理念的指导下,制定合理的生产工艺,周密地组织生产。

一、现代化养猪生产的标志

现代化养猪生产就是使用现代科学技术和现代工业设备来装备养猪生产,用先进的科学方法来组织和管理养猪生产,以提高劳动生产率、猪的产品率和商品率,从而达到养猪稳产、高产、优质和低成本的目的。现代化养猪生产的标志表现为高生产效率和高生产水平。

(一)高生产效率 由于供水、供料、通风和清除粪便等工作的高度机械化、自动化和生产分工专业化，使养猪生产效率不断提高。例如，奥地利的哈德格农场年产 2.2 万头高质量商品瘦肉猪，并有从曾祖代到父母代的完整繁育体系，但场中连工程技术人员在内只有 8 个人。我国一些规模化养猪场也初步显示了高生产效率，以繁殖母猪 100 头为例，占地一般 3 300 米^2 左右，猪舍建筑约 1 500 米^2，年出栏商品瘦肉猪 1 500~1 800 头，共需 4~6 人。而传统养猪出栏同样数量的商品瘦肉猪需占地 2 万~2.7 万米^2，猪舍建筑面积 6 000~8 000 米^2，需 20 多人。现代化养猪生产的肉猪生产，1 个劳动力一般可饲养 3 000~4 500 头，而传统养猪只能达到 200~250 头。但从我国实际情况出发，因现阶段资金不足，机械设备质量还不过关，且劳动力又较低廉，所以还不应片面追求高的生产效率。

(二)高生产水平 现代化养猪生产采用最先进的科学技术和机械设备，创造良好的生产条件，使养猪生产水平更为突出。国外养猪业发达国家采用的是杂优猪，每头种母猪年产 2.8 窝仔猪，平均每头母猪年产仔 26~28 头，生产 100 千克猪肉耗料 274 千克，平均瘦肉率达到 60% 以上，肥育猪达到 90 千克活重需饲养 160 天，达到 110 千克需饲养 180 天，每生产 100 千克猪肉产品约需 3.08 工时。我国的现代化养猪企业机械化自动化水平还不算高，但已显示出现代化养猪生产的高水平。统计一些先进的规模化猪场，每生产 100 千克猪肉产品需 3.5~4.2 工时，耗料 320~350 千克，已接近国外先进水平。

如果我国近期有 1/3 的养猪生产实现现代化，在投入饲料与人力不变的情况下，猪肉产量会增加 1 000 万吨。高生产水平不一定完全受机械化的制约，在有一定生产程序的手工操作养猪企业，虽然劳动强度大，劳动效率稍低些，也能够充分发挥猪生产性能的潜力,获得较高的生产效益。

二、现代化养猪生产的特点

现代化养猪业是用工业生产方式进行养猪生产,亦称为工厂化养猪。机械化是现代化养猪提高劳动生产率所采取的主要手段。但是,用机械化养猪来表达现代化养猪是不够全面的,这容易使人们错误地认为现代化养猪业就是机械化养猪。单纯提高劳动生产率,就是片面追求机械化和自动化,而忽视提高生产水平。因此,称为工厂化养猪能比较完整地反映现代化养猪的基本面貌。

规模化养猪是现代养猪技术的高度集中,生产中采用优良的猪种和先进科学的饲养管理技术。规模化养猪用地少,用人少,生产规模大,利润高,是养猪业的发展方向。综合国内外现代化养猪生产的现状,其主要特点如下。

(一)流水式的工艺流程　将各生产阶段的猪群按一定的生产节律和繁殖周期,组织成有工业生产特点的流水式生产工艺过程。也就是说,把养猪生产中的配种、妊娠、分娩、哺乳、保育、育成和肥育等几个环节有机地联系起来,形成一条流水式的、全进全出的生产线,并按计划有节律地常年均衡生产。

(二)专门化的猪舍类别　必须建立能适应各类猪群生理和生产要求的专用猪舍,如配种妊娠舍、分娩哺乳舍、仔猪保育舍和生长肥育舍等,只有这样,才能保证各生产工艺有序地进行。

(三)完善的繁育体系　必须选用有较高生产性能的猪种,并按繁育计划建立良好的繁育体系,保证生产优良种猪和商品猪,从而达到最高的经济效益。

(四)系列化的全价饲粮　要按照猪群的划分,配制不同类型的全价饲粮,满足各阶段猪种的营养需要,从而最大限度地发挥猪的生产潜力。

(五)现代化的设施、设备　猪群集约、全进全出,要求配备先进的设施与设备。猪舍要达到保温隔热、冬暖夏凉、清洁干燥、空气新鲜的要求。设备要符合猪的生理要求，方便劳动者的生产操作，并能给猪群创造舒适的生活环境。

（六）**严密的兽医保健**　要求建立健全严格的消毒、防疫和驱虫制度，确保猪群健康。同时，要建立符合卫生要求的粪污处理系统。

（七）**高效的管理体制**　应利用先进的科学管理技术，合理的劳动组织，充分调动人的积极性，保证企业管理的高水平、高效益。

（八）**标准化的产品生产**　应采用先进的饲养管理技术，规模地、均衡地生产符合质量标准的种猪或商品猪，并保证猪肉在食用时的安全性。

三、现代化养猪生产的模式

现代化养猪生产可以有多种模式，只要符合现代化养猪的特点，达到高生产效率和高生产水平，都可以称为现代化养猪。目前，已经形成的现代化养猪模式主要有集约化饲养、半集约化饲养、散放饲养、诺廷根暖床养猪系统和发酵床养猪等。

（一）**集约化饲养**　即完全圈养，也称定位饲养。泌乳母猪的活动面积小于 2 米^2；采用母猪产床（也称母猪产仔栏或防压栏），一般设有仔猪保温设备。其主要特点是猪场占地面积少，栏位利用率高，采用的技术和设施先进，节约人力，提高劳动生产率，增加企业经济效益。这种模式是典型的工厂化养猪生产，在世界养猪生产中被普遍采用。

（二）**半集约化饲养**　即不完全圈养，泌乳母猪的活动面积约 5 米^2，可以母仔同栏，也可有栏位限制母猪，设有仔猪保温设备，或用垫料冬季取暖。其特点是圈舍占地面积大，设备一次性投资比集约化饲养低，母猪有一定的活动空间，有利于繁殖。在我国有很多养猪企业采用这种模式。

(三)散放饲养　泌乳母猪的活动面积大于 5 米^2,其特点是建场投资少,母猪活动增加,有利于母猪繁殖功能的提高,减少母猪的繁殖障碍;仔猪可随着母猪运动,提高抵抗力。这种最古老的养猪模式因其效率低曾经被养猪企业冷落,但随着人们生活水平的提高和对绿色、有机食品的需求,以及环境保护意识的增强和动物福利事业的发展,散放饲养模式生产的猪肉受到欢迎,价格比较高,使散放饲养模式得到进一步的发展。

户外饲养是典型的散放饲养模式,最近在欧洲又流行起来,主要是因为这种方式可以满足猪的行为习性要求,投资少、节水节能,对环境污染少,但这种养猪模式受气候影响较大,占地面积也大,有一定的局限性。我国南方地区草山、草坡多,气温较高,可以采用这种模式发展养猪产业。

(四)诺廷根暖床养猪系统　诺廷根暖床养猪系统(Nürtinger system)是德国专家 Bugl 先生和 Schwarting 教授在长期观察猪的行为基础上发明的暖床养猪新工艺。它是根据猪的行为习性、环境生理要求发明的猪用暖床及配套的工程技术设施形成的养猪生产体系,这个生产体系的核心设备是猪用暖床,前面设有 PVC 材料的温控保温箱。暖床可用于集约化饲养、半集约化饲养和散放饲养。

1. 诺廷根暖床养猪系统的特点　①解决了大猪怕热、小猪怕冷的矛盾,同时满足了猪体各部位的不同温度需要,呼吸的是新鲜空气,躯体却保持温暖;②满足了猪的生理及行为习性要求,为猪提供采食、磨牙、玩耍、蹭痒、咀嚼、淋浴、排泄等行为的场所,有利于生产管理,提高生产效率;③符合猪的生态、生理和行为学需要,对猪的限制较少,使猪在接近自然的条件下生长。

2. 诺廷根暖床养猪系统的优点　养猪生产实践表明,这种新工艺具有以下优点:①猪食欲旺盛,采食量增加,增重加快;②床内温度高,减少维持需要,提高饲料转化率;③死淘率减少 50%,

采食量增加 10%,日增重提高 10% 以上;④饲养期缩短,经济效益增高。

(五)发酵床养猪 发酵床养猪模式起源于日本,最初在日本和韩国得到大力推广和应用,取得了显著的经济效益和生态效益。近年来,我国湖北、湖南、辽宁、吉林、福建、山东等地也开始引进这项技术,并取得成功,迅速推广开来。

无污染、零排放的发酵床养猪法也叫生态养猪法、自然养猪法、懒汉养猪法,其原理是利用发酵床专用菌种,按一定比例混合秸秆、锯木屑、稻壳粉和粪便(或泥土)进行微生物发酵繁殖,形成一个微生态发酵床,并以此作为猪圈的垫料。再利用生猪的拱翻习性作为机械加工,使猪的粪便、尿液和垫料充分混合,通过发酵床的分解发酵,使猪粪便、尿液中的有机物质得到充分的分解和转化,微生物以尚未消化的猪粪为食饵,繁殖孳生。随着猪粪尿的处理,臭味也就没有了。而同时繁殖生长的大量微生物又给猪提供了无机物营养和菌体蛋白质,直接被猪食用,从而相辅相成将猪舍垫料发酵床演变成微生态饲料加工厂,达到无臭、无味、无害化的目的,是一种无污染、无排放、无臭气的新型环保生态养猪技术,具有成本低、耗料少、操作简便、效益高、无污染等优点。

总之,现代化养猪生产模式不是一成不变的。养猪生产采用什么样的模式,必须根据当地的经济、气候、能源等综合条件来决定,最终要取得经济效益、社会效益和生态效益。不可照抄照搬看起来很先进、但不适用、经济效益低的饲养模式。

第二节 因地制宜制定生产工艺

无论采用哪一种生产模式,其生产过程都是一样的,即都需要配种、妊娠、分娩、哺乳、保育、育成等生产环节,对于商品猪场还包括肥育等环节。现代化养猪生产就是将上述生产环节,划分成一定时段,按照全进全出、流水作业的生产方式,对猪群实行分段饲养,进而合理周转。在现代化养猪生产中,由于建筑设施的配套、饲料的供应、人员的安排、技术的应用等都是按生产工艺流程预先进行设计的,因此生产工艺设计合理与否,将直接影响养猪生产效率的高低。规模化猪场的生产工艺要依赖于猪的品种、饲料饲养、机械化程度和经营管理水平等实际情况来制定,不能生搬硬套,盲目追求先进。所以,因地制宜地制定生产工艺是规模化猪场首先要解决的问题。

目前,世界规模化养猪生产工艺可以划分为两种,即一点一线的生产工艺和多点式的生产工艺。前者特点是各个阶段的猪群饲养在同一个地点,优点是管理方便,转群简单,猪群应激小,适合规模小、资金少的猪场,也是我国目前多数规模猪场采用的方式。后者是 20 世纪 90 年代发展起来的一种新的工艺,它通过猪群的远距离隔离,达到了控制各种特异性疾病、提高各个阶段猪群生产性能的目的,但因需要两处以上的场地,在小型猪场不易实现。

一、一点一线的生产工艺

所谓一点一线的生产工艺是指在一个地方、一个生产场按配种、妊娠、分娩、哺乳、保育、肥育等生产流程组成一条生产线。根据种母猪的不同生理阶段和商品猪(或后备猪)生长发育的不同阶段,一点一线的生产工艺又可分为 4 种常用的生产工艺。

(一)三段式生产工艺流程　三段式饲养是将所有猪群划分为 3 个阶段,即配种期、泌乳期和生长肥育期。它是比较简单的生产工艺流程,猪群调动次数少,猪舍类型不多,节约维修费用,管理较为方便。但仔猪从断奶到出栏划分为一个时段,其营养供应和环境控制就很粗放,不利于生长潜力的充分发挥。同时,由于较小的生长猪和较大的肥育猪养在同一类猪舍,增加了疾病防治的难度,也不利于机械化操作,而且这种方式比其他方式需要更大的建筑面积。所以,这种方式只适合规模小、机械化程度低或完全依赖人工饲养管理的猪场。其工艺流程如图3-1所示。

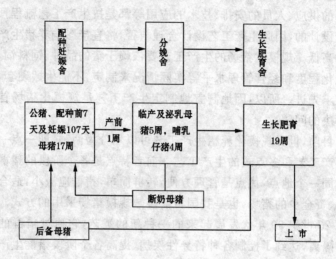

图3-1 三段式生产工艺流程示意

(二)四段式生产工艺流程 四段式饲养是将所有猪群划分为4个阶段,即配种妊娠阶段、分娩阶段、保育阶段和生长肥育阶段,各阶段的猪分别饲养于配种妊娠舍、分娩舍、保育舍和生长肥育舍,完成整个流程需转群3次。它的特点是在三段式生产工艺的基础上,将断奶后的仔猪加保育段(5周)独立出来,待体重达18~20千克时,再转入生长肥育舍饲养14~16周,体重达90~110千克出栏销售。这样便于采取措施满足断奶后的仔猪对环境条件要求高的特点,有利于提高成活率,但转群次数增加,则应激增多,会影响猪的生长。其工艺流程如图3-2所示。

(三)五段式生产工艺流程 五段式饲养是将猪群划分为5个阶段,即配种妊娠阶段、分娩阶段、保育阶段、生长阶段和肥育阶段,各阶段猪只分别饲养于配种妊娠舍、分娩舍、保育舍、生长舍和

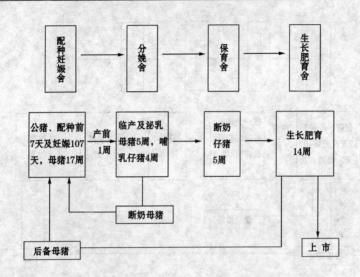

图 3-2 四段式生产工艺流程示意

育肥舍,完成整个流程需转群 4 次。与四段式饲养工艺相比,是将生长肥育期分成育成期和肥育期,各饲养 7～8 周。仔猪从出生至出栏经过哺乳、保育、育成、肥育 4 个阶段。这种工艺的优点是断奶母猪复膘快,发情集中,便于发情鉴定,容易把握时机适时配种。其工艺流程如图 3-3 所示。

(四)六段式生产工艺流程 六段式饲养是将猪群划分为 6 个阶段,即配种阶段、妊娠阶段、分娩阶段、保育阶段、生长阶段和肥育阶段,分别饲养于配种舍、妊娠舍、分娩舍、保育舍、生长舍和肥育舍,完成整个流程需要转群 5 次。与五段式饲养工艺相比,本工艺是把空怀待配母猪和妊娠母猪分开,单独组群,有利于配种,提高繁殖率。空怀母猪配种后观察 21 天,确定受胎后转入妊娠舍,饲养至产前 7 天转入分娩哺乳舍。此工艺流程的优点是可以最大限度地满足各阶段猪只生长发育所需的饲料营养和环境管理的不同需求,充分发挥其生长潜力,提高繁殖效率和生产效率。六段式

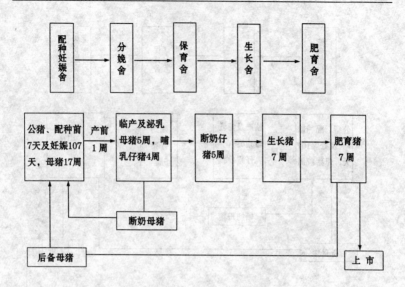

图 3-3　五段式生产工艺流程示意

生产工艺流程如图 3-4 所示。

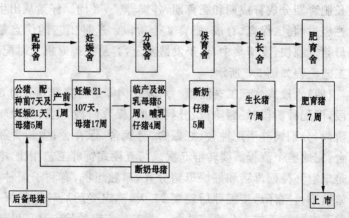

图 3-4　六段式生产工艺流程示意

以上几种工艺流程的全进全出方式可以采用以猪舍局部若干栏位为单位转群,转群后进行清洗消毒,这种方式因舍内空气和排水共用,难以切断传染源,严格防疫比较困难。所以,有的猪场将猪舍按照转群的数量分隔成单元,以单元为单位全进全出,虽然有利于防疫,但是夏季通风防暑困难,需进一步完善。如果猪场规模在3万~5万头,可以按每个生产节律的猪群设计猪舍,全场以栋为单位全进全出,或部分以栋为单位实行全进全出,是比较理想的。

一点一线的生产工艺其最大优点是地点集中,转群、管理方便,主要问题是由于仔猪和种猪、大猪在同一生产线上,容易受到垂直和水平的疫病传染,给猪群尤其是仔猪的健康带来威胁和影响。

二、两点式或三点式的生产工艺

所谓两点式或三点式的生产工艺是指将繁殖猪群和不同阶段的仔猪,饲养在距离较远的不同猪场内。按不同阶段饲养在2个猪场的,可称为两点式生产工艺;按不同阶段饲养在3个猪场的,可称为三点式生产工艺。这是1993年以后美国养猪界开始采用的一种新工艺。具体做法是:仔猪在较小的日龄即实施断奶,然后转到较远的另一个猪场中饲养。

(一)两点式生产工艺 其工艺流程如图3-5所示。

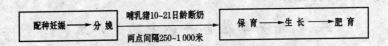

配种妊娠 ──→ 分 娩　哺乳猪10~21日龄断奶　　保 育 ──→ 生 长 ──→ 肥 育
　　　　　　　　　　　　两点间隔250~1 000米

图3-5 两点式生产工艺流程示意

(二)三点式生产工艺 其工艺流程如图3-6所示。

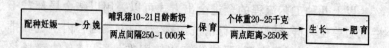

图 3-6 三点式生产工艺流程示意

两点式或三点式生产工艺的主要优点如下。

第一,在仔猪出生后 21 天以前,在其体内来自母乳的特殊病原抗体还没消失以前,就将仔猪断奶,然后转移到远离原生产区的清洁干净的保育舍进行饲养。由于仔猪健康无病,不受病原干扰,免疫系统没有激活,减少了抗病的消耗,因此不仅成活率高,而且生长非常快,到 10 周龄时体重可达 30～35 千克,比一点一线的生产工艺高出将近 10 千克左右。美国堪萨斯州州立大学的研究结果显示,在 77 日龄时,早期隔离断奶的仔猪(5～10 日龄断奶后被转运到保育场)比传统方法饲养的仔猪多增重 16.8 千克。普度大学研究的结果则显示来自单一种群的 400 头早期隔离断奶的仔猪在 136 日龄时体重达 105 千克,而 200 头来自同样种群的非早期隔离断奶的仔猪达到同样的上市体重需要 179 天,即前者上市时间缩短 43 天。

第二,有效地防止了病原的积累和传播,大大提高了各类猪群的健康水平。

第三,由于更早期的断奶,增加了母猪的年产仔窝数和年产仔数,提高了繁殖效率。

三、以场为单位全进全出的生产工艺

一些有条件的大型规模化养猪企业,以场为点,实行多点式养猪生产工艺及猪场布局,以场为单位实行全进全出。在美国等发达国家,采用这种生产工艺的较多。其工艺流程如图 3-7 所示。

需要说明的是,饲养阶段的划分并不是固定不变的,如有的猪

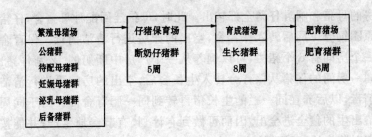

图 3-7　以场为单位全进全出的生产工艺流程示意

场将妊娠母猪群分为妊娠前期猪群和妊娠后期猪群,加强对妊娠母猪的饲养管理,提高母猪的分娩率。如果收购商品肉猪按照生猪屠宰后的瘦肉率高低计算价格,为了提高瘦肉率一般将肥育期分为肥育前期和肥育后期,在肥育前期自由采食,肥育后期限制饲喂。总之,生产工艺流程中饲养阶段的划分必须根据猪场的性质和规模,以提高生产力水平为前提来确定。

四、全进全出生产工艺的优点和条件

上述的各种生产工艺,都包含全进全出的过程。从以栋或栏为单位的全进全出,到以场为单位的全进全出,显示出共同的优点,同时也需要一些软、硬件条件的保证。

(一)全进全出生产工艺的优点

1. 是有计划利用猪舍生产和合理组织劳动管理的基础　全进全出是相对于传统的连续进出养猪方式而言的一种新的观念和管理策略。它要求所有猪只同时被移出一栋、一间猪舍,或同时被移出一个场。随后在新的猪只进入之前,猪舍被彻底清扫、消毒。全进全出是均衡生产商品肉猪、有计划地利用猪舍和合理组织劳动管理的基础。

例如,某猪场每周分娩 24 窝,分娩舍中的一个产房设 12 个产栏,24 头分娩母猪进入 2 个分隔的产房。产后 4 周,养在同一产房的母猪和哺乳仔猪全部转出。此时,母猪迁回配种母猪舍,仔猪原圈饲养1周后转入保育舍,空出的产房进行清洁消毒。保育舍一个房间有6个猪栏,可以饲养从一个产房中断奶的12窝仔猪。同一房间的仔猪从保育舍转入生长舍后,空出的房间再进行清洁消毒,以后养在同一栏的生长猪再转到同一肥育舍内。由于同周龄出生的猪全进全出,因而可做到有计划、有节奏地生产,并能按期对猪舍进行清洁消毒。

2. 是实现规模化养猪按工业生产方式组织流水式生产工艺的前提 规模化养猪连续性、节奏性、均衡性都很强,每一工艺群不仅有明确的分工,而且对圈栏设备的占用时间有较明确的限定,否则猪群的周转就会出现问题,生产的节律一旦被打乱,流水线就不会保持畅通,这必将给生产和管理带来较大的混乱。

3. 有利于控制疾病而改善生产 在传统的连续进出的养猪方式中,由于圈栏一直处于占用状态,只能带猪消毒。一方面限制了强消毒剂的使用,另一方面由于不能彻底地搞好清洁,去除粪便和污物,消毒时粪便和污物对微生物有保护作用,使其对消毒剂产生抵抗作用,导致消毒效果不理想,这样就给疾病连续滞留创造了条件。以至于在一些猪场中,病原的种类和数量不断积累,猪的患病率和病死率较高,几乎达到无法控制的局面。有的猪场虽然使用大剂量药物控制住了高发病率和病死率,但猪群长期处于亚临床症状状态,生产水平比较低。

全进全出管理方式则保证了对圈栏的彻底清扫和消毒,不仅有效防止了病原菌的积累和条件性微生物向致病性微生物的转化,而且阻止了疾病在猪场中的垂直传播(主要是大猪向小猪的传播)。如果全进全出和早期断奶隔离饲养技术相结合加上优良的品种、极好的日粮配方和严格的生物安全保证,猪的遗传潜力就可得到最大限度的发挥。

4. 可以避免猪场过于集中给环境控制和废弃物处理带来负担　国内有些大型养猪企业,数万头规模的猪集中在狭小的空间内,粪便等废弃物堆积如山,在很远的地方就能闻到猪场的熏天臭气,不仅污染了周边的农田、水源和空气,而且给场内工作人员的健康带来很大的威胁。

而采取以场为单位全进全出的生产工艺,场与场之间一般应距离数千米。每个场的规模不很大,其粪便等废弃物周围的农田或草原便可消化,处理比较容易,也不存在环境污染问题。

(二)全进全出生产工艺的条件

1. 硬件条件　是指在集约化猪场的设计中,应当设置足够的栏位数。每一生产车间除了用于猪群周转的栏位外,必须准备 1 个空闲消毒单元和 1 个机动备用单元。从严格意义上来说,只有同一生产节律内的猪群单独在一栋或一间猪舍内,才能真正保证全进全出管理方式的实现。国内当前许多猪场由于建设时没有充分考虑到这一问题,可暂时以单元为单位进行全进全出,如果猪舍之间隔离良好,再配合间接通风设施,效果也是比较理想的。

2. 软件条件　是指全进全出生产管理的观念和制度。目前有很多猪场管理人员对这种管理方式的重要性仍然缺乏足够的认识,有的猪场尚未制定相关的制度和措施,有的虽然也有这方面的规定,但没有严格贯彻落实,以至于猪场大部分猪群的健康状况呈恶化趋势,多种疾病的交叉感染加上管理上的缺陷,大大限制了猪只的生长,甚至出现大批猪只死亡,造成了很大的经济损失。猪场管理人员必须严格贯彻执行这种管理制度,不能搞"基本上全进全出",因为"基本上全进全出"是不存在的,或者是,或者不是,只要有 1 头猪留在猪舍中,疾病就会留在猪舍中并一直存在下去。

(三)全进全出的主要工艺技术　包括母猪同期发情配种技术和仔猪早期断奶技术,这两项技术将在本书第八章和第十章进行详细介绍。

第三节　进行周密的生产组织

现代养猪生产是一条流水线,生产工艺确定之后,如果没有周密的生产组织,生产流水线就会在某一环节中断,那么整个繁殖和生产效率就会大大下降。

一、生产规模和工艺参数的确定

现代养猪都是按严格的工艺流程来组织生产,各个生产阶段都是有计划、有节奏地进行的。在进行生产组织之前,必须明确以下几方面的内容。

(一)确定饲养模式　猪场应根据产品销路、建场资金多少、技术力量、饲料供应、粪尿处理及应用机械化的程度等来确定适度规模,并以能把各生产要素的潜力充分发挥出来,取得最佳的经济效益为衡量指标。规模过小,不便于实现全进全出的流水作业,生产效率低。供料、供水要考虑机械化,粪尿处理必须考虑排污系统。在我国现阶段养猪生产水平下,饲养模式一定要符合当地条件,不能照抄照搬。

(二)确定繁殖节律　按照企业的生产计划在一定时间内对一群母猪(包括替补后备母猪和仔猪断奶后的空怀母猪)进行人工授精或自然交配,使其受胎后及时组成一定规模的生产群,以保证分娩后形成确定规模的泌乳母猪群,并获得规定数量的仔猪。我们把组建哺乳母猪群的时间间隔(日数)称为繁殖节律,也称为工作节拍。合理的繁殖节律是全进全出生产工艺的前提,是有计划地利用猪舍和合理组织劳动管理、均衡生产商品肉猪的基础。繁殖节律要根据猪场规模而定,如年产 5 万～10 万头商品肉猪的大型企业可实行 1 天制或 2 天制,即每天有一批母猪配种、产仔、断奶、仔猪保育和肉猪出栏;年产 1 万～3 万头商品肉猪的企业多实行 7

天制,规模较小的养猪场一般采用 10 天制或 12 天制。

与其他节律相比,7 天繁殖节律有以下优点。

第一,便于组织生产,因为猪的发情期是 21 天,是 7 的倍数。

第二,可将繁育的技术工作和劳动任务安排在 5 天工作日内完成,避开周六和周日,因为大多数母猪在断奶后 4～6 天发情,配种工作可安排在 3 天内完成。如从星期一到星期四安排配种,不足之数可按规定要求由后备母猪补充,这样可使配种和转群工作全部在星期四之前完成。

第三,有利于按周、按月和按年制定工作计划,建立有序的工作和休假制度,减少工作的混乱性和盲目性。

在实际生产中,繁殖节律应根据生产规模的大小、组织管理的特点以及生产水平的高低来合理确定。一般来说,同等规模的猪场,生产管理水平越高,一个繁殖节律内参配的母猪越多,则繁殖节律也就越短。所以,规模较小,生产水平较低的猪场,可采取较长的繁殖节律,降低劳动强度,裁减过剩的劳动力,以节约开支。而规模大,生产水平高的猪场,适当缩短繁殖节律则有利于劳动效率的提高。

(三)确定工艺参数　为了准确计算猪群结构,即各类猪群的存栏数、猪舍及各猪舍所需栏位数、饲料用量和产品数量,必须根据养猪的品种、生产力水平、技术水平、经营管理水平和环境设施等,实事求是地确定生产工艺参数。

1. 繁殖周期　母猪的繁殖周期是指母猪相邻两胎次之间的时间间隔,它主要由三部分组成,即断奶到配种的时间间隔、妊娠期、哺乳期。繁殖周期决定母猪的年产窝数,关系到养猪生产水平的高低,其计算公式如下。

繁殖周期＝母猪妊娠期(114 天)＋仔猪哺乳期＋母猪断奶至受胎时间

例如,某猪场采取 28 天断奶,断奶至配种再妊娠的时间间隔平均为 7 天,则繁殖周期为 $114+28+7=149$(天)。如果在饲养管理技术有保证的情况下,尽可能缩短哺乳期,缩短断奶至配种再妊娠的时间间隔,就会缩短繁殖周期,从而增加母猪的年产窝数,提高母猪的年生产力。

2. 母猪年产窝数 其计算公式如下。

$$母猪年产窝数 = \frac{365 \times 分娩率}{繁殖周期}$$

母猪年产窝数与情期受胎率、仔猪哺乳期的关系见表 3-1。

表 3-1 母猪年产窝数与情期受胎率、仔猪哺乳期的关系

情期受胎率(%)		70	75	80	85	90	95	100
母猪年产窝数(窝)	21 天断奶	2.29	2.31	2.32	2.34	2.36	2.37	2.39
	28 天断奶	2.19	2.21	2.22	2.24	2.25	2.27	2.28
	35 天断奶	2.1	2.11	2.13	2.14	2.15	2.17	2.18

3. 其他参数 表 3-2 中列出了商品猪场常用的其他工艺参数,供参考。各猪场可根据自己的技术水平和实际条件进行调整。

表 3-2 商品猪场常用的其他工艺参数

项 目	指 标	项 目		指 标
妊娠期(天)	114	35 日龄仔猪重(千克)		8～8.5
哺乳期(天)	21～35	70 日龄幼猪重(千克)		25～30
保育期(天)	28～35	160～170 日龄猪重(千克)		90～100
断奶至受胎(天)	7～10	每头母猪年产活仔数(头)		20～22
繁殖周期(天)	142～156	其中	35 日龄时的头数(头)	18～19.8
母猪年产胎次(窝)	2～2.5		70 日龄时的头数(头)	17.1～18.8
母猪窝产仔数(头)	10		170 日龄时的头数(头)	16.7～18.4
母猪窝产活仔数(头)	9	公、母猪年更新率(%)		33

续表 3-2

项　目	指　标	项　目	指　标
哺乳仔猪成活率(%)	90	母猪情期受胎率(%)	85
断奶仔猪成活率(%)	92	公、母猪比例(本交)	1∶25
生长肥育猪成活率(%)	98	圈舍冲洗消毒时间(天)	7
仔猪初生重(千克)	1.2~1.4	母猪临产前进产房时间(天)	7
		母猪配种后原圈观察时间(天)	7

二、猪群结构的计算

　　根据猪场规模、生产工艺流程和生产条件,将生产过程划分为若干阶段,不同阶段组成不同类型的猪群,计算出每一类群猪的存栏量就形成了猪群结构。下面以年产万头商品肉猪的猪场为例,介绍一种简便的猪群结构计算方法。

　　(一)年产总窝数　年产总窝数＝年出栏商品肉猪数/(窝平均产仔数×哺乳育成率×保育育成率×生长肥育育成率),则年出栏万头的猪场年产总窝数＝10 000/(10×90%×95%×98%)＝1 193(窝)。

　　(二)每个繁殖节律转群头数　以 7 天为 1 个繁殖节律。

　　产仔窝数＝1 193÷52＝23 头,1 年 52 周,即每周分娩泌乳母猪数为 23 头。

　　妊娠母猪数＝23÷0.95＝24 头,分娩率为 95%。

　　配种母猪数＝24÷0.85＝28 头,情期受胎率为 85%。

　　哺乳仔猪数＝23×10×0.9＝207 头,成活率为 90%。

　　保育仔猪数＝207×0.95＝196 头,成活率为 95%。

生长肥育猪数=196×0.98=192头,成活率为98%。

(三)猪群结构 以7天为1个繁殖节律,猪群组数等于饲养的周数。各猪群存栏数=每组猪群头数×猪群组数,则1个万头规模猪场的猪群结构见表3-3。

表3-3 万头商品猪场猪群结构

猪群种类	饲养期(周)	组 数	每组头数	存栏数	备 注
空怀配种母猪群	5	5	30	150	配种后观察21天
妊娠母猪群	12	12	24	288	
泌乳母猪群	6	6	23	138	
哺乳仔猪群	5	5	230	1150	按出生头数计算
保育仔猪群	5	5	207	1035	按转入的头数计算
生长肥育群	13	13	196	2548	按转入的头数计算
后备母猪群	8	—	—	64	8个月配种
公猪群	52	—	—	23	不转群
后备公猪群	12	—	—	8	9个月使用
总存栏数	—	—	—	5404	最大存栏数

(四)不同规模猪场猪群结构 不同规模猪场猪群结构见表3-4,供参考。

表3-4 不同规模猪场猪群结构

猪群种类	存栏数量(头)					
生产母猪	100	200	300	400	500	600
空怀配种母猪	25	50	75	100	125	150
妊娠母猪	51	102	156	204	252	312
泌乳母猪	24	48	72	96	126	144

续表3-4

猪群种类	存栏数量(头)					
后备母猪	10	20	26	39	46	52
公猪(含后备公猪)	5	10	15	20	25	30
哺乳仔猪	200	400	600	800	1000	1200
保育仔猪	180	360	540	720	900	1080
生长肥育猪	445	889	1334	1778	2223	2668
总存栏	940	1879	2818	3757	4697	5636
全年上市商品猪	1696	3391	5086	6782	8477	10173

三、车间、单元和栏位的设置

规模化养猪生产工艺流程的顺利实现和正常运转,必须有相应的硬件加以保证,这些硬件包括足够的猪舍、猪栏和与之相配套的设备和设施。

现以年出栏商品瘦肉猪1万头规模的养猪场为例,按一点一线四段式生产工艺流程来说明其车间、单元和栏位的设置。其他工艺流程可依此类推。

(一)车间数的确定　由四段式工艺流程图可以看出,若按每一生产群设置一个车间,同时公猪和母猪一般是分开饲养的,共可安排6个车间,即种公猪车间、配种母猪车间、妊娠车间、产仔哺乳车间、断奶仔猪保育车间和生长肥育车间。

(二)各车间单元数和栏位数的设置

1. 公猪车间　种公猪可以与后备公猪一起,作为一个生产群饲养在同一栋猪舍内,也可以将其饲养在配种舍内,这里我们采取后一种方案,因为这样可以节省建筑费用,同时可以起到刺激母猪尽快发情的作用。

种公猪实际占用栏位 365 天,后备公猪则为 182 天,但是它们不在生产线内周转,故只需安排 1～2 个单元。全场生产种公猪 23 头,后备公猪 8 头,每栏 1 头,2 栏备用,总共需设置 33 个单栏。

2. 配种母猪车间 后备母猪群一般由繁育体系内上一阶层引入,必须经过隔离检疫后才允许进入后备母猪群等候配种。经产母猪则在仔猪断奶后,一部分因外形、健康或生产性能缺陷被淘汰,保留下来的转入空怀配种舍。正常情况下,经产母猪在仔猪断奶后 3～7 天发情,平均 9～10 天完成受精,14 天假定受胎转入生产群。考虑到一些特殊情况和夏季母猪性功能降低,会使由断奶至发情的间隔期延长,必须增加一些母猪,故留有一定的机动备用期,再加上清洗消毒和维修期 7 天,则母猪平均占用栏位期按 35 天计算。这样,根据不同的饲养方式,即可确定配种母猪舍单元数和栏位数。

(1)群养 按 7 天制繁殖节律,共需 5 个单元(35 天÷7 天/单元)才能满足流水式生产工艺过程的需要。由于每周配种数是 28 头,若每栏 4 头,则每单元应设 7 栏,共计 35 栏。

(2)限位饲养 按同样的计算方法,共需 5 个单元,因每栏 1 头限位饲养,每单元应设 28 栏,共计 140 栏。

(3)先小群饲养,后限位饲养 小群饲养期 1 周,需 1 个单元,若每栏 4 头,应设置 7 栏;限位饲养 3 周加上 1 周清洗消毒,占用期 28 天,共需 4 个单元,每单元 28 栏,共计 112 栏。

3. 妊娠母猪车间 母猪妊娠期是 114 天,因转入妊娠车间时已受胎 21 天,又要在产前 1 周转入产仔哺乳车间,故母猪在养 86 天,加上清洁消毒 7 天,合计占用期为 93 天,应设 14 个单元。因每周 24 头母猪妊娠,每栏 1 头,每单元应设 24 栏,共计 336 栏。

4. 产仔哺乳车间 妊娠母猪产前 1 周进入该车间,仔猪 28 日龄断奶,然后留栏 7 天,清洁消毒 7 天,合计占用期共 49 天,需设 7 个单元。因每栏 1 头,每单元应设 24 栏,共计 168 栏。

5. 断奶仔猪保育车间　仔猪保育期 35 天,清洁消毒 7 天,合计占用期为 42 天,共设 6 个单元。每窝 1 栏,每单元应设 24 栏,共计 144 栏;2 窝 1 栏,每单元应设 12 栏,共计 72 栏。

6. 生长肥育车间　四段式生产工艺流程中,生长期和肥育期合二为一。若 175 天肉猪出栏,则该段饲养期为 105 天,加上空栏清洁消毒 7 天,总占用期 112 天,应设 16 个单元。因每周有 197 头猪进入生长肥育舍,若每栏 16 头,每单元应设 13 个栏位,共计 208 个栏位。也可按每窝 1 栏(24 栏/单元,共计 384 栏)或 2 窝 1 栏(12 栏/单元,共计 192 栏)设置相应的栏位数。

如果采用空怀待配母猪和妊娠母猪小群饲养、泌乳母猪网上饲养,消毒空舍时间为 7 天,则万头猪场的栏位数见表 3-5,供参考。

表 3-5　万头猪场各饲养群猪栏配置数量

猪群种类	猪群组数 (组)	每组头数 (头)	每栏饲养量 (头/栏)	猪栏组数 (组)	每组栏位数 (栏)	总栏位数 (栏)
空怀配种母猪群	5	30	4~5	6	7	42
妊娠母猪群	12	24	2~5	13	6	78
泌乳母猪群	6	23	1	7	24	168
保育仔猪群	5	207	8~12	6	20	120
生长肥育群	13	196	8~12	14	20	280
公猪群(含后备)	—	—	1	—	—	28
后备母猪群	8	8	4~6	9	2	18

第四章 环境对繁殖性能的影响
与猪舍的环境控制

养猪环境是指猪群的生活条件,环境对猪的繁殖性能有重要的影响,当品种、饲料、生产工艺、防疫等问题基本解决以后,猪舍环境对于繁殖性能的发挥将起决定性作用。猪的品种越优良,要求的环境条件越高。如果环境不适宜,优良品种高生产性能的遗传潜力不能充分发挥,实际生产水平降低。同时,在环境不适宜的条件下,难以控制疫病发生,猪机体抵抗力低,易染疾病,会导致繁殖成绩大大下降。

对猪舍内的环境进行有效的控制,是提高繁殖效率所必需的。

第一节 影响猪繁殖性能的环境因素

影响猪繁殖性能的环境因素主要有温度、湿度、光照、气流、尘埃和微生物等。

一、温 度

高温会使猪的繁殖力降低,低温对繁殖力影响较小。这是由于低温时机体增加产热的调节比高温时减少产热的调节有效,但强烈的冷应激也会使繁殖力降低。高温环境下,一方面热应激使性激素分泌减少影响生殖功能,另一方面猪采食量减少,造成营养不良,加之高温导致血液大量流向外周以增加散热,生殖系统供血不足影响繁殖力。当环境温度高于33℃时,猪的繁殖力明显下降。

(一)高温对公猪繁殖力的影响 高温季节,公猪表现性欲减退,精液中精子数减少,活力降低,畸形精子比例增加。这种影响一般在遭受高温作用1～2周才表现出来,高温作用停止后7～8周才能得到恢复。

(二)温度对母猪繁殖力的影响　高温对母猪繁殖力的影响表现为母猪乏情或非正常发情率增加,发情持续时间短;母猪卵巢功能减退,卵泡发育障碍,排卵数减少,导致母猪受胎率降低。热应激对母猪在配种前后1～3周和分娩前3周内影响较大。

1. 温度对母猪初情期和断奶后发情的影响　在高温环境下,青年母猪初情期推迟22天左右,温度高于28℃时,母猪性成熟迟延。Johnstion等(1999)报道,在27℃～29℃的热环境中,母猪断奶后15天的发情率为79.2%,极显著地低于17℃～20℃温暖环境中的发情率(93.4%)。在我国中南地区高温、高湿的7～9月份,母猪断奶后7天内的发情率为70%左右,而其他月份为98%。初产母猪断奶后恢复发情的时间在7～9月份比其他月份长。

2. 温度对母猪受胎率的影响　母猪受胎率随季节的变化而变化,夏季母猪受胎率较低,随着温度的不断上升,情期受胎率逐渐下降。7～8月份气温最高,受胎率达到最低。以后随着气温的下降,受胎率又有所回升。在12月份至翌年1月份进入冬季后,受胎率并无明显变化。冬季气温对母猪的繁殖力影响不大。7～9月份高温季节,母猪断奶后7天内的受胎率比其他月份低15%左右,当气温达32℃以上时配种,约有20%的猪不孕或重复发情。

3. 温度对母猪胚胎存活率的影响　高温的强烈应激作用使母猪内分泌功能失调,也使外周血液循环加强,身体内部的血液供应量减少,影响蛋白质的合成,使胚胎营养不足,出现胚胎早期吸收和死亡,因而产仔数明显降低。另外,高温还可使子宫内环境发生许多不良变化,死胎、畸形胎增多。研究表明,母猪在配种后至妊娠前期受热应激影响,胚胎存活数减少。在胚胎附植几天内对热特别敏感,妊娠前期母猪受热应激可发生严重的流产。

4. 温度对母猪产仔数和产活仔数的影响 母猪的产仔数和产活仔数受季节和气温的影响。在夏季高温季节配种,母猪的产仔数和产活仔数都有所下降。研究表明,母猪在3~7月份产仔数较高,其中5月份最高,11月份最低,实际上这是由于在7~8月份配种时气温较高,排卵数和卵子质量下降,且受精卵附植受到影响,因而产仔数降低。

5. 温度对母猪哺乳性能的影响 温度升高可使母猪采食量下降,从而影响哺乳性能。Quiniou等报道,用63头大白猪经产母猪进行不同环境温度和日粮粗蛋白质水平对泌乳成绩的影响试验,试验设置环境温度为18℃、22℃、25℃、27℃和29℃,日粮粗蛋白质设定为14%和17%两个水平。供试母猪从哺乳第七天至第十九天给予自由采食。结果表明,日粮粗蛋白质水平对哺乳成绩无影响,但在哺乳的第七天至第十九天,每天的饲料采食量从环境温度为18℃时的7.16千克,下降至29℃时的3.48千克。表明在高温环境下,饲料采食量大大下降,采食量的下降使母猪膘情下降,直接导致母猪哺乳性能的下降,引起仔猪发育不良。

(三)温度对仔猪的影响 温度的变化对仔猪影响最大,造成的经济损失也较严重。仔猪体温调节功能差、体格小,其临界温度较高,等热区范围较窄。再则仔猪免疫系统不完善、抗病力弱,所以对温度变化相当敏感。试验证明,新生仔猪处于13℃~24℃环境条件下,出生后2小时体温下降1.7℃~7℃;若仔猪深部体温降低2℃以上,仔猪活动减少或蜷缩、昏睡,争夺乳头能力降低,造成饥饿或被压死,即使活下来,抵抗力也较弱。另有报道显示,随着温度的降低,仔猪血液中糖的消耗增加,仔猪生活在12℃~16℃的环境里10天发生低血糖症,生活在4℃~6℃的环境里2~3天发生低血糖症,如果在1℃的环境中生活2小时,仔猪可冻昏、冻僵,甚至死亡。仔猪被母猪压死主要是由于仔猪怕冷靠近母体取暖造成的,其他死亡是由于仔猪体质虚弱、饥饿、患病和其他原因造成的,这些原因多与低温有关。仔猪出生的第一周是死亡的高峰,占死亡总数的 60%,因此加强仔猪环境温度控制是提高生产水平的关键措施之一。

(四)猪舍的温度要求　各类繁殖猪群对猪舍环境温度的要求如表 4-1 所示。

表 4-1　各类猪舍生产环境温度范围　(℃)

类　别	适宜温度	最高温度	最低温度
种公猪	13~19	25	10
空怀和妊娠前期母猪	13~19	27	10
妊娠后期母猪	16~20	27	10
哺乳母猪	18~22	27	13
哺乳仔猪	30~32	34	28

二、湿　度

空气湿度是表示空气中水汽含量的物理量,通常用绝对湿度、饱和湿度、相对湿度和露点表示。空气中水汽的实际含量可用每立方米空气中含水汽的克数表示,叫做绝对湿度。在一定的温度下空气中可容纳水汽的最大值叫做最大湿度,这时空气中所含水汽已达饱和状态,因此又叫饱和湿度。为了更简明而直观地表示空气的潮湿程度,引入相对湿度的概念,即绝对湿度占同温度下饱和湿度的百分比。当空气中水汽含量和气压一定时,使水汽达到饱和时的温度称为露点。

(一)猪舍内水汽的来源　猪舍空气中的水汽主要来自猪的体表和呼吸道蒸发的水汽(占 70%~75%)和暴露水面(粪尿沟或地面积水)、潮湿表面(潮湿的垫料、猪床、堆积的粪污等)蒸发的水汽(占 10%~25%),还有通过通风换气带入的舍外空气中的水汽

（占 10％～15％）。

（二）湿度对猪繁殖性能的影响　湿度对猪的影响主要是通过影响机体的体热调节来影响猪的生产力和健康，它是与温度、气流、辐射等因素共同作用的。在适宜温度下，湿度对猪的生产力和健康影响不大。空气湿度高可使猪舍内空气中带菌尘粒沉降率提高，从而降低咳嗽和肺炎的发病率。但高湿度有利于病原微生物和寄生虫的孳生，使猪易患疥癣、湿疹等疾患。另外，高湿常使饲料、垫料发霉造成生产损失。在高温情况下，机体主要以蒸发散热为主，但高湿度阻碍机体的蒸发散热，加剧高温的危害。而在低温情况下，高湿度促进辐射和传导散热，不利于机体维持热平衡，对健康不利，易发生关节炎、肌肉炎、神经痛、肠炎、仔猪白痢等。空气湿度过高可导致猪的繁殖能力下降，猪舍中空气湿度太低，易引起皮肤和外露乳膜干裂，降低其防卫能力，使呼吸道病和皮肤病发病率增高。可见，在等热区温度范围以外，高湿对猪的影响较大。

（三）猪舍的湿度要求　在养猪生产中，各类猪群适宜的空气湿度参见表 4-2。

表 4-2　各类猪舍允许的环境湿度范围　（％）

类　别	适宜湿度	最高湿度	最低湿度
种公猪	60～80	85	40
空怀和妊娠前期母猪	60～80	85	40
妊娠后期母猪	60～70	80	40
哺乳母猪	60～70	80	40
哺乳仔猪	60～70	80	40

三、气 流

空气分子的运动称为气流,水平运动的气流称为风。大气的气流是地球表面温度分布不均而形成气压差,空气分子由低温高气压区域流向高温低气压区域。在气象上,风常用风速和风向来描述。风速是单位时间内风移动的距离(米/秒),风向是风吹来的方向。

(一)猪舍内气流的形成 猪舍内部不同区域也有气压差,同样会形成气流。在自然情况下,舍内空气流动的动力有两种:一是风压,即猪舍迎风面气压大于大气压,背风面气压小于大气压,舍外的风由迎风面门窗或孔洞流入,从背风面门窗或孔洞流出;二是热压,即猪舍内温度一般高于舍外,进入舍内的空气受热向上运动,使上部气压大于大气压,下部则小于大气压,舍内空气从门窗或孔洞上部流出,舍外空气由门窗或孔洞下部流入。如果使用风机作为通风动力,其气流的方向和大小取决于风机数量、流量、位置以及进风口的大小、形状和位置等情况。猪舍通风除考虑风向和风速外,通风量(换气量)也是一项重要指标,一般以每头或单位活重(1千克或100千克)每小时需要新鲜空气的体积来表示,也可用单位时间内的换气量是猪舍容积的倍数来表示,称为换气次数。

(二)气流对猪繁殖性能的影响 气流也是与其他热环境因素共同影响猪体热调节的,进而影响其生产力和健康。在气温低于皮温的情况下,气流可促进对流散热,在其他任何温度下气流均可促进蒸发散热。因此,低温时气流对体热调节不利,而高温时气流有利于体热平衡。但在气温高于皮温(特别是相对湿度较大时)的情况下,高风速对机体不利。试验证明,在气温不变的情况下,仔猪的环境风速由0.1米/秒增至0.3米/秒,其感觉相当于环境温度降低5℃。有人在人工气候室里训练猪学会关闭风机的撤压式开关,发现在-5℃~40℃的不同温度下,猪允许风机送风的时间随温度升高而加长,环境温度达到 30℃ 或更高时,猪就不再关闭风机了,这说明了高温情况下气流对猪有利。此外,通风可以排除舍内水汽和二氧化碳、氨、硫化氢等有害气体,保障舍内干燥和改善空气卫生状况。所以,猪舍在任何季节都需要通风,特别是冬季往往为防寒而关闭门窗,造成舍内潮湿和空气卫生状况恶化,必须注意适当通风。

在冬季通风和保温是一对矛盾,有条件的猪场可以在满足供应的情况下,根据猪舍的湿度或有害气体浓度要求控制通风量。为了降低成本,应该在保证猪舍环境温度基本得以满足的情况下采取通风措施。同时,也要防止贼风侵入,危害猪群健康。

(三)猪舍对气流的要求　各类猪舍通风量和风速参考参数见表 4-3。

表 4-3　各类猪舍通风量和风速参考参数

猪群类别	通风量(立方米/小时·千克)			风速(米/秒)	
	冬　季	春秋季	夏　季	冬　季	夏　季
种公猪	0.45	0.6	0.7	0.2	1
成年母猪	0.35	0.45	0.6	0.3	1
哺乳母猪	0.35	0.45	0.6	0.15	0.4
哺乳仔猪	0.35	0.45	0.6	0.15	0.4

注:表中风速指猪所在位置猪体高度的夏季适宜值和冬季最大值,在最热月份平均温度≤28℃的地区,猪舍夏季风速可酌情加大,但不宜超过 2 米/秒,哺乳仔猪不得超过 1 米/秒

四、光　照

(一)猪舍内的光照来源　猪舍内的光照因光源不同可分为自然光照和人工光照。自然光照是指太阳直射光和散射光通过门窗等透光构件进入猪舍进行光照。太阳光谱中的可见光约占 50%,

其余50%大部分是红外光,少量为紫外光,我们常说的光照也主要指肉眼可以看见的光。可见光的光照强度常用照度来表示,单位为勒克斯(lx)。猪舍的自然光照情况多用自然光照系数来度量,自然光照系数表示舍内某点水平面与舍外某点水平面散射光照度之比。猪舍自然光照一般以猪舍透光构件可透光部分的总面积(扣除门窗框)与舍内地面面积之比来表示,称为采光系数。人工光照则是用人工光源(白炽灯或荧光灯等)进行光照。白炽灯的光谱中红外光占60%～90%,可见光占10%～40%,有少量紫外光;荧光灯与太阳光相近,其发光量是同功率白炽灯的3倍,但灯具价格较高,所以在生产中使用白炽灯较多。

(二)光照对猪繁殖性能的影响　可见光可引起机体一系列神经和内分泌变化,影响猪的采食、饮水、昼夜活动规律、代谢功能、生长发育、性功能和抵抗力。适宜的光照可使机体蛋白质、脂肪和矿物质沉积,有利于生长,还可提高性激素分泌量,加强卵巢和睾丸功能,提高猪的繁殖能力。光照时间和强度适当延长和加强可促进猪的性成熟,促进母猪发情、配种和妊娠。光照时间不足或过量对猪的生产力和健康均不利。光照时间过短或过暗可使猪消化液分泌量和消化酶活性降低,食欲减退。光照强度过强和光照时间过长,会使机体代谢加强、活动增多、能量消耗增加而影响增重。自然界可见光光照时间和强度的昼夜、季节性变化规律称为光周期,猪的生命活动(睡眠、醒觉、性功能等)随光周期变化出现的节律性改变,称为生物节律。研究表明,人为地改变光周期可以改变猪的生物节律,借以提高养猪生产效率。一般来说,仔猪需要光照较多,成年种猪需要适当的自然光照。在开放式猪舍、半开放式猪舍和一般有窗猪舍,主要靠自然光照,必要时辅以人工光照;在封闭式猪舍则主要靠人工光照。

1. 光照对后备母猪初情期的影响　彭癸友等通过对荣昌小母猪的性成熟观察发现,延长光照可使其初情期提前18.5天,间情期缩短 1.5 天(表 4-4)。

表 4-4　延长光照对荣昌小母猪初情期的影响

组　别	观察头数（头）	起始日龄（天）	光照处理	初情期（天）	间情期（天）
对照组	20	31	自然光照	198	20.5
试验组	20	31	补充光照	179.5	19

　　注:试验组采用普通日光灯,2 瓦/米²,灯距地面 2 米,每日从天黑补充光照至晚上 9 时,早晨从 5 时补充光照至天明,保证每日 16 小时光照,8 小时黑暗

　　2. 光照对母猪繁殖力的影响　　见表 4-5 和表 4-6。从表 4-5 的结果可见,在夏季自然光照强的季节配种,人为地适当减少光照强度,可以提高产仔数和产活仔数,但头均初生重和初生窝重有所降低。在冬季自然光照较弱的季节配种,减少光照强度,则繁殖性能相应下降。从表 4-6 的结果可见,增加光照的时间,能提高母猪的受胎率、产仔数和仔猪的初生重。

表 4-5　光照强度对母猪繁殖力的影响

指　标	光照强度级别（自然光照系数,%）			
	夏季至冬季		冬季至夏季	
	Ⅰ级(2.2%)	Ⅱ级(0.1%)	Ⅰ级(1.2%)	Ⅱ级(0.07%)
母猪头数（头）	10	10	10	10
分娩头数（头）	8	8	10	10
产仔猪数（头）	81	98	108	109
产活仔数（头）	81	90	106	97
头均产活仔数（头）	10.1	11.2	10.6	9.7
初生窝重（千克）	14.3±0.5	13.6±0.4	13.2±0.4	11.6±0.3
头均初生重（千克）	1.41±0.05	1.21±0.06	1.24±0.02	1.19±0.01

表 4-6　光照时间对母猪繁殖力的影响

指　标	光照时间(小时)	
	8	17
母猪体重(千克)	126.7	127
配种头数(头)	69	76
分娩头数(头)	51	61
分娩占配种的比例(%)	74	80
窝产活仔数(头)	9.4	10.3
初生个体重(千克)	1.3	1.32
初生窝重(千克)	12.57	13.8

(三)猪舍对光照的要求　《养猪场环境参数及环境管理》(GB/T 17824.4—1999)规定猪舍自然光照或人工照明设计应符合表4-7的要求。猪舍光照须保证均匀,自然光照设计须保证入射角(指窗上缘至猪舍跨度中央一点的连线与地面水平线形成的夹角)≥25°,开角(即采光角,指窗上、下缘分别至猪舍跨度中央一点的连线之间的夹角)≥5°。人工照明灯具设计宜按灯距3米左右布置。猪舍的灯具和门窗等透光构件必须经常保持清洁。

表 4-7　猪舍采光参数

猪群类别	自然光照		人工照明	
	窗地比	辅助照明(勒)	光照强度(勒)	光照时间(小时)
种公猪	1∶10~12	50~75	50~100	14~18
成年母猪	1∶12~15	50~75	50~100	14~18
哺乳母猪	1∶10~12	50~75	0~100	14~18

续表 4-7

猪群类别	自然光照		人工照明	
	窗地比	辅助照明(勒)	光照强度(勒)	光照时间(小时)
哺乳仔猪	1：10～12	50～75	50～100	14～18
培育仔猪	1：10	50～75	50～100	14～18
肥育猪	1：12～15	50～75	30～50	8～12

注:窗地比是以猪舍门窗等透光构件的有效透光面积为1,与舍内地面积之比;辅助照明是指自然光照猪舍设置人工照明以备夜间工作照明用;人工照明一般用于无窗猪舍

五、空气中的有毒有害气体、尘埃和微生物

(一)空气中的有毒有害气体 舍外大气的化学组成在自然情况下是相对稳定的,其主要成分是氮气(占 78.09%)和氧气(占 20.95%)。大气被工农业生产、交通、居民生活等产生的废气污染后,会夹杂各种有害化学成分,猪舍中主要的有毒有害气体是氨、硫化氢、二氧化碳等。

氨是无色、有刺激性臭味的气体,易溶于水,其水溶液呈碱性。猪舍中的氨是由粪便、尿液、垫料、饲料等含氮有机化合物分解而产生的。其含量与猪舍通风、粪尿处理方法、垫料种类、饲养密度等情况有关,猪舍含量一般在 5～27 毫克/米^3。氨溶解在呼吸道黏膜和眼结膜上,会引起黏膜充血、水肿,分泌物增多,发生呼吸道炎症和结膜炎,严重时甚至可引起化学灼伤、组织坏死,甚至导致失明、坏死性支气管炎、肺水肿和出血等。氨由肺泡进入血液与血红蛋白结合,可破坏其输氧能力,造成组织缺氧。低浓度氨可使呼吸和血管中枢兴奋,高浓度氨可使中枢神经系统麻痹,并引起中毒性肝病和心肌损伤,严重时导致死亡。所以,氨气长期作用可引起猪抵抗力降低,发病率和死亡率升高,生产力下降。猪舍空气中氨

的含量要求不高于 20 毫克/米^3。

硫化氢是无色、有臭鸡蛋味的气体,易挥发,易溶于水。猪舍中的硫化氢来自含硫有机物(粪便、尿液、饲料、垫料等)的腐败分解。当日粮蛋白质水平高且消化不良时,可生产大量硫化氢。猪舍中硫化氢含量一般应在 15 毫克/米^3 以下。猪舍设计不合理或饲养管理不善,可使其含量增加。硫化氢是毒性很强的神经毒剂,溶于黏膜表面与钠离子结合形成硫化钠,产生强烈的刺激作用,引起眼炎和呼吸道炎症。低浓度硫化氢长时间作用可造成慢性中毒,病猪流泪、畏光、咳嗽、心动过缓、乏力。硫化氢在肺泡内可被迅速吸收入血液,与氧化型细胞色素氧化酶的三价铁离子结合,使该酶失活,造成组织缺氧。高浓度硫化氢(763 毫克/米^3 以上)可直接抑制呼吸中枢,导致猪窒息而死。试验表明,当硫化氢的浓度为 31 毫克/米^3 时,猪变得怕光、丧失食欲、神经质;浓度为 76～305 毫克/米^3 时,可引起呕吐、恶心和腹泻;浓度为 992～1 221 毫克/米^3 时,猪失去知觉,继而因呼吸中枢和血管运动中枢麻痹而死亡。

二氧化碳是无色、无臭、带有酸味的气体。大气中二氧化碳的含量为 0.03%～0.04%。猪舍中的二氧化碳主要来自猪的呼吸。通风良好时,含量一般在 0.06%～0.18%;换气不良时可达 0.4%(7 920 毫克/米^3)。二氧化碳本身无毒,但高浓度长时间作用可造成缺氧,使猪精神不振,乏力,食欲减退,增重迟缓,发病率升高。有资料表明,2%浓度时猪无明显痛苦,4%浓度时猪呼吸变深加快,10%浓度时猪可发生昏迷,20%浓度作用超过 1 小时,体重为68 千克的猪有死亡的危险。猪舍空气中的二氧化碳一般不会到达严重危害的程度,但人们常以其浓度作为猪舍空气卫生状况的评定指标,要求不得高于 0.15%。

为减少猪舍中的有毒有害气体,应做到合理通风,合理设计清粪和排污系统,加强环境管理。

(二)空气中的尘埃和微生物 猪舍中由于饲养管理活动而使细微的固体微粒飘浮在空气中,如打扫猪舍、分发饲料、翻动垫料等。这些微粒部分可较快降落,部分飘浮在空气中数小时、数天甚至数年。这些飘尘大都是有机尘粒,大量微生物附着其上得到营养和庇护,生存时间延长,病原菌的致病力大大加强。同时,猪舍空气一般比大气湿润,有利于微生物繁殖。尘埃进入眼睛可引起结膜炎等眼病,落于皮肤与皮脂腺分泌物混合,刺激皮肤发痒,引起皮炎。猪舍空气中的微生物一般每立方米含数百、数千或数万个,种类约100多种,虽多属非致病菌,但其中的少部分致病菌却常造成猪群疫病流行。通过尘埃为载体造成的传染,称为灰尘污染。微生物除附着于尘埃外,空气中的小液滴也是其载体。病猪咳嗽、鸣叫喷出的小液滴含有致病微生物,可传染给健康的猪,以小液滴为载体进行传播,称为飞沫传染。

减少猪舍空气中的尘埃和微生物,必须正确选择猪场场址,合理布局猪场建筑物;进行猪场绿化,改善饲养管理,及时清除和妥善处理粪尿污物;合理进行猪舍通风,定期进行消毒等,有条件的猪场可使用人工空气电离和紫外光照射等设备。

(三)猪舍内空气的卫生要求 各类猪舍内空气的卫生要求见表4-8。

表4-8 各类猪舍内空气的卫生要求

猪群类别	氨 (毫克/米³)	硫化氢 (毫克/米³)	二氧化碳 (%)	细菌总数 (万个/米³)	粉尘 (毫克/米³)
种公猪	≤26	≤10	≤0.2	≤6	≤1.5
成年母猪	≤26	≤10	≤0.2	≤10	≤1.5
哺乳母猪	≤15	≤10	≤0.2	≤5	≤1.5
哺乳仔猪	≤15	≤10	≤0.2	≤5	≤1.5

第二节　猪舍的环境控制

我国属大陆性季风气候,大部分地区冬冷夏热,远不能满足猪对环境的要求。但在猪舍内,可以凭借现代科学技术和工程措施,控制舍内的小气候,为各类猪提供适宜的生活环境。

一、猪舍围护结构的保温隔热

猪舍的基本结构包括地面、墙、门窗、屋顶等,这些又统称为猪舍的围护结构。猪舍的小气候状况,在很大程度上取决于外围护结构的保温隔热性能。

(一)基础和地面　基础的主要作用是承载猪舍自身重量、屋顶积雪重量和墙、屋顶承受的风力。基础的埋置深度,根据猪舍的总荷载、地基承载力、地下水位和气候条件等确定。基础受潮会引起墙壁和舍内空气潮湿,应注意基础的防潮和防水。为防止地下水通过毛细作用浸湿墙体,在基础墙的顶部应设防潮层。

猪舍地面是猪活动、采食、躺卧和排粪尿的地方。地面对猪舍的保温性能及猪的生产性能有较大的影响。猪舍地面要求保温、坚实、不透水、平整、不滑,便于清扫和清洗消毒。地面一般应保持2%～3%的坡度,以利于保持地面干燥。土质地面、三合土地面和砖地面保温性能好,但不坚固、易渗水,不便于清洗和消毒。水泥地面坚固耐用、平整,易于清洗消毒,但保温性能差。目前猪舍多采用水泥地面和水泥漏缝地板。为克服水泥地面传热快的缺点,可在地表下层铺垫孔隙较大的材料(如炉灰渣、膨胀珍珠岩、空心砖等)增强地面的保温性能。

(二)墙壁　为猪舍建筑结构的重要部分,它将猪舍与外界隔开。按墙所处位置可分为外墙、内墙。外墙为直接与外界接触的墙,内墙为舍内不与外界接触的墙。按墙长短又可分为纵墙和山墙(或称端墙),沿猪舍长轴方向的墙称为纵墙,两端沿短轴方向的墙称为山墙。猪舍一般为纵墙承重。猪舍墙壁要求坚固耐用,承重墙的承载力和稳定性必须满足结构设计要求。墙内表面要便于清洗和消毒,地面以上 1～1.5 米高的墙面应设水泥墙裙,以防冲洗消毒时溅湿墙面和防止猪弄脏、损坏墙面。同时,墙壁应具有良好的保温隔热性能,这直接关系到舍内的温、湿度状况。据报道,猪舍总失热量的 35%～40% 是通过墙壁散失的。我国墙体的材料多采用黏土砖,砖墙的毛细作用较强,吸水能力也强,为保温和防潮,同时为提高舍内照度和便于消毒等,砖墙内表面宜用水泥砂浆和白灰粉刷。墙壁的厚度应根据当地的气候条件和所选墙体材料的热工特性来确定,既要满足墙的保温要求,同时尽量降低成本和投资,避免造成浪费。

(三)门与窗　窗户主要用于采光和通风换气。窗户面积大,采光多、换气好,但冬季散热和夏季向舍内传热也多,不利于冬季保温和夏季防暑。窗户的大小、数量、形状、位置应根据当地气候条件合理设计。门供人与猪出入,外门一般高 2～2.4 米,宽1.2～1.5 米,门外设坡道,便于猪只和手推车出入。外门的设置应避开冬季主导风向,必要时加设门斗。

(四)屋顶　屋顶起遮挡风雨和保温隔热的作用,要求坚固,有一定的承重能力,不漏水、不透风,同时由于其夏季接受太阳辐射和冬季通过它失热较多,因此要求屋顶必须具有良好的保温隔热性能。猪舍加设吊顶,可明显提高屋顶的保温隔热性能,但随之也增大了投资。

(五)猪舍朝向　是指猪舍正面纵墙法线(即垂直线)所指的方位,即猪舍正面所对的方向。无窗猪舍完全靠人工控制舍内环境,猪舍朝向主要对外围护结构的保温隔热性能有些许影响,对舍内环境变化无直接影响。而有窗式、开放式或半开放式猪舍的朝向直接关系到猪舍的通风和采光,对舍内环境影响很大。在确定猪舍朝向时,主要考虑采光和通风效果,应遵循下列原则:使猪舍纵墙和屋顶在冬季接受光照,而在夏季少接受光照,以利于猪舍冬季保暖和夏季隔热,从而冬暖夏凉。猪舍纵墙与当地冬季主导风向平行或成 0～45°角,使冬季冷风渗透到猪舍的量最少,纵墙与夏季主导风向成一定角度,使夏季猪舍自然通风均匀,有利于防暑降温和排出舍内污浊空气。

(六)猪舍周围环境的绿化 绿化是净化空气的有效措施。植物的光合作用吸收二氧化碳,释放氧气,绿化地带夏季气温可降低 10%～20%,减轻热辐射 80%。绿化还可减少空气细菌含量 22%～79%,尘埃 35%～67%,恶臭 50%,有毒有害气体 25%。此外,绿化还有防风、防噪声的作用。可见,绿化对于防暑降温、防火、防疫和调节改善场区小气候状况具有明显的作用。另外,猪场的绿化是美化环境的重要措施,环境优美,人的心情舒畅,工作效率也会提高。

猪场绿化包括以下几种:一是场界林带,即在场界周边植树,防风林设在冬季上风向,乔木和灌木搭配密植 3～5 行,宽 5～8 米;其他方向种植隔离林带 2～3 行,宽 3～5 米,起分隔和防火作用;注意夏季上风向应稀植高大乔木,避免影响通风。二是场内外道路绿化,种植树冠整齐的乔木或亚乔木 1～2 行,靠近猪舍地段应考虑不妨碍通风和采光。三是遮荫绿化,即在猪舍之间种植 1～2 行乔木或亚乔木,树种根据猪舍间距和通风要求选择,在道路上空可植藤蔓植物,形成水平绿化,遮荫效果较好。四是美化绿化,即种花种草,美化和改善环境。例如,在猪舍墙边种植攀爬植物,在裸露的地面栽种花草,既美化环境,夏季又可以防暑;亦可种植优质牧草,既可作绿化又可作青绿饲料喂猪,提高母猪的繁殖性能。

总之,搞好猪场绿化,可以调节场内温度、湿度、气流等,减轻空气污染,净化空气,改善场区小气候。绿化植树时,应考虑树干高度和树冠大小,以夏季不阻风,冬季不遮荫为宜。

二、猪舍采暖

在规模化猪场中,公猪、母猪和肥育猪等大猪,由于抵抗寒冷的能力较强,再加之饲养密度大,自身散热足以保持所需的舍温,一般不予供暖。而哺乳仔猪和断奶仔猪,由于热调节功能发育不全,对寒冷抵抗能力差,要求较高的舍温,在冬季必须供暖,尤其是在北方地区。现代化猪舍的供暖,分集中供暖和局部供暖2种方法。

(一)集中供暖 主要利用热水、蒸汽、热空气和电能等形式供暖。在我国养猪生产实践中,多采用热水供暖系统,该系统包括热水锅炉、供水管路、散热器、回水管路和水泵等设备。

(二)局部供暖 最常用的是电热地板、热水加热地板、电热灯等设备。目前大多数猪场都实现了高床分娩和育仔,因此最常用的局部环境供暖设备是采用红外线灯或远红外板,配合保温箱,加热效果很好。这种设备简单,安装方便灵活,只要装上电源插座即可使用。但红外线灯泡使用寿命短,常由于舍内潮湿或清扫猪栏时水滴溅上而损坏。有些猪场在分娩栏或保育栏采用热水加热地板,即在栏(舍)内水泥地面制作之前,先将加热水管预埋于地下,使用时,用水泵加压使热水在加热系统的管道内循环,加热温度的高低,由通入的热水温度来控制。

三、猪舍降温

在夏季,我国大多数地区猪舍内环境温度偏高,必须考虑防暑降温。在南方地区,通常采用开敞式或有窗式建筑结构,舍内气温基本受舍外气候状态控制。因此,在高温期间的降温是必须的。降温的方法有多种,各地可根据具体情况采用不同的降温方法。

(一)通风降温 在环境温度不是很高而自然通风不能满足猪

舍环境要求时,可以采用机械通风的方法。目前猪舍常见的有负压通风、常压通风和管道式压力通风等形式。通风设备是轴流通风机。风机设在猪舍山墙上或靠近山墙的两纵墙上,进风口则设在另一端山墙上或远离风机的纵墙上,用 1 台或数台通风机通过墙壁、屋顶或地板下面的管道将圈舍的空气抽出,同时通过墙上或屋顶的进气口向舍内输送新鲜空气,并且通过调节进风口与出风口的开启程度来改变通风换气的速度。

(二)湿帘风机降温系统　该系统具有设备简单、成本低廉、能耗低、产冷量大、运行可靠方便、自动控制等优点,适合于猪场配种舍、种公猪舍、妊娠舍和肥育猪舍使用,当舍外温度达到 35℃～37℃时,湿帘风机系统可将舍内温度降低至 30℃ 以下,而仅用风机降温的猪舍温度则高达 33℃ 左右。另外,使用湿帘风机降温系统的猪舍内蚊、蝇也明显减少,卫生环境改善,大大提高了夏季高温季节猪的福利状况。使用过程中应注意对湿帘的维护,防止结垢和鼠类的破坏。经实际使用测试表明,湿帘厚度为 12 厘米、过帘风速为 1～1.2 米/秒时,湿帘降温效率为 81%～87%。

湿帘风机降温系统的结构见图 4-1。

(三)喷淋降温系统　根据喷淋器安装位置不同可分为舍内喷淋降温系统和屋面喷淋降温系统。舍内喷淋降温是指在舍内猪活动区域上方安装喷头,每隔一定时间向猪体直接喷水,水在猪身体表面蒸发将热量带走。这类降温系统装置简单,设备投资和运行费用都很低,但容易造成地面积水,增加舍内湿度,所以在使用这类降温方法时应特别注意,一般采取间歇运行的方式,根据实际的气温、湿度和通风条件确定间隔时间和喷淋时间,通常间隔 45～60 分钟喷淋 1～2 分钟。屋面喷淋是指在屋顶上安装喷淋系统,利用喷淋器喷出水形成的水膜和水的气化蒸发达到降温目的,其缺点是容易形成水垢沉积,且用水量大。

(四)喷雾降温系统　多采用高压喷头将水滴雾化成直径在

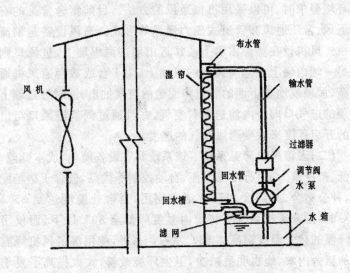

风机

布水管

湿帘

输水管

过滤器

调节阀

水泵

回水管

回水槽

水箱

滤网

图 4-1　湿帘风机降温系统的结构

50～80 微米的雾滴,使水滴在落到动物或地表面以前就完全气化,从而吸收室内热量,达到降温目的。国外研究表明,高压喷雾系统在肥育猪舍和断奶母猪舍夏季降温使用情况较好,降温幅度达 5℃。同时,也可以减少猪舍内的粉尘。另外一种喷雾降温系统是集中细雾降温系统,此法也称为沸腾炉式集中雾化降温系统,是在建筑的进风口处设置喷雾室进行集中喷雾降温,使雾滴产生类似于工业沸腾炉中粉粒的运动,增加了气流与水滴的接触时间,提高了降温效果,并且未蒸发完的雾滴可落入集水池循环使用,避免了在舍内直接喷雾淋湿猪体表和地面的问题,同时对泵和喷雾装置的要求也大大降低。该系统相当于在吸气口的外侧设置喷雾室代替湿帘。我国学者研究表明,在夏季舍外空气相对湿度为55%～60%、干湿球温差为 6℃～8℃ 的常见情况下,集中细雾降温装置可将进入舍内的空气气温降低 5℃～6℃,舍内平均气温比舍外低 4℃ 左右,舍内相对湿度一般不高于 80%。美国学者报道,细雾降温系统投资较低(在美国相当于湿帘降温系统的 50% 左右),且适应性广,密闭与开放舍、机械通风与自然通风均可采用,使用灵活,同时可兼作消毒设施用。但是细雾降温的降温效率还是比湿帘风机降温系统低,主要原因在于细雾分布不均匀,部分空间因分布雾滴少而导致降温效果不好。

(五)猪舍地板局部降温系统　这类降温系统是指以地下水为媒介,在猪的躺卧区地板下部铺设排管的一种传导降温方式,适用于有地下水源、可以打井的地区。该系统由于是局部降温,因而不仅适合于肥育猪、妊娠母猪等大猪,而且适合于哺乳舍母猪活动和躺卧区域的降温。不仅可用于封闭式猪舍,对开放式猪舍也可作为环境调控的一项措施加以应用,有利于改善猪只饲养环境,减少高温对猪只生产力的影响,具有简化建筑结构,降低建筑成本和生产成本等优点。实测表明,当舍外温度高达 34℃ 时,地下水地板降温区域温度基本不超过 26℃,一般稳定在 22℃～26℃。

四、猪舍通风换气

通风换气是猪舍内环境控制的一个重要手段。其目的是在气温高的情况下,通过空气流动使猪感到舒适,以缓解高温对猪的不良影响;在猪舍密闭情况下,引进舍外新鲜空气,排除舍内污浊空气,以改善舍内空气环境质量。前者可以称为通风,后者可以称为换气。

通风换气的原则是:排除过多的水汽,使舍内空气的相对湿度保持适宜状态;维持适中的舍内气温;使气流稳定、均匀,不形成贼风,无气流死角;消除舍内有害气体;防止水汽在墙壁、天棚内表面凝结。

通风换气的方式可分自然通风换气和机械通风换气。前者适于高湿、高温季节的全面通风及寒冷冬季的微弱换气;对于夏季蒸发降温,或因开窗受到限制使高温季节通风不良的,则要采用后者。

(一)自然通风换气 是指利用舍内外空气密度差引起的热压或风力造成的风压,促使空气流动而进行的通风换气。

靠热压通风时,当舍外温度较低的空气从进风窗孔进入舍内,遇到由猪体或其他热源散发的热,温度会升高,从而变轻上升,于是在顶部形成较高压力区。若顶部有排风窗孔,空气就会排出。与此同时,下部的空气由于不断变热上升,形成了空气稀薄区,舍外较冷的空气就会不断进入舍内。如此周而复始,形成自然通风换气。舍内外如果不存在温度差,就不会产生热压通风。若进、排风窗孔没有高度差,相当于只有一种窗孔,仍然可以进行热压通风,只不过通风量少而已,这时窗孔上部排气,下部进气,相当于进、排风两个窗孔连在了一起。

舍外气流与建筑物相遇,将发生绕流,使周围的气流压力分布发生变化。迎风面气流受阻,动压降低,静压增高,侧面和背风面由于产生了局部涡流,静压降低。迎风面形成了正压,背风面形成了负压,由于迎风面的空气压力超过了正常大气压,背风面空气压力小于正常大气压,舍外空气就从迎风面墙上的开口进入舍内,舍内的空气从背风面墙上的开口排出,形成了风压自然通风。

一般来说,猪舍是在热压和风压同时作用下进行自然通风换气的,热压作用的变化相对较小,风压作用的随机性很大。在迎风面的下部开口和背风面的上部开口,可使热压和风压的作用方向一致。

冬季换气量较小,在南方地区的有窗式猪舍,舍外冷空气通过围护结构缝隙产生一定的通风量。因此,只要在上部开设少量的排气孔就可以满足热压换气的要求。在北方地区,要求围护结构的保温和密闭性能比较好,然而这种结构往往与夏季的通风要求相矛盾。此外,保温猪舍冬季舍内外温差比较大,其热压通风能力也大,但冬季通风换气量的要求却比较小,因此在排风帽处须设置灵活方便的调节机构。

(二)机械通风换气　猪舍机械通风换气通常有进气系统和排气系统两种形式。

1. 进气通风系统　又称正压通风系统。风机将舍外空气强制送入舍内,在舍内形成正压,迫使舍内空气通过排风口流出,实现通风换气。其优点是可以方便地对进入舍内的新鲜空气进行加热、冷却和过滤等预处理;缺点是由于形成正压,迫使舍内潮湿空气进入墙角和天花板,且容易在屋角形成气流死角(图 4-2)。进风管道内设计空气流速为 1 米/秒左右,管道均布送风口的出流速度一般小于 4 米/秒。

2. 排气通风系统　又称负压通风系统。风机将舍内污浊空气强制排出舍外,在舍内形成负压,于是舍外空气就从设在顶棚或对面墙上的进气口流入舍内,实现通风换气(图 4-3)。如果适当地确定进气口的位置和形状,可使进入的新鲜空气在舍内均匀分布。一般将风机安装在侧墙上,因此施工方便,成本低,风机便于维护。缺点是当围护结构缝隙较多时,易使舍内气流紊乱,破坏热力工况,且对进入舍内的新鲜空气预处理也比较困难。排气通风系统有屋顶排气通风、横向排气通风、纵向排气通风等几种形式。

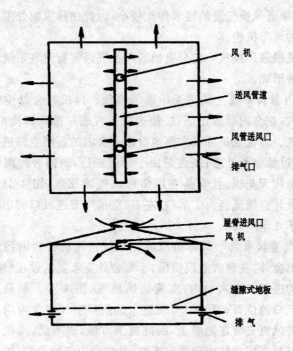

风机

送风管道

风管送风口

排气口

屋脊进风口

风机

缝隙式地板

排气

图 4-2　进气通风系统示意

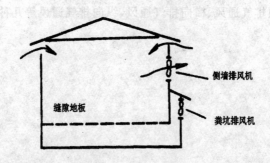

侧墙排风机

粪坑排风机

缝隙地板

图 4-3　排气通风系统示意

第五章　种猪的饲养管理技术

　　饲养管理好种猪是提高规模猪场繁殖效率的又一重要环节。饲养主要是日粮营养的调控,管理则是日常的管理措施和管理技术。对于种公猪来说,可通过营养和管理的手段,使其性欲旺盛,四肢健壮结实,射精量大,精子密度大、活力强。对于种母猪来说,则是要通过营养和管理的手段,使其发情正常、受胎率高、产仔多而健康。

第一节　种公猪的营养需要及饲养管理技术

一、种公猪的营养需要

　　种公猪对猪场的生产力和利润有很大的影响。为了使猪的生产性能最大化,种公猪应该接受细心的照料。但是由于对种公猪的营养研究较少,适合于种公猪在不同年龄、体重和使用强度条件下的饲养标准还未确切制定,种公猪的营养问题常常没有引起管理者和学术界的重视。目前多数猪场没有专用的种公猪饲料,直接用哺乳母猪饲料饲喂种公猪,导致其生长速度过快,体重严重超标,影响精液生产,不得不提前淘汰。生产者为解决种公猪超重问题采取的主要方式是限制饲喂,即通过降低饲粮蛋白质和能量水平来降低种公猪的日增重,然而过度限饲和限饲不足会对种公猪的繁殖性状(包括性欲、精子数量、精子质量)产生不同程度的影响。至今,在 ARC 和 NRC 中有关种公猪的许多推荐量都是基于繁育母猪,且这些推荐量是建立在良好的圈舍和环境条件基础上的,与实际种公猪的营养需要量有很大差异。因此,在生产实际中应根据种公猪的具体情况,适时合理地进行营养素的调整添加,以改善种公猪的体况,提高种公猪的精液质量和利用率。

(一)能量的需要量 种公猪的日粮能量需要量是维持、产精、交配活动和生长需要量的总和。Kemp 等将 1990 年前后确定的一些公畜营养评价体系使用到种公猪上,其所测得的平均值可以作为不同体重种公猪能量需要的参考值。其结果表明,种公猪的总能量需要量,随体重由 100 千克增重至 350 千克而呈现从 27.5 兆焦/天到 39.4 兆焦/天的递增变化。其中维持能量需要是主要的能量消耗,占总能量需要的 60%～90%,而交配活动和产精能量需要则不到总能量需要的 5%。由于生产中种公猪往往生活在密度低和环境状况差的猪舍,实际应用中应采用适当的饲养方案以实现体重在一个恒定的范围内。为了不影响种公猪的繁殖性能,应适当增加其营养需要量。配种前 1 个月,标准增加 20%～25%;冬季严寒期,标准增加 10%～20%。

(二)蛋白质和氨基酸的需要量 种公猪精液干物质占 5%,蛋白质占干物质的 75%,所以饲料中蛋白质的质和量对精液的质和量有很大影响。有研究认为,在后备公猪发育期间,蛋白质摄入不足会延缓性成熟,降低每次射精的精液量,但是轻微的营养不足(日粮粗蛋白质占 12%)所造成的繁殖性能损伤可很快恢复。日粮中一定数量的蛋白质对保证种公猪精子细胞产量是必要的。沈培庆等研究表明,赖氨酸、蛋氨酸能促进精子的早期形成,使精子活力增强。蛋白质和氨基酸的摄入量可以影响种公猪的生长发育。例如,饲喂低赖氨酸日粮的种公猪首次射精时间推迟,并且此时体重较饲喂高赖氨酸日粮的种公猪要高。然而,低赖氨酸日粮对精子功能没有影响。配种公猪似乎并没有特殊的氨基酸需要。种公猪的蛋白质和氨基酸需要量比生长猪要少,260 克/天的蛋白质摄入量和类似妊娠母猪的氨基酸需要量可满足种公猪的日常需要(表 5-1)。

表 5-1　成年种公猪的蛋白质和氨基酸需要量

营养物质	AFRC(1990)		NRC(1998)	
	需要 （克/天）	日粮 （克/千克）a	需要 （克/天）	日粮 （克/千克）b
蛋白质	260	120	260	130
赖氨酸	14.1	6.5	12	6
蛋氨酸＋胱氨酸*	7.1	3.3	8.4	4.2
苏氨酸	8.5	3.9	10	5
色氨酸	2.1	1	2.4	1.2
组氨酸	4.6	2.1	3.8	1.9
异亮氨酸	7.7	3.6	7	3.5
亮氨酸	14.1	6.5	10.2	5.1
苯丙氨酸＋酪氨酸**	13.5	6.2	11.4	5.7
缬氨酸	9.9	4.6	8	4

注：a,按 2.1～2.2 千克/天饲料摄入量；b,按 2 千克/天饲料摄入量；*,蛋氨酸至少占 50%；**,苯丙氨酸至少占 50%

（三）维生素的需要量　关于种公猪对维生素的需要量研究很少，生产中甚至有些日粮中并不添加维生素，有的即使添加了一定的维生素，但是添加的品种、剂量较为笼统。没有根据种公猪的品种、体况、饲料品种、季节和采精频度等情况而专门配制的维生素添加剂，结果造成种公猪维生素营养的失衡，影响到种公猪的体况和繁殖性能。

1. 维生素 A 的需要量　维生素 A 对种公猪的繁殖性能有很大的影响。当日粮中维生素 A 缺乏时，会引起睾丸肿胀或萎缩、不能产生精子、失去繁殖能力、性欲降低和精液质量下降，病猪生长发育缓慢，体质衰弱，步态蹒跚，动作不协调，上皮组织出现角质化，对细菌等病原微生物的侵袭抵抗力下降，从而导致各种疾病。

NRC(1998)中给出的种公猪维生素 A 需要量为每千克饲粮中4 000～8 000 单位。

2. 维生素 D 的需要量　维生素 D 最基本的功能是促进肠道钙、磷的吸收,提高血液中钙、磷的水平,促进骨的钙化。因此,当维生素 D 缺乏时,钙、磷吸收与代谢紊乱,种公猪易发生骨软症,骨骼脆弱、骨软化无力,不利于公猪爬跨交配,影响其繁殖。NRC(1998)中给出的种公猪维生素 D 需要量为每千克饲粮 200～400 单位。在生产中如果种公猪每天保证 1～2 小时的日照,就能满足其对维生素 D 的需要。

3. 生物素的需要量　生物素也叫维生素 H。种公猪缺乏生物素除表现繁殖力下降外,更主要表现在体况上,皮肤脱毛,发生干性龟裂,蹄壳开裂出血,有的继发炎症感染,剧烈的疼痛使种公猪严重跛行,有的四蹄都发生开裂,寸步难行,不能爬跨采精,性欲丧失。种公猪日粮中至少应添加 0.3 毫克/千克的生物素,如果有肢蹄问题,应增加至 1 毫克/千克。

4. 氯化胆碱的需要量　氯化胆碱属于 B 族维生素。日粮中缺乏氯化胆碱,会影响到锰、生物素、B 族维生素、叶酸和烟酸的吸收,即使饲料中这些物质含量丰富,也不能被充分利用。而锰的缺乏或利用不足会导致公畜性欲缺失,曲精细管变性,精子缺乏,精囊中堆积许多变性精细胞。另外,氯化胆碱还是重要的抗脂肪因子,能减少脂肪沉积,提高饲料转化率。在饲料中添加 0.1%～0.2%的氯化胆碱,对提高种公猪的繁殖力相当有益。由于氯化胆碱在吸湿后会破坏其他维生素等成分,故应现配现用为好。

(四)矿物质的需要量　导致种公猪性欲减退、精液数量和品质下降等的原因固然是多样的,但是其中一个不可忽视的因素就是种公猪缺乏矿物质营养。在大规模饲养条件下,种公猪饲喂锌、碘、钴、锰对精液品质有明显的提高作用。

1. 钙与磷的需要量　钙和磷在种公猪的矿物质营养中是最

重要的。它们能提高生长率,促进骨骼中矿物质的沉积和四肢坚固。体重超过50千克的种公猪在整个繁殖期内,日粮所需钙、磷分别是7~7.5克/千克和5.5~6克/千克。

2. 锌的需要量 锌是多种酶的组成成分或激活剂,缺锌会对种公猪的精子生成、性器官的原发性和继发性发育产生不利影响,缺锌早期出现输精管萎缩,进而睾丸萎缩,最终可造成促睾丸素排放减慢、睾丸酮形成减少。在精子生成的后期阶段,特别是精子成熟阶段,必须有大量的锌加入到精子及精细胞膜的介质中。种公猪缺锌则性欲减退、精子质量下降,皮肤增厚、皮屑增多,严重的在四肢内外侧、肩、阴囊和腹部、眼眶、口腔周围出现丘疹、结痂、龟裂,蹭痒后会溃破出血。在饲料中加入硫酸锌1 000~2 000毫克/千克或氧化锌400~600毫克/千克能在短期内改善缺锌状况。应注意的是,饲料中钙含量过高,维生素D缺乏,都会影响锌的吸收。

3. 硒的需要量 种公猪缺硒可使附睾小管上皮变性、坏死,精子不能在附睾中发育成熟。附睾对缺硒的反应比睾丸本身的发育和生理功能的发挥更敏感。随着日粮中硒浓度从0.01毫克/千克增加至0.08毫克/千克,精子的活力几乎呈直线上升。维生素E和硒具有很好的协同作用,每千克日粮中添加0.35毫克的硒和50单位的维生素E,可以满足种公猪的需要。

4. 钴的需要量 缺钴可直接引起繁殖功能障碍。因为钴可提高锌的吸收和利用,减少因日粮中钙含量过多而导致的缺锌症状。钴在肝脏内大多以维生素B_{12}的形式存在,种猪补充维生素B_{12}即可满足对钴的需要。

5. 其他矿物质的需要量 锰对动物具有重要的营养生理功能,缺锰可引起动物骨骼异常、跛行、后关节肿大。日粮中缺锰,种公猪性欲降低,精子生成受损。铁的缺乏不仅会引起贫血,还可使种公猪出现精神困倦无力,影响种公猪参与配种繁殖。铬有助于促进胆固醇的代谢,增强机体的耐力,同时在一定条件下可以促进肌肉的生成,避免多余的脂肪沉积,防止种公猪肥胖。

种公猪对各种矿物质的需要量见表 5-2。

表 5-2   种公猪的矿物质需要量

矿物质	AFRC(1990)		成年种公猪 (NRC,1998)	种公猪推荐量
	后备公猪	种公猪		
钙	9.5 克/千克干物质	7 克/千克干物质	7.5 克/千克日粮	7.5 克/千克日粮
磷	7.5 克/千克干物质	5.5 克/千克干物质	6 克/千克日粮	6 克/千克日粮
氯	1.5 克/千克干物质	1.5 克/千克干物质	1.2 克/千克日粮	1.5 克/千克日粮
钠	1.3 克/千克干物质	1.3 克/千克干物质	1.3 克/千克日粮	1.3 克/千克日粮
钾	2.5 克/千克干物质	2.5 克/千克干物质	2 克/千克日粮	2.5 克/千克日粮
镁	400 毫克/千克干物质	400 毫克/千克干物质	400 毫克/千克日粮	400 毫克/千克日粮
铁	50 毫克/千克干物质	50 毫克/千克干物质	80 毫克/千克日粮	80 毫克/千克日粮
锌	100 毫克/千克干物质	100 毫克/千克干物质	50 毫克/千克日粮	100 毫克/千克日粮
锰	15 毫克/千克干物质	10 毫克/千克干物质	20 毫克/千克日粮	20 毫克/千克日粮
铜	4 毫克/千克干物质	4 毫克/千克干物质	5 毫克/千克日粮	5 毫克/千克日粮
钴	—	—	—	0.1 毫克/千克日粮
碘	0.5 毫克/千克干物质	0.5 毫克/千克干物质	0.14 毫克/千克日粮	0.5 毫克/千克日粮
硒	—	—	0.15 毫克/千克日粮	0.3 毫克/千克日粮
铬	—	—	—	200 微克/千克日粮

二、种公猪的日粮配制和饲喂方式

(一)种公猪的日粮配制   配制种公猪日粮必须考虑其品种类型、体重、生长率、交配频率和生存的环境状况。通常种公猪日粮消化能(DE)为 12.6～13 兆焦/千克,粗蛋白质含量要在 14% 左右,其中可利用赖氨酸为 0.55％,钙为 0.75％,磷为 0.6％,在特殊条件下应对营养素含量做适当改动。在饲料配方的选择和饲料的配制过程中,应首先考虑种公猪对各种营养成分的需要量,然后根据当地饲料作物的种植情况选择适于种公猪生长和生产的饲料原料配制饲料。

配制的饲料要求营养全面,营养成分含量高,易于消化吸收,并有良好的适口性。种公猪饲料中严禁混入发霉和有毒饲料。立陶宛动物科学研究所研究表明,在饲喂污染玉米赤霉烯酮的饲料 3 天后,种公猪射精量比对照组减少了 41％,精子数在 1 周内显著下降,对精子活力也有影响。

种公猪的饲料最好不用棉籽饼粕,因为在棉籽饼粕中含有较多的棉酚,棉酚作用于种公猪睾丸细精管上皮,对各级生精细胞均有影响,尤其对中、后期和接近成熟的精子影响最大,并可引起睾丸退化。为了保证种公猪有旺盛的性欲和产生高质量的精液,以便繁殖健康的仔猪,种公猪的饲料最好不用棉籽饼粕。

日粮补充 ω-3 脂肪酸能够改善精子质量和产量,提高受精率。很多研究报道,ω-3 脂肪酸是重要的必需脂肪酸,是多种动物精子的重要组成成分,动物不能直接合成,只能由饲料提供,但在种猪饲料中供应量不足。Strzezek 研究结果表明,添加鱼油(富含 ω-3 脂肪酸)的公猪每次射精的精子总数增加,膜完整的精子比例更高,增强了顶体对不良环境的耐受性。Darby Genetics 进行了一次包括 1 160 头母猪的大规模试验,在种公猪日粮中添加含抗氧化剂的鱼油,产仔率增加了 6.4％,仔猪成活率增加了 0.7％。

(二)种公猪的饲喂方式 种公猪的饲喂量应根据日龄、体重以及种公猪的工作量做适当调整。应保持成年种公猪较瘦,且能呈积极正常工作的状态。过于肥胖的体况会导致种公猪性欲下降,可能产生肢蹄病。一般采用限量饲喂,控制体重在 150～200 千克最好,日喂量一般为 2.5～3 千克,湿拌料分早、晚 2 次投喂。

全天 24 小时提供充足而清洁的饮水。每周集中同期发情、配种，任务较重的情况下可适当加料，添加量 0.5 千克/头。对于采用季节性产仔和配种的猪场，在配种季节到来之前 45 天，要逐渐提高种公猪日粮的营养水平，最终达到配种期饲养标准。配种季节过后，要逐渐降低营养水平，供给仅能维持种用膘情的营养即可，以防止种公猪过肥。为提高种公猪性欲、射精量和精子活力，应喂给适量青绿饲料或青贮饲料，一般喂量应控制在占日粮总量的 10% 左右（按风干物质算），不能喂得太多，以免形成草腹。

三、种公猪的管理

（一）日常管理内容　每 25～30 头种公猪，配饲养管理人员 1 名，专职配种人员 1 名。

要求饲养的种公猪体质健壮，每次采精精液量达 200～300 毫升或以上，畸形精子率在 10% 以下，并能保证与配母猪一次情期受胎率达 85% 以上，且平均窝产仔数应达到该品种（品系）公猪的平均水平。

种公猪应单栏饲养，按标准结合体况合理投料（2～2.5 千克/头·天）。

种公猪的日常管理应规律化，做到 5 个固定，即饲喂、运动、采精等工作时间固定，工作程序固定，工作场所固定，饲喂量固定以免营养不足或过剩，固定专人管理。

确定合理的利用强度，2 岁以上的成年种公猪每周可配种或采精 3 次，安排在早晨饲喂后 1～2 小时进行。青年种公猪的配种或采精次数应加以控制，初配种公猪每周配种或采精 1～2 次。

合理的运动可提高种公猪的新陈代谢，促进食欲，帮助消化，增强体质，同时能锻炼四肢的结实性，改善精液品质。种公猪要坚持每日 1～2 次的运动，夏天宜安排在早晚进行，以避开强烈的太阳辐射；冬天则应在中午，充分利用日光照射，每次 1～2 小时，一般配种淡季运动量及时间可稍大些。种公猪除了在圈栏内自由运动外,每天可定时驱赶运动 1 千米左右,可提高配种能力,增强体质。

种公猪日粮要求有足够的营养水平,特别是蛋白质、维生素、钙、磷等;饲料原料要求多样化,不能有发霉变质或有毒有害的原料。饲喂时一般只能喂到八九成饱,以控制其膘情,维持其种用体况。

定期检查精液品质,发现异常及时处理。

定期称重,检查种公猪是否过肥或过瘦,是否符合种用体况的要求。

按免疫程序进行疫苗注射和驱虫。要及时注射流行性乙型脑炎、细小病毒病、猪瘟、链球菌病等的疫苗,适当修蹄。种公猪的尖牙对交配母猪和繁殖母猪具有潜在危险,因此至少每年进行 1 次去牙手术。特别要防止疥螨,可用 0.5％林丹乳油或 2％敌百虫溶液喷洒猪体,严重时可注射虫克星 4 毫升/头。

坚持每天用梳子或硬刷对种公猪皮肤进行刷拭,保持其身体清洁,可预防疥癣和各种皮肤病,促进血液循环,促进人猪亲和。切勿粗暴轰打,以免造成种公猪反咬等抗性恶癖。

夏季要注意防暑降温,运动场应有遮荫凉棚或采用淋浴降温等措施,冬季要注意保温防寒。圈舍应保持清洁干燥和阳光充足。

老龄公猪进行正常淘汰更新,种公猪一般使用 3 年,年淘汰更新 30％～40％,更新公猪来自后备公猪群,经性能测定为优异者,或来自专业育种场的优异者。凡有下列情况者应予淘汰:因病、因伤不能使用者;连续 2 次以上检查精液品质低劣者;性情暴烈易伤人、伤猪者;繁殖力低下者。

建立种公猪档案,对种公猪的来源、品种(品系)、父母耳号和选择指数、个体生长情况、精液检查结果、繁殖性能测验结果(包括授精成绩、后裔测验成绩)等项,应有相应的卡片记录在案。如实现了计算机管理,应及时将相关资料输入存档。

(二)日常工作程序　饲喂种公猪,并对其健康状况、精神状况、采食状况、粪便排泄状况、活动状况等进行观察和检查;对病猪进行必要的治疗;清扫喂料通道和种公猪的配种栏;供应饮水;维修圈栏,对空栏进行清洁消毒;驱赶种公猪运动,并对其进行刷拭;转运猪只;对观察检查的结果做好记录,填写日报表。

(三)配种管理内容　后备公猪要进行配种训练。初配时要进行人工辅助,防止猪跌倒或者体况差、体重小的母猪被公猪压伤。第一次交配对于公猪后期交配行为的形成是很关键的。被一群小母猪或成年母猪攻击,对种公猪可能造成毁灭性的打击。为了增强种公猪的信心,在最初几次交配中,最好使用小母猪或者比较喜欢安静的、个体大小相似的成年母猪。如果小母猪或者小的成年母猪不能接受种公猪,可能导致种公猪交配受挫、受到伤害或者厌恶交配。因此,加强监督公猪最初几次的交配是很重要的,以确保交配的成功以及在交配过程中公猪不受伤害或者受挫,起始阶段的交配将影响以后的交配行为。

配种时必须有专人监督管理,以便克服或者阻止种公猪不良习性的形成。交配行为在早晨饲喂前进行是最好的,吃饱以后进行通常会导致一些不必要的损伤,而且早晨种公猪的行为更为活跃,特别是在炎热季节。将母猪带到种公猪栏是比较好的,因为正常情况下母猪在寻找公猪时起主要作用。一旦一次正确的交配完成,母猪应该被转移到自己的栏内。

根据种公猪的品种特性和性成熟早晚决定初配年龄。种公猪使用太早可能会使它的使用寿命缩短且繁殖性能削弱。配种时间,夏季可在早、晚,冬季在一天中最温暖的时段,配种应在饲喂前1小时或饲喂后2小时进行,配种后不要立即饮水,要让种公猪休息十几分钟,然后关进圈内,严禁配种后用凉水冲洗躯体;种公猪发热后,1个月内禁止使用;对于性欲较差的种公猪,可肌内注射

175 微克氯前列烯醇,但夏季不能使用。

严格执行配种计划,做到不错配、不漏配,认真填写配种记录,严防近亲配种。

第二节 后备母猪的营养需要及饲养管理技术

在规模猪场的生产实践中,基础母猪的年淘汰率约为 30%,因此后备母猪是构成繁殖猪群的一个重要组成部分。成功培育后备母猪,更新繁殖母猪群,提高繁殖母猪效率,以提高和改善整个猪场母猪群的生产力,是猪场持续经营的保证。但由于培育后备母猪方面的工作常常不被重视,经常会发生后备母猪按肥育猪方法饲养,未能形成种用体况,导致发情延长或不发情,配种率低,哺乳期泌乳不足,仔猪发育不良,断奶后母猪发情延迟或不发情,繁殖力低,使用寿命短等问题。

一、后备母猪的营养需要

(一)能量和蛋白质的需要量 后备母猪 6 月龄前的营养需要与生长肥育猪相似,不过一些常量与微量元素、维生素的需要量应有所差别,后备母猪饲粮中维生素和矿物质的添加量应与妊娠母猪相同。目前尚鲜见后备母猪能量需求的推荐标准。采食量和饲粮营养物质浓度应随环境温度不同而有所调整。在肥育后期和配种前一段时间适度限饲,以防止母猪过重、过肥,使后备母猪在第二次发情配种时的体重达到 110~120 千克。限饲时,每日饲喂含代谢能 13.51 兆焦/千克、总赖氨酸占 0.8% 的饲粮 2.25~2.5 千克,每日提供 30.4~33.78 兆焦代谢能和 18~20 克赖氨酸,使后备母猪不至于过肥但又不影响初情期时间。在某些实际生产条件下,对采食量进行限制不可行时,可采用一些低能原料配制低能饲粮进行饲喂。一方面,后备母猪各阶段如果保持高营养水平,则因运动问题而被淘汰的概率增加;另一方面,后备母猪开始其繁殖生涯时如果脂肪储备不足,则繁殖性能降低。这两种情况都会缩短母猪的使用年限。表 5-3 是后备母猪在不同体重阶段所需的营养水平,供参考。

表 5-3　后备母猪在不同体重阶段所需的营养水平

后备母猪体重(千克)	10~20	20~50	50~100
消化能(兆焦/天)	14.21	26.75	37.62
粗蛋白质(%)	20.9	18	16.3
总赖氨酸(%)	1.15	0.95	0.75
总赖氨酸(克/天)	11.5	19	22.5
赖氨酸/消化能(克/兆焦)	0.81	0.71	0.6

(二)矿物质与维生素的需要量　由于生长和繁殖期的营养需要量不同,后备母猪日粮应比商品肥育猪的日粮含有更高水平的维生素和微量元素,以保证其体组织营养物质的储备。

很多试验研究表明,猪的最大骨质化要比最快生长率对钙、磷的需要量更高。从 50 千克体重开始,后备母猪日粮的钙、磷水平比肥育猪至少要高 0.1%。后备母猪的日粮除要求额外高水平的钙、磷之外,如能再补充高水平的铜、锌、铁、碘、锰等微量元素,将有助于提高母猪体内对这些矿物质的储备,从而能改善以后的繁殖表现。

表 5-4 是肥育猪和后备母猪日粮中矿物质的推荐添加量,供参考。

表 5-4　肥育猪和后备母猪日粮矿物质推荐添加量

元素名称		肥育猪	后备母猪
常量元素（%）	钙	0.6	0.75
	磷	0.5	0.65
	有效磷	0.2	0.4
	食盐	0.33	0.4
微量元素（毫克/千克）	铁	50	100
	铜	10	15
	锌	90	150
	碘	0.14	0.28
	硒	0.3	0.3
	锰	2	20

　　表 5-5 是肥育猪日粮和后备母猪日粮中维生素的推荐添加量，供参考。

表 5-5　肥育猪和后备母猪日粮维生素推荐添加量

名称	肥育猪	后备母猪	名称	肥育猪	后备母猪
维生素 A（单位）	5500	8200	泛酸（毫克）	15	20
维生素 D（单位）	550	825	维生素 B_2（毫克）	4	20
维生素 E（单位）	25	66	胆碱（毫克）	300	1250
维生素 K（毫克）	2	2	生物素（微克）	50	200
维生素 B_{12}（微克）	15	25	叶酸（毫克）	0.3	1.5
烟酸（毫克）	20	20	维生素 B_6（毫克）	1	1

　　繁殖母猪的维生素需要量比肥育猪高，因此要用种猪维生素预混料来代替常用肥育猪饲养期的典型维生素预混料。种猪维生素预混料应含高水平的脂溶性维生素和水溶性多种维生素，特别

要注意添加胆碱、生物素、维生素 B_6、叶酸这些通常不在肥育猪日粮中添加的维生素。

二、后备母猪的日粮配制和饲喂方式

（一）后备母猪的日粮配制　后备母猪每日消化能摄入量应不少于 35 兆焦（8 361 千卡），赖氨酸日需要量为 19～21 克，其次还要充分满足钙、有效磷和维生素的需要，以促使体组织中维生素和矿物质的储存，确保配种时母猪体脂肪和肌肉的储备，使骨骼系统和生殖系统得到充分发育，防止肢蹄病和繁殖障碍疾病。日粮营养水平一般为：粗蛋白质 15%～16%，消化能 12.75～13.17 兆焦/千克（3 050～3 150 千卡/千克），赖氨酸 0.7%～0.85%，钙 0.8%～0.9%，总磷 0.6%～0.7%。小于 6 月龄的母猪，按饲料总量配备等量青绿饲料，任其自由采食。6 月龄至配种前的母猪，也要按上述比例配备青绿饲料，并视膘情适当限制精饲料喂量，此阶段严禁使用对生殖系统有危害的棉籽饼、菜籽饼和霉变饲料。

（二）后备母猪的饲喂方式　对在性成熟之前那些生长过快很可能显著超过目标体重的后备母猪品种，有必要限制能量摄入，以限制成熟母猪的体重，减少因母猪过肥引发的肢蹄病。通常采用以下两种方法：一是限制日采食量（2.4～2.6 千克/天）；二是降低日粮中能量饲料的浓度。

如果在饲养过程中限制饲料采食量，应当在配种前 2 周采取特别措施来确保后备母猪自由采食（至少 3 千克/天），配种后恢复每日饲喂 2.5 千克左右，这样既可以增加排卵数，也可以避免影响受精卵着床。研究表明，配种后 72 小时内如果增加母猪的采食量将会影响胚胎的成活率，但 72 小时后则无显著影响。排卵率是限制母猪窝重的主要因子，在配种前提高采食量能显著性地增加排卵效率。在排卵前 14 天增加采食量，排卵数相应会增加 1～2 个，这是著名的超数排卵效应（最大采食量会导致胃肠迅速排空，即催情补饲)。催情补饲能增加血浆中卵泡刺激素的水平和增加促黄体素的脉冲频率,这表明催情补饲能通过刺激促性腺激素的分泌提高排卵速率,促性腺激素分泌的增加被看做是血浆中胰岛素和胰岛素类似生长因子-1(IGF-1)的水平调节所致,排卵速率的增加很可能是由于卵泡增生加强或是卵泡囊萎缩下降所致。

后备母猪第一次配种时的目标指数:活体重至少达到 135 千克,P_2 背膘厚度 16~22 毫米,至少处于第二个发情期或更晚。母猪的繁殖性能与第一次配种时的体重和背膘厚度相关,具体数值见表 5-6。

表 5-6　母猪的繁殖性能与第一次配种时体重和背膘厚度的相关情况

配种时体重(千克)	P_2 背膘厚度(毫米)	初胎产仔数(头)	1~5 胎产仔总数(头)
117	14.6	7.1	51
126	15.8	9.8	57.3
136	17.7	10.3	56.9
146	20	10.5	59.8
157	22.4	10.5	51.7
166	25.3	9.9	51.3

三、后备母猪的管理

(一)后备母猪的饲养环境 后备母猪要按体重大小、体质强弱分群饲养,同群猪体重的差异最好不要超过 2.5~4 千克,以免影响育成率。仔猪刚转入后备群时应小群饲养,每栏 3~5 头(最多不超过 10 头),每头占栏面积至少要达到 0.66 米^2,以保证其正常发育。

提供良好的环境条件,保持栏舍内清洁、干燥、冬暖夏凉。

光照的时间与强度可以影响后备母猪初情期到来的时间、生长发育质量和抗病免疫力。后备母猪每日的光照时间不得低于16小时,简单的做法是在母猪躺卧区域上方1.5米处设置1个60瓦的光源即可。

(二)后备母猪的运动 运动既可促进后备母猪骨骼和肌肉的正常发育,防止过肥或肢蹄软弱,还可增强体质,促进性功能。要在后备母猪初情期到来之前提高其生活面积,使其有足够的运动空间。对发情不明显的可以转换猪栏,或让其运动促使其发情。

(三)后备母猪的调教 后备母猪若是圈养的,就要做好调教工作,使它从小养成在指定地点采食、睡觉和排泄粪尿的习惯。配种前一段时期按摩乳房,刷拭体躯,建立人猪感情,使母猪性情温驯,易于配种,分娩后母性好。

(四)后备母猪的日常管理 要经常统计后备母猪的饲料消耗量并对其称重,及时通过称重对照本品种的标准体重调整饲喂量,要经常整顿猪群,将体重小的后备猪从猪群中调整出来进行特别饲养。后备猪饲养密度不能太高,要保证每头后备猪有充足的采食位置,管理细致周到,做好各种记录。按驱虫和免疫程序,及时进行驱虫和免疫接种工作。观察母猪发情情况并做好记录。

(五)后备母猪的发情与配种 后备母猪的初配年龄为7.5月龄以上,体重在100千克以上,P_2背膘厚度为18～20毫米,处于第二或第三个发情期。

平时应细致观察母猪的发情征兆,做到适时配种,不漏配。

为保证后备母猪适时发情,可采用调栏、合栏、成年公猪刺激等方法,刺激后备母猪发情;对于接近或接触公猪3～4周后仍未发情的后备母猪,要采取强刺激,如将3～5头难配母猪集中到一个留有明显气味的公猪栏内,禁食24小时,每日赶进1头公猪与之追逐爬跨(需设专人看护),刺激母猪发情。必要时可用中药或激素刺激,若连续3个情期都不发情则应淘汰。在配种前后一段时间喂给占日粮干物质20%～25%的优质青绿饲料或青贮饲料,可促进母猪发情和排卵。

严格按照配种计划进行配种，防止乱配，配种后立即记录清楚。

第三节　妊娠母猪的营养需要及饲养管理技术

母猪妊娠期的饲养管理目标是保证母猪有良好的营养储备，减少泌乳期间的体重损失，保持其繁殖期间良好的体况，促进胚胎的生长与发育。

一、妊娠母猪的营养需要

(一)能量的需要量　妊娠期母猪的营养需要包括维持需要、胚胎生长发育需要和胎盘增长的需要。母猪妊娠期能量需要的75％～80％是维持能量需要，即每千克代谢体重需要代谢能457千焦，母体增重约需消化能21.4兆焦/千克，胚胎发育需消化能约0.87兆焦/天。根据上述估计，Boyd 推荐在妊娠前21天的饲喂水平应为维持需要的1.5倍以下(约2千克/天)。Cole 估测，为了维持母猪 P_2 背膘厚，从妊娠期第九十天至分娩的能量摄入量应为41.4兆焦/天。

研究表明，在配种后24～48小时的高水平饲喂可降低胚胎成活率，这是因为饲料采食量增加能够增加肝脏血流量和增加孕激素的代谢清除率，从而影响胚胎的成活和生长。Jindal 等(1996)在初产母猪妊娠期内将采食量由1.9千克/天增至2.5千克/天时，妊娠期第十五天时胚胎的存活率由86％降至67％。因此，妊娠期前20天必须降低饲喂水平(≤2千克/天)，以增加胚胎成活率和窝产仔数。

妊娠中期(20～90天)的营养目标是维持母猪适度增重和营养物质的储备，对初生仔猪肌纤维的生长及出生后的生长发育十分重要,采食量应稍有增加。提高饲喂水平可改善仔猪出生后的生长性能,但采食量加倍对胎儿数量、胎盘重量、胎儿重量和饲料利用率可能无任何影响。一般这个时期饲喂量为 2~2.5 千克/天。切忌"一刀切"现象,即每天饲喂同量的饲料。要根据母猪自身体况看猪喂料,肥则减料,瘦则加料,因妊娠期母猪过瘦会表现出断奶后发情延迟、受胎率降低、弱仔多、乳汁差、仔猪死亡率高等现象。另外,母猪在妊娠期间的能量摄入与其哺乳期间的能量摄入也有一定的关系。母猪在妊娠期增加采食量,会降低其哺乳期间的自由采食量(表 5-7),妊娠期的高采食量及相应的哺乳期的低采食量,会抑制黄体化激素的分泌,延长初产母猪断奶至发情的时间间隔。

表 5-7　母猪妊娠期采食量与哺乳期采食量的关系

妊娠期的饲喂水平(千克/天)	哺乳期的采食量(千克/天)	
	第一窝	第二窝
1.6	5.9	5.9
1.8	5.7	6.1
2	5.8	5.9
2.2	5.2	5.2
2.4	5.2	4.8
2.6	4.9	4.7

妊娠后期(90~114 天)是胚胎生长发育的关键时期,由于胚胎生长迅速,其营养需要量也随之增加。在此期间,母猪能量摄入不足,会增加初生重较轻的仔猪比例,增加哺乳期仔猪死亡率,降低仔猪生长速度。大量试验表明,初产母猪妊娠期消化能摄入量由 11.7 兆焦/天增加至 25.92 兆焦/天,仔猪的初生重线性增加,但摄入量超过 35.95 兆焦/天,仔猪初生重并不继续增加。经产母

猪的消化能摄入量由 10.03 兆焦/天增加至 41.8 兆焦/天,仔猪的初生重随之线性增加。

初生重小于 900 克的仔猪,哺乳期成活率显著低于体重较大的仔猪。断奶前仔猪死亡绝大多数发生在生后的 3～4 天。通过改善母猪妊娠期的营养以提高仔猪初生重,增加新生猪体内能量的储存,对提高仔猪成活率具有明显的帮助。

表 5-8 是妊娠母猪的能量需要量,供参考。

表 5-8　妊娠母猪的能量需要

项　目	母猪体重(千克)		
	113	150	200
总增重(千克)	52	22	30
胚胎和胎盘增重(千克)	43	22	20
净增重(千克)	34	22	12
维持需要(消化能,兆焦/天)	16.33	19.72	24.3
母体生长需要(消化能,兆焦/天)	5.4	3.79	2.09
胚胎等需要(消化能,兆焦/天)	0.87	0.87	0.87
总需要(消化能,兆焦/天)	22.6	24.38	27.26
饲料采食量(千克/天)	1.62	1.75	1.95

母猪体况是生产性能的重要指标,高产母猪需要维持理想的体况。如果妊娠期限制饲喂期过长,导致体况较差,哺乳期体重损失较大,下一妊娠期需补偿额外的饲料消耗。

母猪妊娠期的营养措施是饲喂母猪满足胚胎的生长需要,并达到预定的增重。推荐的目标是 3～4 胎的母猪,妊娠期体重每胎净增重达 15～25 千克。

(二)蛋白质的需要量　妊娠母猪的蛋白质营养主要是保证其

有足够的体蛋白沉积以提高泌乳期的产奶量,从而改善其繁殖性能。蛋白质需要量随妊娠期的增长而增高。Noblet 等估计,氮的沉积由妊娠中期的 2 克/天增加到后期的 14 克/天。在整个妊娠期间,氮的沉积随着日粮中蛋白质水平的增加而增加到一个稳定的水平。

妊娠期间饲喂高蛋白日粮可以改善母猪的泌乳性能和繁殖性能。母猪体内高水平的蛋白质可维持其最大的产奶量和繁殖性能。Kusina(1995)报道,在妊娠期间饲喂高蛋白质水平的日粮可增加泌乳期产奶量,其原因是妊娠期饲喂高蛋白质日粮增加了分娩时体蛋白质的储备,从而在泌乳期间可被动员以维持高产奶量。Mahan(1998)报道,妊娠期间饲喂含 16% 粗蛋白质的日粮并同时增加采食量,可增加初产母猪所产仔猪的初生重和断奶重,但对经产母猪的产仔性能影响不大。

(三)矿物质的需要量

1. 钙和磷的需要量　钙和磷是妊娠母猪不可缺少的营养物质,因为胎儿骨骼形成所需要的矿物质中钙和磷约占 80%,同时母猪本身在妊娠期间体内也需要储备大量的钙和磷,一般为胎儿需要量的 1.5～2 倍。因此,饲料中缺乏钙和磷时,势必影响胎儿骨骼的形成和母猪体内钙和磷的储备,甚至导致胎儿发育受阻、流产、产死胎或幼猪生活力不强,患先天性骨软症以及母猪健康恶化,产后容易发生瘫痪、缺奶或骨质疏松症等。胎儿发育的最后 2～3 周,需要额外添加钙、磷以及微量元素,在生产中是通过妊娠后期 2～3 周适当提高母猪饲喂量来实现的。因此,对于妊娠母猪,必须从饲料中供给充分的钙和磷,并且要求比例适当,即钙、磷比以 1～1.5：1 为好。

2. 铬的需要量　铬是葡萄糖耐受因子的组成成分,是胰岛素发挥最大功能所必需的微量元素。母猪饲粮中添加铬可通过提高胰岛素活性而改善繁殖性能。研究表明,母猪连续 3 胎采食含铬

（吡啶羧酸铬）200 微克/千克的饲粮,窝产仔数提高 2 头,21 日龄成活数提高 1 头。后备母猪连续饲喂 10 个月 200 微克/千克的铬也能提高繁殖成绩,对断奶后再次发情也有一定的帮助,可以缩短发情间隔时间。建议使用吡啶铬或铬酵母,在母猪第一次配种前最少饲喂 6 个月,在母猪的整个繁殖期连续饲喂,能够提高全群母猪的繁殖表现。

3. 硒的需要量　最近的一些研究表明,在母猪妊娠后期和整个哺乳期,以硒酵母的形式喂给母猪有机硒,可以提高乳汁中硒的含量,以及增加母猪和仔猪肝脏中硒的储备量。断奶后的仔猪极易缺硒,需要通过日粮补充。有机硒的吸收机制与氨基酸一致,在提高产仔数和泌乳力上都有作用。

4. 铁的需要量　试验已经表明,在母猪妊娠晚期和哺乳期,饲料中添加来源于有机物质的 200 毫克/千克的铁,能够提高初生仔猪的铁含量,降低仔猪的死亡率,提高断奶窝重,缩短断奶至配种的间隔。

母猪的矿物质添加有一个重要的"窗口期",不同矿物质有不同的"窗口期"。胎儿的矿物质沉积主要是在妊娠的 105～114 天。同时,钙的增加比磷更快。母猪在妊娠的最后 3～4 周和整个哺乳期以及断奶后最初 3～4 周的时间对微量元素的需求量较高,在这个时间段内,母猪每日摄入的有效微量元素的量对母猪的繁殖表现是极其关键的。及时供给机体足够的微量元素可以保证机体生命活动的正常进行。

表 5-9 是妊娠母猪日粮中矿物质的推荐添加量,供参考。

表 5-9　妊娠母猪日粮中矿物质的推荐添加量

矿物质	NRC(1998)	推荐添加量
钙(%)	0.75	1
磷(总量,%)	0.6	0.8

续表 5-9

矿物质	NRC(1998)	推荐添加量
铜(毫克/千克)	5	15
铁(毫克/千克)	80	80~120
锰(毫克/千克)	20	20~40
碘(毫克/千克)	0.14	0.4
硒(毫克/千克)	0.15	0.3
锌(毫克/千克)	50	100~120
铬(微克/千克)	—	200

(四)维生素的需要量 母猪在饲养过程中经常会发生肢蹄病、缺乳症、产弱仔和死胎、乳房炎、子宫炎等问题,这些病症的发生和发展与饲养管理水平密切相关,适时足量补充维生素可在一定程度上减轻或避免上述问题的发生。

1. 几种重要维生素对妊娠母猪的作用

(1)维生素 A 与 β-胡萝卜素 维生素 A 是维持一切上皮组织健全所必需的物质。缺乏维生素 A 时,生殖系统等组织的上皮细胞发生鳞状角质变化,引起炎症,并降低动物的免疫力。维生素 A 参与母猪卵巢发育、卵泡成熟、黄体形成、输卵管上皮细胞功能的完善和胚胎发育等过程,母猪缺乏维生素 A 时,胚胎畸形率、死胎率和仔猪死亡率增加。许多研究表明,补充维生素 A 或 β-胡萝卜素可促进排卵前卵母细胞的发育,增强早期胚胎发育的一致性,提高胚胎成活率,增加窝产仔数。

(2)维生素 E 维生素 E 的功能主要表现在生物抗氧化、维持生物膜结构完整、增强机体免疫力、调节生物活性物质的合成与代谢、防止和减缓动物应激反应等方面。生产中将维生素 E 称为抗不育维生素、抗应激维生素、抗氧化维生素、免疫增进型维生素、肉质改良型维生素等。维生素 E 是影响母猪繁殖性能的主要维生素之一。母猪严重缺乏维生素 E 和硒,可引起胚胎重吸收和降低窝产仔数。维生素 E 通过胎盘转移至胎儿的速度很慢,因此新生仔猪体内储备的维生素 E 很少;而乳腺组织能有效转移维生素 E,妊娠期增加母猪饲粮中维生素 E 的浓度或在妊娠期最后 14 天注射维生素 E,可提高初乳中维生素 E 含量。老龄母猪血清中维生素 E 浓度下降,表明老龄母猪易在妊娠期发生维生素 E 缺乏症。尽管组织内储备的维生素 E 可被动员以供急用,但饲粮补充应是繁殖母猪、哺乳仔猪和断奶仔猪体内维生素 E 的主要来源。

维生素 E 作为抗氧化剂,有助于维持细胞膜的完整性,同时维生素 E 参与调节花生四烯酸代谢,而花生四烯酸是细胞膜的必需脂肪酸和前列腺素的主要前体物质,母猪发情前添加维生素 E 可提高排卵率,降低不发情母猪数。

在母猪饲粮中补充维生素 E,可预防仔猪维生素 E 缺乏,改善窝产仔数,增加奶中维生素 E 的含量,并改善母猪健康状况。如果母猪饲粮中维生素 E 含量不足,窝产仔数和母猪泌乳量就会减少,致使断奶后第一周仔猪死亡率增加。对使用年限较长的母猪,饲料中必须补充 16 单位/千克以上的维生素 E,以维持理想的繁殖性能。母猪临产前 2～3 周和哺乳期每千克日粮中添加 60～100 单位维生素 E,可减少乳房炎、子宫炎和泌乳量不足等综合征的发生率,并增加初乳中维生素 E 的含量。

(3)叶酸　叶酸在 DNA 和 RNA 合成过程中起重要作用,妊娠早期需要更多叶酸以维持胚胎细胞的快速分化。Matte 等研究表明,母猪妊娠早期血清中叶酸浓度下降,说明此阶段母猪代谢需要较多的叶酸。在配种时或妊娠期注射叶酸或在玉米-豆粕型饲粮中补充叶酸可增加母猪窝产仔数。主要原因是降低了胚胎死亡率,同时还可通过初乳给仔猪补充更多的叶酸。妊娠期是补充叶酸的关键时期。母猪妊娠期补充叶酸,通过提高胚胎成活率而不是增加排卵数来增加窝产仔数。妊娠早期补充叶酸对增加经产母猪窝产仔数的效果比初产母猪明显。

正常饲养条件下,每千克饲粮中添加 15 毫克叶酸,窝产仔数增加 0.2 头;短期优饲条件下,每千克饲粮添加等量叶酸平均窝产仔数和产活仔数分别增加 1.3 头和 1.1 头,其原因可能是在优化饲养条件下,母猪排卵数增加,使叶酸的作用更好的发挥。应在妊娠早期补充叶酸,在妊娠后期或哺乳期补充叶酸效果不明显。

(4)生物素　猪缺乏生物素首先表现为脱毛和皮炎,同时发生皮肤溃疡、口腔黏膜发炎、后肢痉挛、蹄部开裂等病症。肢蹄病是造成母猪被淘汰的主要原因,生物素与肢蹄角质化及蹄部完整性有关,补充生物素可减少舍饲青年母猪和繁殖母猪肢蹄病的发病率,在已患病猪群中补充生物素可减少患病猪的数量及发病频率。生物素影响母猪窝产仔数、受胎率及发情间隔等繁殖性能,可缩短发情间隔,提高第一胎以后胎次的窝产仔数,促进妊娠期子宫扩张和胎盘形成,增加子宫角长度和胎盘表面积,更好地为胎儿提供营养,促进胎儿的充分发育。生物素参与能量代谢,并可刺激雌激素的分泌,降低不发情率。Hamilton 等在妊娠和哺乳母猪日粮中添加 0.55 毫克/千克生物素,断奶窝仔数增加,而母猪淘汰率、肢蹄和腿的坚实度、发情间隔等不受影响。

2. 维生素的需要量　NRC(1998)和中国猪营养需要标准(2004)中,列出了繁殖母猪对各种维生素的最低需要量(表 5-10),且两套标准十分接近。目前普遍认为 NRC 标准明显偏低,难以满足实际生产情况下母猪的维生素需要量,尤其是维生素 A、维生素 E、生物素、叶酸和胆碱。实际饲养过程中,母猪会遇到转群、热冷环境、注射疫苗、病菌侵入、饲粮中存在的维生素拮抗物及霉菌毒素等产生的各种应激,以及饲料不合理加工和饲料贮存过程中对维生素的破坏。针对上述情况,帝斯曼公司(原罗氏公司)在 1997 年提出了优选维生素营养(OVN)这一概念,其推荐的母猪维生素供应量与有关育种公司建议量十分接近,但远高于 NRC(1998)和中国(2004)标准(表 5-10),其主要目的是确保饲料中维生素可以满足母猪获得最佳的繁殖性能和最佳的免疫力。

表 5-10　母猪维生素需要量(每千克饲粮总含量)

资料来源	NRC(1998)		中国(2004)		帝斯曼(2004)*
生理阶段	妊娠母猪	泌乳母猪	妊娠母猪	泌乳母猪	种　猪
维生素 A(单位)	4000	2000	3620	2050	10000~15000
维生素 D_3(单位)	200	200	180	205	1500~2000
维生素 E(单位)	44	44	40	45	60~80
维生素 K(毫克)	0.5	0.5	0.5	0.5	1~2
生物素(毫克)	0.2	0.2	0.19	0.21	0.3~0.5
胆碱(克)	1.25	1	1.15	1	0.5~0.8
叶酸(毫克)	1.3	1.3	1.2	1.35	3~5
烟酸(毫克)	10	10	9.05	10.25	25~45
泛酸(毫克)	12	12	11	12	18~45
维生素 B_1(毫克)	1	1	0.9	1	1~2
维生素 B_2(毫克)	3.75	3.75	3.4	3.85	5~9
维生素 B_6(毫克)	1	1	0.9	1	3~5
维生素 B_{12}(微克)	15	15	14	15	20~40

*当所有饲养管理条件良好时采用下限推荐量,处于应激状况下建议将添加量增至上限;为了获得最佳仔猪健康,建议妊娠后期和哺乳期日粮中维生素 E 总量控制在 250 毫克/千克;为改善母猪繁殖率,从断奶至妊娠期间每头母猪每天饲喂 300 毫克 β-胡萝卜素;应激状况下推荐每千克饲粮中添加 200~500 毫克维生素 C

维生素作用的发挥是以能量、蛋白质、氨基酸、矿物质等的充分合理供应为基础,同时维生素之间也存在一定的相互作用。饲养管理水平、观测指标、动物因素(胎次和繁殖潜力)、饲粮组成、环境条件等不同,会明显影响母猪对维生素的需要量,同时也会影响维生素添加的实际效果和效益。确定实际情况下母猪维生素的适宜需要量是一项长期而复杂的任务,补充时要突出主要维生素(如维生素 A、β-胡萝卜素、维生素 E、叶酸、生物素、维生素 C、维生素 B_2、维生素 B_{12}、胆碱等),并抓住关键时期(如配种前期、配种早期、妊娠后期、泌乳早期等),同时应与基础日粮、环境条件等相配套。在通常情况下,由于维生素的无毒性和特殊作用以及维生素在整个饲粮中所占成本很低,因此在生产中超量添加维生素不失为权宜之计,并对母猪尤为必要,有显著的经济回报率。

二、妊娠母猪的日粮配制和饲喂方式

妊娠母猪的饲料供应不可固定不变,应根据妊娠进展、胚胎生长发育需要和母猪体重状况而调整。妊娠初期降低能量摄入量以提高胚胎成活率和窝产仔数,妊娠中期应以维持母猪体况为目标,妊娠期最后 1 个月胚胎生长发育的营养需要很高,胚胎的生长与母猪能量的摄入量直接相关,在此时期增加母猪的能量摄入量有助于增加仔猪的初生重和断奶体重,提高仔猪初生期和断奶成活率,维持母猪体况,改善母猪繁殖性能。

(一)妊娠母猪日粮的配制　妊娠母猪日粮是指在妊娠前期和中期(0～90 天)所采食的饲料。

由于妊娠期高能量水平的饲养会对母猪产仔和泌乳等方面造成不良影响,因此妊娠母猪宜饲喂低能量、高蛋白的日粮。同时,应适当增加日粮的粗纤维水平,以减少母猪的饥饿感。妊娠母猪采用限制饲喂主要是限制母猪对能量饲料的采食,因此要保证蛋白质、矿物质和维生素的摄入量,在夏季调整采食量时要对蛋白质、氨基酸、矿物质和维生素的浓度作相应的提高。妊娠母猪日粮中的消化能为 12.12～12.54 兆焦/千克,粗蛋白质占 14%,赖氨酸占 0.55%,钙占 0.85%,总磷占 0.6%,增加维生素 E 和维生素 C 水平,矿物质方面除常规添加外,另增加有机铬。妊娠母猪对合成和天然氨基酸的吸收与利用不同步,因此妊娠饲料中不推荐使用合成赖氨酸。每头猪每日可投喂1～2千克青绿饲料。

(二)妊娠母猪的饲喂方式

1. 妊娠前期的饲喂方式　妊娠前期日平均饲喂量不宜太大。一般在妊娠期的前1个月,每日饲喂1.8～2千克。通常情况下,妊娠期间胚胎的死亡率为20%～45%,大多数死亡发生在妊娠的前25天。因此,妊娠前期的主要目的,就是保证最大的胚胎存活率和分娩时窝产仔数较多。大量研究表明,胚胎存活率受母猪妊娠早期采食量的影响,妊娠前期(第一个月)的高水平饲喂可降低胚胎存活率,其中配种后1～3天的胚胎死亡率最高,配种后24～48小时的高水平饲喂对窝产仔数非常不利。

2. 妊娠中期的饲喂方式　妊娠中期(20～90天)的营养水平对初生仔猪肌纤维的生长及出生后的生长发育十分重要,采食量应稍有增加,采食量加倍对胎儿数量、胎盘重量和胎儿重量及饲料利用率可能无任何影响。一般这个时期每日饲喂量为2～2.5千克。切忌"一刀切"的饲喂方式,要根据母猪自身体况,看猪喂料,肥则减料,瘦则加料,避免母猪过肥或过瘦。

3. 妊娠后期的饲喂方式　妊娠后期(90天至分娩)日粮中,消化能应达到13.38～14.21兆焦/千克,含粗蛋白质16%,赖氨酸0.85%,钙0.85%,总磷0.6%,增加维生素E、维生素C的添加量,饲料中添加植物脂肪3%～5%,可提高仔猪的体脂储备和糖原储备,显著改善初生仔猪成活率。试验证明,母猪产前脂肪采食总量达1～4千克时,仔猪成活率最高。

妊娠后期可饲喂一定量的青绿多汁饲料,一方面可促进母猪食欲,缓解便秘现象,另一方面可促进胎儿发育及提高产仔率。如果母猪出现便秘,则分娩很困难,仔猪可能会因缺氧而窒息死亡,并且母猪易感染产后综合征。缓解便秘有多种方法,近年来矿物质轻泻剂受到普遍欢迎,饲粮中添加0.75%的氯化钾或1%的硫酸镁作为轻泻剂是比较合适的。为保持适当体况,不可饲喂过量,以避免因仔猪过大而造成母猪难产,甚至母猪被淘汰。但最后2周适当提高饲喂量可提高仔猪初生重和仔猪的抗病力,使母猪消化道扩张,提高哺乳早期的采食量。预产期前1天将母猪的饲喂量调整为2~2.5千克,以利于母猪分娩。图5-1为母猪各种体况的示意,供读者在生产中对照参考。

1.过瘦
髋部和脊骨
明显突出,两
腹胁很扁平

2.瘦
髋部和脊骨
突出,两腹胁
略有扁平

3.恰到好处
看不到髋部
和脊骨,身体
呈管状

4.肥
摸不到髋部和背脊骨,
尾根因肥胖而内陷

5.过肥
髋部和背脊骨严重包
埋,体中线略有凹陷

图5-1　母猪各种体况示意

三、妊娠母猪的管理

受精是妊娠的开始,分娩是妊娠的结束,则饲养妊娠母猪的任务一是保证胎儿在母体内得到正常发育,防止流产;二是确保每窝都能生产大量健壮的、生活力强的、初生重大的仔猪;三是保持母猪的中上等体况,为哺乳期储备泌乳所需的营养物质。

(一)妊娠母猪的管理内容　注意饲料品质,不饲喂发霉、腐败、变质、冰冻和带有毒性或有强烈刺激性气味的饲料,否则会引起流产,造成损失。饲料种类也不宜经常变换,要保证充足干净的饮水。

妊娠前期母猪可合群饲养,但不可拥挤,后期应单圈饲养。

在配种前1周,控制饲喂量,防止胚胎着床失败和死亡,影响产仔数。在妊娠全程中,保持环境相对安静,减少胚胎早期死亡。应对母猪加强护理,防止机械流产,并严防拥挤、咬架、跌倒和突然惊扰。

适当合理的运动可增强母猪体质,但临产前应停止运动,雨雪天和冬季严寒季节也应停止运动。妊娠母猪对高温很敏感,夏季应做好防暑措施,尽量使舍内温度不超过24℃。

妊娠母猪舍一定要保持环境安静,严禁鞭打、追赶母猪,尽量让母猪休息好。

在产前40天和15天给母猪接种大肠杆菌疫苗,产前3~4周可以接种多种疫苗,以保证仔猪通过吸食母乳获得母源被动免疫。

配种后18~24天需进行第二次查情,以便能及时给返情的母猪重新配种。

配种后36~44天需进行第三次查情,以便能及时给返情的母猪重新配种。

(二)妊娠母猪日常管理工作的程序　定时、定量饲喂母猪,供给清洁饮水;做好粪污的清扫工作,对刚空出的单元进行清洁消毒;调节舍内空气环境,防止高温应激;按免疫程序注射疫苗和驱虫;将临产前1周的母猪冲洗消毒后转入产仔舍等候分娩;填写妊娠母猪记录表,登记转入和转出的母猪,以反映存栏和周转情况。

第四节 哺乳母猪的营养需要及饲养管理技术

一、哺乳母猪的营养需要

(一)能量的需要量 哺乳期母猪的营养需要应考虑母猪的体重大小(维持需要),产奶量和乳成分以及可能发生的母体储备的动用,其中产乳需要是最大的部分。母猪哺乳期维持能量每千克代谢体重需要消化能约500.7千焦。由于高产母猪选育技术的提高,现代高产母猪的采食量降低,母猪通常不能采食足够的饲料或养分满足泌乳需要,必须动员机体储备来补偿不足,导致体重损失。即使母体具有足够的机体储备,体重损失可能不足以影响仔猪的生长和断奶仔猪数,但将延长断奶至发情的间隔天数,10天内发情母猪的比例下降,受胎率下降,胚胎存活率降低。

随着断奶日龄的不断缩短,增加泌乳期的采食量对保证以后的繁殖性能日渐重要。泌乳期采食量下降对母猪的生产性能影响很大,如发情间隔延长、受胎率降低、下一胎窝产仔数减少、产仔率降低等。在母猪21天的哺乳期内限制能量摄入可抑制促黄体素的分泌与卵巢的活动,使排卵数减少,并延长断奶至发情的间隔。

哺乳期母猪需尽可能采食大量饲料,获得足够的养分以增加产奶量。如果母猪没有足够的机体储备,母乳产量将随饲料能量摄入量的增加而增加,从而改善仔猪的生长。增加哺乳期饲料采食量有助于提高经产母猪的产奶量,降低仔猪出生后的死亡率,提高断奶时的成活率,缩短母猪断奶至配种之间的间隔天数以及下一胎产仔数。母猪哺乳期增加能量摄入量直至50 160千焦/天,将减少母猪断奶至发情的间隔天数。表5-11描述了哺乳期(28天)消化能摄入量对初产母猪和仔猪生产性能的影响,供参考。

表 5-11 哺乳期(28 天)消化能摄入量
对初产母猪和仔猪生产性能的影响

消化能摄入量（千焦/天）	18601	27588	36366	45144	53922	62700
体重损失（千克）	44.5	30.8	27.4	19.6	15.8	9
断奶至配种间隔（天）	29.8	25	21.2	14.6	15.5	7
断奶后 8 天内母猪再发情率(%)	8	33	50	58	58	83
断奶仔猪数（头）	8	8.2	7.9	8.3	8.1	8.2
仔猪增重（克/天）	170	172	190	187	206	193

(二)蛋白质的需要量 泌乳期蛋白质和氨基酸的摄入量对泌乳性能极为关键,提高母猪日粮蛋白质水平可改善其繁殖性能。研究表明,摄入低蛋白质日粮的母猪其泌乳期间体蛋白质损失增加,断奶至发情间隔延长;而泌乳期间摄入高蛋白质日粮的母猪其断奶后促黄体素水平增加,随着日粮蛋白质水平的升高,乳中蛋白质的水平也相应升高。

母猪泌乳日粮蛋白质水平对母猪的泌乳性能具有重要的影响。King 等(1993)研究了不同蛋白质水平对泌乳母猪的影响。结果表明,在泌乳早期(10 天)与晚期(24 天),母猪的产奶量、乳脂水平及乳中固形物含量与日粮蛋白质水平呈线性相关。氮平衡试验表明,为了最大限度地提高氮的沉积,日粮蛋白质水平应不低于202 克/千克(赖氨酸 12.8 克/千克);若以达到最大泌乳性能作为标准,日粮蛋白质水平为 133~168 克/千克。泌乳量不仅与日粮中蛋白质水平有关,而且与日粮中的能量浓度也有关。能量不足,会限制母猪利用高水平蛋白质促进泌乳的能力。

日粮中赖氨酸、缬氨酸和异亮氨酸的水平可影响仔猪的生产性能。不同生产水平的母猪对缬氨酸/赖氨酸的比值似乎有不同的需要。对于高产母猪(哺乳 10 头或以上)添加缬氨酸对提高仔猪日增重的幅度要大于生产水平一般的母猪。在采食高水平赖氨酸(1.2%)的高产母猪中,提高缬氨酸水平和提高赖氨酸水平对仔猪的贡献率相似,但赖氨酸和缬氨酸不存在相互作用。

(三)维生素和矿物质的需要量　可参考妊娠母猪的需要量。

二、哺乳母猪的日粮配制和饲喂方式

(一)哺乳母猪的日粮配制　哺乳母猪饲料主要适用于哺乳期和空怀期母猪。哺乳母猪日粮应分为初产母猪日粮和经产母猪日粮,因初产母猪的生理发育尚未成熟,其营养需要量明显大于较成熟的母猪。初产哺乳母猪日粮中的消化能为 14.21 兆焦/千克,含粗蛋白质 17%,赖氨酸 1%,钙 0.85%～0.9%,总磷 0.6%;经产哺乳母猪日粮中的消化能为 13 376～14 212 千焦/千克,含粗蛋白质 16%,赖氨酸 0.85%,钙 0.85%,总磷 0.6%。

(二)哺乳母猪的饲喂方式　母猪产仔后到断奶前喂料量不宜平均化,一般分娩当天不喂料,但应提供饮水。母猪产后立刻供应充足的饲料会影响母猪的食欲,导致以后采食量下降。第二天增加 1 千克左右,以后每日增加 0.5 千克,最晚到第七天达到最大采食量,1 周后自由采食,直到断奶为止。如果母猪能再早 2 天达到最大采食量会更好,来自美国 24 000 窝母猪的统计资料表明,产后 1 周尽快达到最大采食量的猪繁殖性能最好,而产后食欲不振或过分限制饲喂的,断奶后会延迟发情。饲喂全价饲料的同时,适当饲喂一些青绿多汁饲料,既可提高母猪的食欲,增加乳汁的分泌,又可减少母猪便秘的发生。

哺乳母猪的饲喂技术要点如下:哺乳母猪日饲喂量应达到 4～6 千克,饲喂时根据营养需要特点灵活增减;青绿饲料不可喂得过多,并且应保证卫生;饲料不宜随便更换,且饲料质量要好,不能饲喂任何发霉、变质的饲料;保证供给充足的清洁饮水;体况好的母猪分娩前 3～5 天减料 10%～30%,以防产后泌乳量过多引起仔猪消化不良或母猪发生乳房炎;产后母猪身体虚弱,应以流食为主,逐渐加料,同时饲喂一定量的麸皮和加有电解质的清洁温开水,防止母猪便秘;3天后恢复饲喂量至 4.5 千克以上,1 周后完全按母猪需要供料;哺乳母猪日喂次数若能调整为 3 次,则有利于保持其旺盛的食欲;饲料中加入脂肪可适当减少饲喂量。

三、哺乳母猪的管理

哺乳母猪的饲养管理应保证母猪有较高的泌乳力,同时要维持适度的体况,使其断奶后能较快地发情排卵和配种再孕。

哺乳母猪的管理技术要点如下:产前对母猪乳头进行清洁消毒,哺乳期间也应保持乳头的清洁卫生;在保证仔猪温度需要的前提下,将舍温降至 25℃左右,以保证母猪采食量正常;产仔舍以保温为主,但也要注意适当的通风换气,排除过多的水汽、尘埃、微生物、有害气体等,但必须防止贼风,同时注意通风时控制气流速度在 0.1 米/秒以下,且风速要均匀、平缓;母猪哺乳时必须保证环境安静,无噪声或噪声小,有利于母猪泌乳和仔猪吃奶,否则对母仔都有不利影响;母猪舍应保持清洁干燥,采用高床漏缝地板饲养时不宜用水带猪冲洗网床,床下粪污每日清扫 2 次,若用水冲洗则应注意防止水溅到网床上;每日注意观察母猪有无乳房炎、无乳症、便秘等疾病,或食欲是否旺盛,精神是否良好,体况是否过肥或过瘦等,发现异常应做好各种记录,以便兽医和管理人员参考并及时采取相应措施;对母猪要温和,不能大声呵斥和鞭打;认真填写哺乳母猪卡片和日报表,详细记录母猪品种、耳号、胎次、产仔日期、产仔数以及母猪分娩情况、哺育泌乳与健康状况、转入转出数等。

第五节 空怀母猪的饲养管理技术

经产母猪断奶后的空怀阶段仍然饲喂哺乳母猪料,直至发情。

饲喂量以吃饱为好,同时从断奶后 3 天开始采用并栏饲养、公猪诱情、药物催情的办法促使空怀母猪及时发情排卵。断奶时采用断料和控水的方法以使其干奶是错误的做法,这样会使母猪体况进一步下降。断奶后给予和哺乳期相同的饲喂量对母猪的乳房没有明显影响,相反有助于母猪断奶后更快发情,这与催情补饲不谋而合。有试验表明,催情补饲可以提高青年母猪的窝产仔数,但对老龄母猪效果不明显。同时,要做好母猪的发情鉴定和适时配种工作。

配种后要立即更换饲喂妊娠母猪料,每日饲喂量为 2 千克左右,这种饲喂量应维持到配种后 25 天,然后根据母猪的体况,再决定具体的饲喂量,偏瘦的母猪可以加至 2.25~2.5 千克,体况中等和偏肥的维持原量。

第六章 猪的人工授精技术

猪的人工授精也称人工配种,是指用人工的方法采集种公猪的精液,再将经过处理的精液输入到母猪的生殖道内使其妊娠的一种现代繁殖技术。目前,我国规模猪场多已采用这种技术繁殖后代。规范、严谨的人工授精技术,对于提高母猪妊娠率、减少空怀率、增加产仔数具有重要作用,是提高规模猪场繁殖效率的关键工作环节之一。

人工授精技术的基本程序包括采精、精液品质检查、精液稀释、精液保存与输精等环节。

第一节 人工授精技术对规模猪场繁殖效率的影响

一、大幅度提高种公猪的利用率

在自然交配情况下,1头种公猪可配 25～30 头母猪,公、母猪比例一般在 1：25～30;而采用人工授精技术,一般 1 头种公猪可配 100～150 头母猪,全场的公、母猪比例在 1：100 以上。如果水平达到良好,1头种公猪可配 150～250 头母猪,优秀水平应达到 1 头种公猪配 250～350 头母猪,特别优秀的猪场,能达到 1 头种公猪配 350 头以上母猪,种公猪的利用率可提高 4～10 倍甚至更高。

二、加速遗传改良进程,提高猪群质量

由于优良种公猪配种头数的大幅度增加,良种猪的后代也相应大幅度增加,从而加速了猪遗传改良的进程,有效地提高了猪群

的质量。据湖北省农业科学院畜牧兽医研究所郭万正等人 2005 年的调查,利用优秀种公猪人工授精与用普通种公猪本交配种相比,其后代商品猪可降低肥育期料重比 0.2～0.4,其商品猪因品质的提高可增加收入 0.3 元/千克,对于一个万头猪场来说,料重比如果降低 0.2,则可以节省饲料成本 20 余万元,商品猪差价可达 30 余万元。

三、降低饲养成本和配种成本

由于种公猪的利用率提高,则对种公猪可以优中选优,淘汰质量差的种公猪,从而减少种公猪的饲养头数,降低种公猪的饲养成本,同时也大大降低了繁殖成本。

四、克服由于公、母猪体型差异造成的交配困难

规模猪场种公猪的体型一般较大,而后备母猪的体型较小,给自然交配造成困难;地方品种母猪体型一般较小,如果用外来品种进行杂交改良,用自然交配则无法进行。而采用人工授精的方法,则可有效地克服由于公、母猪体型差异造成的交配困难。

五、克服远距离交配的困难,可进行异地配种

规模猪场有时为了更新血统,需用远距离的种公猪进行配种,用自然交配的方法难以实现;而采用人工授精技术,只需采集好种公猪的精液,进行适当的稀释、保存和运输,就可很容易地进行远距离的异地配种。即使国际间的品种资源,通过航空运输精液,也能实现跨国交流。

六、减少疫病传播,提高猪群的健康水平

进行人工授精的公、母猪,一般都是经过健康检查的猪只,只要严格按照操作规程配种,减少采精、精液处理和输精过程中的污

染,就可减少一些疾病的发生,特别是生殖道疾病的传播,从而提高猪群的健康水平。据调查,采用人工授精后,种猪场因生殖系统疾病淘汰母猪的比例下降 6%,平常也很难看到有生殖道炎症的母猪。

七、提高母猪的受胎率和产仔数

采用人工授精技术是否会降低母猪的受胎率和产仔数,是尚未开展或初开展人工授精的猪场最为关心的问题。实践证明,人工授精技术不仅不会降低母猪的受胎率和产仔数,反而各项繁殖技术指标比自然交配均有所提高(表 6-1)。

表 6-1　某大型猪场应用人工授精技术前后母猪各项繁殖指标的比较

时间段	配种母猪头数（头）	分娩母猪头数（头）	分娩率（%）	窝平均产活仔数（头）	每头母猪年产活仔数（头）
人工授精前	5754	4563	79.3	9.50±1.92	20.2
人工授精后	16954	14868	87.7	10.30±1.83	23.9

结果表明,人工授精技术的应用使母猪的分娩率提高 8.4%,窝平均产活仔数提高 0.8 头,每头母猪年产活仔数提高 3.7 头,证明人工授精技术能有效地提高规模猪场的繁殖效率。当然,这必须依赖于人工授精技术的规范操作,对于初开展人工授精技术的猪场还有赖于配种员技术的逐步熟练。

第二节　规模猪场人工授精室的建设

规模猪场开展人工授精技术,首先需建立人工授精室。建立规范、标准的人工授精室,对以后顺利地开展人工授精工作是至关重要的。

一、人工授精室的建设布局

人工授精室应包括两部分,即采精室和精液处理室。

(一)采精室 采精室可以设置在公猪栏的一端,也可以与精液处理室相连,其布局情况如图 6-1 所示。

采精室的面积一般在 16 米² 左右,地面为设有污水出口的防滑水泥地板,以便于清洗。室内应做到夏季通风良好,冬季有较好的保温性能,可设置空调,使采精时室内的温度达到 18℃～24℃。假台猪应牢固地安置在地板上,位于一个角落处,面朝墙角。最好将一块配种垫(防滑垫)放于假台猪下,以使种公猪可以牢固蹬踏。设计人员安全区的目的是预防种公猪的突然攻击,用直径 5 厘米的钢管制作保护栏,栏高 0.8 米左右,间隔 0.3 米左右。传递窗最好设计为双侧窗门,便于采精后将精液迅速传递到精液处理室。

(二)精液处理室 精液处理室以 20 米² 左右为宜,可用瓷砖铺设地面,内设空调,设置足够的电源插座以及进、出水系统。精液处理室最好分成准备区和精液处理区两个部分,用砖墙或轻型材料隔断,墙的一侧开门(图 6-2)。两个区域均需安装紫外线灯,每次工作前消毒 20～30 分钟。为确保安全,室内应安装电源总开关。

1. 准备区 为工作人员消毒更衣、清洗器械等的区域。清洗用水池可为瓷质或不锈钢材料,安装一个自来水龙头和一个热水龙头,如果要连接双蒸水机,则还要配置一个专用水龙头。

2. 精液处理区 设置工作台,安放各种仪器、设备。用空调机将室内温度控制在 20℃～25℃。

二、人工授精室应配置的仪器和用品

规模猪场建立人工授精室应配置的仪器、用品名称和数量见表 6-2,另需根据实际情况,配置漏斗、滤纸、量筒、酒精灯、载玻片、盖玻片、擦镜纸、水温计、室温计、镊子、玻璃棒、吸管、移液管、

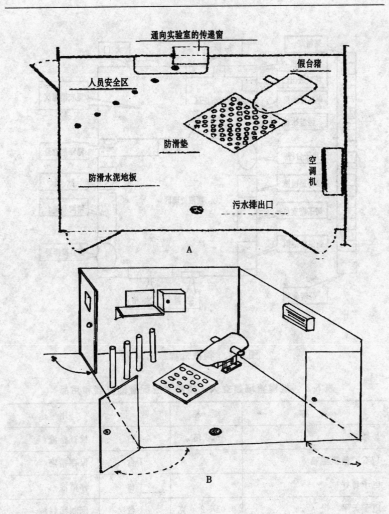

图 6-1 采精室布局

A. 平面示意 B. 立面示意

烧杯等实验室常用工具,以及工作服、毛巾、帽子、手套、口罩、拖鞋、废物桶、精液输送箱、卫生纸等常用物品。

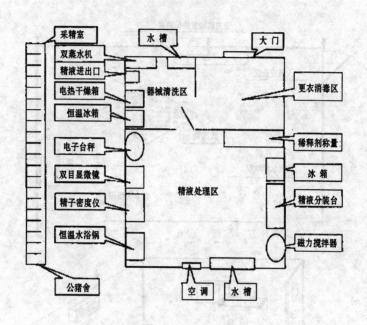

图 6-2　精液处理室布局

表 6-2　规模猪场建立人工授精室应配置的仪器和用品

名　称	规　格	数　量	用　途
显微镜	600 倍	1 台	检查精液
17℃贮精恒温箱		1 台	保存精液
电子台秤		1 台	称精液
电子天平	0.01～200 克	1 台	配制稀释液
手提式高压蒸汽灭菌器		1 台	消　毒
细胞计数器		2 套	精子计数
精子密度测定仪		1 台	测定精子密度

续表 6-2

名 称	规 格	数 量	用 途
恒温干燥箱	1000 瓦	1 台	消毒和烘干物品
恒温水浴锅	30 瓦	1 台	加温保温
混合振荡器		1 台	配制稀释液
紫外灯	40 瓦	2 只	室内消毒
精钢锅		2 个	消 毒
电 炉		2 个	加 热
采精杯(玻璃杯或保温杯)		若干	采精用
输精管		若干	输精用
贮精瓶或袋	80～100 毫升	若干	分装保存精液
乳胶或塑料手套		若干	采精用
蒸馏水器		1 台	制备蒸馏水
普通冰箱		1 台	保存稀释剂

第三节 母猪的发情鉴定与适时配种

对母猪进行准确的发情鉴定是进行适时配种的基础,而适时配种是提高母猪受胎率和产仔数的关键。无论是自然交配还是人工授精,掌握发情鉴定技术并根据发情鉴定结果确定适时的配种时间,都是规模猪场配种员必须掌握的基本功。

一、母猪的生殖活动规律

了解母猪生殖活动的一般规律,对于准确的发情鉴定和适时配种都是必要的。

（一）青年母猪的初情期、性成熟期和适配年龄

1. 初 情 期　母猪初次发情和排卵的时期，称为初情期，也是指繁殖能力开始的时期，此时的生殖器官仍在继续生长发育。初情期前的母猪，由于卵巢中没有黄体产生而缺少孕酮分泌。因为发情前需要少量孕酮与雌激素的协调作用而引起发情，因此初情期母猪往往呈安静发情，即只排卵而不表现发情现象。母猪初情期到来的早晚，与品种、环境温度和饲养管理水平有关，在正常的饲养管理条件下，瘦肉型青年母猪的初情期一般在 6～7 月龄，而我国地方猪种母猪初情期较早，多在 3～4 月龄。青年母猪初情期出现时还不适宜配种，因为其生殖器官尚未发育成熟，如果此时配种，一是受胎率低，二是即便受胎，产仔数也很少，并影响母猪以后的生产性能。

2. 性 成 熟 期　是指母猪初情期以后的一段时期，此时生殖器官已发育成熟，具备了正常的繁殖能力。但此时躯体其他组织器官的生长发育仍在进行，尚未达到完全成熟阶段，故一般情况下也不适宜配种，以免影响母猪和胎儿的生长发育。瘦肉型青年母猪的性成熟期一般在 7～8 月龄，而我国地方猪种母猪的性成熟期一般在 4～5 月龄。

3. 适 配 年 龄　母猪的适配年龄应根据其生长发育情况而定，一般在性成熟期以后，其体重达到成年体重的 70%～75% 为宜。瘦肉型青年母猪的适配年龄一般在 8～9 月龄，即 240～280 日龄；而我国地方猪种母猪的适配年龄一般在 5～6 月龄。在这一时期配种，受胎率和产仔数均较高。

（二）经产断奶母猪的发情　经产母猪断奶后，一般在 7 天左右开始发情。据对南方某大型养猪场的观察，结果如图 6-3 所示。从图 6-3 可见，经产母猪断奶后，近 30% 在第四天发情，40% 左右在第五天发情，15% 左右的在第六天发情，其余的则在 7 天以后发情。

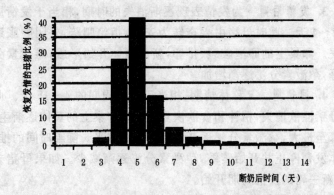

图 6-3 经产母猪断奶后开始发情的时间统计

（三）母猪的发情周期 青年母猪或经产断奶母猪第一次发情后，如果没有配种或配种后没有受胎，则间隔一定时间便开始下一次发情，如此周而复始地进行，直到性功能停止活动的年龄为止。这种周期性的活动，称为发情周期。母猪正常的发情周期为 21～22 天，平均 21.5 天。发情周期又可以划分为 4 个阶段，即发情前期、发情期、发情后期和间情期。

1. 发情前期 为发情的准备时期。此时卵巢上有新的卵泡开始生长发育，雌激素分泌逐渐增加，孕激素水平逐渐降低，母猪的阴唇和阴蒂充血、红肿，但尚不接受公猪爬跨或无压背站立不动的表现。如果以上一个情期发情开始出现时为发情周期第一天，则发情前期相当于上一个发情周期的第十六至第十八天。

2. 发情期 为有明显发情表现的时期，相当于发情周期的 1～2 天。此阶段母猪外阴部充血、肿胀明显，阴唇呈鲜红色，生殖道有大量黏液外流，性欲表现强烈。多数母猪表现厌食、鸣叫、不安，并爬跨其他母猪。卵泡发育较快，雌激素分泌很快达到最高水平，孕激素很快降低到最低水平。此时用手压母猪背部，表现四肢叉开，站立不动，同时接受公猪或其他母猪爬跨。

3. 发情后期 为发情表现逐渐消失的时期,相当于发情周期的 3～4 天。此时母猪由兴奋转为安静,拒绝爬跨,外阴肿胀逐渐消失。卵巢上的卵泡破裂、排卵,新的黄体开始形成,雌激素分泌下降,孕激素分泌逐渐增加。

4. 间情期 又称休情期,相当于发情周期的 4～15 天。此阶段母猪性欲消失,精神和食欲恢复正常。卵巢上的黄体逐渐生长、发育至最大,孕激素分泌逐渐增加到最高水平。随着时间的推移,黄体发育停止并开始萎缩,孕激素分泌逐渐减少。如果母猪未受胎,新一轮的发情周期开始。

(四)不同品种和类型母猪发情期持续时间的差别 发情期持续时间(又称发情持续时间)是从母猪呈现压背站立不动或接受公猪爬跨开始算起,到拒绝压背或公猪爬跨为止,不同类型和品种的母猪发情期持续时间有差别。

1. 不同品种母猪发情期持续时间的差别 一般情况下,地方品种母猪的发情期持续时间比外来瘦肉型品种母猪长,发情表现明显。如梅山猪比大白猪发情期持续时间长,平均为 80 小时,而大白猪平均为 60 小时,梅山猪生殖激素的水平显著高于大白猪。发情时,梅山猪血浆促黄体素(LH)平均为 27.4 纳克/毫升(从14.6 纳克/毫升上升至 55 纳克/毫升),而大白猪平均为 11.16 纳克/毫升,梅山猪血浆促黄体素的峰值相当于大白猪的 2.46 倍。

2. 不同类型母猪发情期持续时间的差别 初配母猪的发情期持续时间比经产母猪稍短,发情表现不如经产母猪明显。

另外,经产断奶母猪之间发情期持续时间也有较大差别。经产母猪断奶后出现发情时间、发情期持续时间与排卵时间之间具有一定的相关关系。母猪断奶后出现发情时间越早,发情期持续时间越长,排卵出现时间越迟;母猪断奶后出现发情时间越迟,发情期持续时间越短,排卵出现时间越早。

经产母猪发情期持续时间短的不超过 20 小时,长的可达 100

小时左右,但70%左右的为48~64小时。

二、猪的受精生理

受精是指精子和卵子结合产生合子的过程。了解猪受精生理的一般知识,可以为我们确定配种的最佳时间、科学合理地制定人工授精技术方案提供依据。

(一)猪的射精部位和精子的运行 猪属于子宫型射精的动物,在射精时,公猪可直接将精液射入发情母猪的子宫颈和子宫体内。猪的子宫颈没有阴道部,发情母猪的子宫颈管松弛、开放。交配时,公猪螺旋状的阴茎可直接深入子宫颈或子宫内,将精液射入子宫。

精子进入子宫后,在子宫肌和输卵管系膜的收缩、子宫液的流动以及精子自身运动综合作用下通过子宫,进入输卵管。进入输卵管的精子,靠输卵管的收缩、黏膜皱襞和输卵管系膜的复合收缩以及管壁上皮纤毛摆动引起的液流流动,使精子继续前行至输卵管壶腹部。输卵管壶腹部是精子与卵子结合并完成受精的部位,能够到达壶腹部的精子数不超过1 000个,在受精部位与每个卵子完成正常受精的只有1个精子。

从射精开始至精子到达输卵管壶腹部的时间为15~30分钟,猪精子在生殖道内可存活约50小时,而保持有受精能力的时间约为24小时。

(二)发情母猪的排卵和卵子运行 发情母猪的卵泡逐渐成熟,成熟的卵泡破裂即发生排卵。母猪接近排卵时,输卵管伞部充分开放、充血,并靠输卵管系膜肌肉的活动使输卵管伞部紧贴卵巢表面接纳卵子。排卵的时间是在发情开始后的24~48小时,从排第一个卵至最后一个卵间隔的时间为1~7小时不等,平均4小时左右。

卵从卵巢表面进入输卵管伞内只要几分钟,在2~3小时到达壶腹部并在此受精,一般停留 36~72 小时。在其间保持受精能力的时间为 8~12 小时。未受精的卵子沿输卵管下行,或破裂成细胞质碎片,或被子宫内的白细胞吞噬。

了解精子和卵子的运行规律,目的在于掌握适当的时间进行配种,使精子和卵子在具备受精能力的时间内结合,从而完成受精过程。

三、母猪发情鉴定的方法

母猪发情鉴定的方法有外部观察法、公猪试情法、电测法和激素测定法等,其中最简单、实用的方法是外部观察法和公猪试情法。

(一)外部观察法 规模猪场的配种员每天需进行 2 次发情观察,上午 1 次,下午 1 次。

配种员走进母猪舍,首先观察一下各栏的母猪,看有无骚动不安、爬跨其他母猪的母猪,有此表现的母猪,作为重点观察对象,先观察其外阴部,看是否出现红肿和流黏液现象,然后站在母猪的后面,用手打开阴门,仔细观察阴道黏膜是否有充血现象及充血的程度,以判断发情的程度。最后还需通过压背,观察到母猪站立不动的现象,才能准确判断母猪是否进入发情期(图 6-4)。

图 6-4 发情母猪的压背站立不动现象

(二)公猪试情法 有些母猪,如外来品种的瘦肉型猪和初次发情的母猪,发情表现不很明显,压背时站立不动的表现也不很明显,这时就需用公猪试情法。所谓公猪试情法,就是将公猪赶到母猪栏内,发情母猪见到公猪时,表现痴呆站立,两耳竖起,注视公猪,被爬跨时站立不动,接受公猪爬跨(图 6-5)。此时要及时将试情公猪赶下,以免误配。

图 6-5　发情母猪接受公猪爬跨

四、适时配种

　　准确的配种时间,可提高母猪的受胎率和产仔数。配种时间取决于排卵时间,母猪在发情期即将结束的时候排卵,因此应在发情期及时配种。如前所述,卵子排出后在输卵管内保持受精能力的时间为 8～12 小时,精子保持受精能力的时间为 24 小时左右。可见,对于断奶后 7 天之内发情的经产母猪,观察到稳定站立发情后 8～24 小时进行首次配种为宜;而对于断奶后 7 天以上发情的经产母猪、后备母猪、返情母猪,观察到稳定站立发情后应立刻进行首次配种,然后隔 12 小时左右再配 1 次。一般情况下,每头母猪每个情期配种 2 次即可。有少数发情期持续时间长的母猪,需进行第三次配种;也有少数发情期持续时间短的母猪,一次配种即可。

　　规模猪场实际的工作情况是,配种员上午进行一次配种工作,下午进行一次配种工作。对于一头母猪而言，如果第一天的下午配种 1 次，到第二天的上午再配种 1 次，两次配种的间隔时间显然会超过 12 小时。但根据精子在母猪生殖道内保持受精能力的时间，也不影响母猪的受胎率。各种类型母猪配种时间见表 6-3。

表 6-3　发情母猪配种时间

母猪类型	第一天		第二天		第三天	
	上　午	下　午	上　午	下　午	上　午	下　午
经产母猪断奶 3～4 天发情	发　情	—	配　种	可配可不配	配　种	可配可不配
经产母猪断奶 5～7 天发情	发　情	配　种	可配可不配	配　种	—	—
经产母猪断奶 7 天以上发情	发情即配种	可配可不配	配　种	—	—	—
后备母猪和返情母猪	发情即配种	配　种	可配可不配	—	—	—

第四节　公猪的调教和采精

一、公猪的调教

为了顺利地采集种公猪的精液，对于准备作为种公猪的后备公猪或其他尚未采过精的公猪，要进行调教。

人工授精用种公猪最好是选择经过测定、具有优秀遗传性能的公猪，同时其外形要有明显的雄性特征和品种特征，性欲强，四肢强健，睾丸发育良好。对于瘦肉型猪种，准备留作采精用的后备公猪，从 7～8 月龄开始调教效果较好。这个年龄段的小公猪，喜欢爬跨其他小公猪或母猪,所以易于调教。有过自然配种经历的公猪,调教起来相对困难一些,但也可以调教成功。实施调教的采精员要有耐心,态度温和,达到人猪亲善。调教前要先花时间管理公猪,并有规律地与其进行交流和接触,使人与猪相互熟悉。在调教过程中不能粗暴地对待公猪,更不能殴打公猪。对于不喜欢爬跨或第一次不爬跨的公猪,要树立信心,反复多次进行调教。若调教人员态度温和,方法得当,调教时自己发出一种类似母猪的叫声或经常抚摸公猪,久而久之,调教人员的一举一动或声音都会成为公猪行动的指令,并顺从地爬跨假台猪、射精和跳下。应先调教性欲旺盛的公猪,公猪性欲的强弱,一般可通过咀嚼唾液的多少来衡量,唾液越多,性欲越旺盛。

公猪调教时,首先需剪去包皮部的长毛,清洗公猪的腹部和包皮部,挤出包皮积尿,按摩包皮部。调教的方法有以下几种。

(一)诱导法 在假台猪后躯涂抹发情母猪的阴道黏液或尿液,也可用公猪的尿液或唾液,引起公猪的性欲而爬跨假台猪。如果有爬跨的欲望,但没有爬跨,最好第二天再调教,一般1~2周即可成功。

(二)直接刺激法 可赶来一头发情母猪,让公猪空爬几次,在公猪性兴奋时赶走发情母猪。或将一头发情旺盛的母猪用麻袋或其他不透明物盖起来,不露肢蹄,只露阴户,赶至假台猪旁。然后将公猪赶来,让其嗅、拱母猪,在公猪有爬跨意图时,将涂有其他公猪精液或母猪尿液的假台猪移过来,让公猪爬跨。

(三)观摩法 对于一些对假台猪不感兴趣的公猪,可以让它们在旁边观望其他公猪爬跨假台猪,以刺激其性欲的增强。

对于后备公猪,每次调教的时间一般不超过20分钟,每日可训练1次,1周最好不少于3次,直至爬跨成功。调教成功的公猪连续3天每天采精1次,以建立条件反射。无论用哪种方法调教成功的公猪,爬跨时一定要采精,否则公猪会很容易对爬跨假台猪失去兴趣。

二、采 精

猪采精常用的方法有假阴道法和手握法。

（一）假阴道法 即采用模仿母猪阴道内环境的假阴道,诱发公猪在其中射精而获得精液的方法。

1. 假阴道的构造 猪采精用的假阴道为一筒状结构,主要由外壳、内胎、集精瓶、活塞、固定胶圈、胶漏斗等部件组成(图 6-6),长为 35～38 厘米,内径 7～8 厘米。

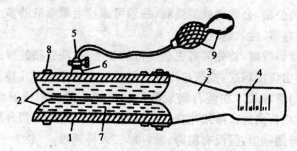

图 6-6　假阴道的构造

1. 假阴道外壳　2. 内胎　3. 橡胶漏斗　4. 集精瓶
5. 气囊　6. 水孔　7. 温水　8. 固定胶圈　9. 双联球

2. 假阴道的准备

(1)安装　使用前先将内胎和集精瓶彻底洗净,然后将内胎装入外壳,两端翻转套在外壳两端,用胶圈固定,保持松紧适度,套好橡胶漏斗,然后将集精瓶装在橡胶漏斗后端。

(2)消毒　安装好的假阴道在使用前 0.5 小时,用 75％酒精棉球擦拭假阴道内壁,待酒精挥发完全、没有酒精味道后,再用稀释液擦洗。

(3)注水　由注水孔向假阴道外壳与内胎的夹层中灌注温水。

水温应根据外界气温和种公猪性反射的快慢而定。一般情况下应灌入 50℃～55℃ 温水,灌入后采精前内胎的温度应保持在 38℃～40℃。灌入的水量应为内、外胎间容量的 1/3～1/2,一般灌入的水量为 300～500 毫升。

(4)充气　灌水后通过双联球打气进行胎压力调节,使内胎壁呈"Y"字形为止。

(5)涂润滑剂　假阴道灌水充气后,要立即涂抹润滑剂,用消毒玻璃棒蘸取少量灭菌凡士林或液状石蜡,由假阴道入口处向内均匀涂抹,涂抹的长度达到假阴道的 2/3 即可。

(6)测温　在采精前,要用水温计测试内胎的温度,采精时内胎的温度应在 38℃～40℃,过高或过低均不利于公猪射精。

3. 采精方法　一是将准备好的假阴道安放在可调节假阴道的假台猪后躯内,任公猪爬跨假台猪而在假阴道内射精。二是采精员手握假阴道蹲在假台猪的右后侧,当公猪爬跨假台猪时,将假阴道与公猪阴茎伸出方向成一直线,紧靠在假台猪臀部右侧,迅速将阴茎导入假阴道内,让阴茎在假阴道内抽动而射精。公猪射精完毕后从假台猪上滑下,假阴道应随着公猪后移,同时将假阴道空气排出,则阴茎自行软缩而退出假阴道。

4. 利用假阴道采精时应注意的问题　①公猪只有在阴茎龟头被假阴道夹住且环境非常安静的情况下才射精;②假阴道要有适当的压力,并通过双联球有节奏地调节压力,以增加公猪的快感;③公猪射精的时间为 5～7 分钟,要调节好假阴道的角度,以防精液倒流。

(二)手握法　手握法采精是以手握公猪阴茎龟头,并有节奏地给予压力进行刺激,从而使公猪射精,同时采集其精液的方法(图 6-7)。手握法采精具有设备简单、操作方便、能选择采集精子浓稠部分的精液等多方面的优点,成为目前规模猪场最常用的采精方法。其不足之处是,采精过程容易造成精液污染,同时精子易受低温打击等。

图 6-7　手握法采精示意

手握法采精的操作步骤如下。

第一步,采精员一手戴双层手套(内层为对精子无毒的聚乙烯手套,外层为一次性塑料薄膜手套),以减少精液污染和预防人兽共患病,另一手持37℃保温集精杯用于收集精液。

第二步,饲养员将待采精的公猪赶至采精栏,用0.1%高锰酸钾溶液清洗其腹部和包皮,再用温水清洗干净,避免药物残留对精子的伤害。

第三步,采精员挤出公猪包皮积尿,按摩公猪包皮部,刺激其爬跨假台猪或发情母猪。

第四步,公猪爬跨假台猪并逐步伸出阴茎,此时采精员脱去外层手套,将公猪阴茎龟头导入空拳。

第五步,用手(大拇指与龟头相反方向)紧握公猪伸出的螺旋状阴茎龟头,顺其向前冲力将阴茎的"S"状弯曲拉直,握紧阴茎龟头防止其旋转,公猪即可射精。注意在射精过程中不要松手,否则压力减轻将导致射精中断。同时,注意采精过程中不要碰触阴茎体,否则阴茎将迅速缩回。

第六步,用4层纱布过滤收集精液于保温集精杯内。公猪的射精过程可分为3个阶段:第一阶段射出少量白色胶状液体,不含精子,可不收集;第二阶段射出的是乳白色、精子浓度高的精液,应收集到集精杯中;第三阶段射出的是含精子较少的稀薄精液。整个射精过程历时 5～7 分钟。

第七步,采精结束后,先将过滤纱布丢弃,然后用盖子盖住集精杯,迅速传递到精液处理室。

不论采用以上哪种采精方法,在采精过程中,均要注意下列事项。

第一,防止包皮液混入精液。公猪具有发达的包皮囊,其中积有不少于 50 毫升的发酵尿液和分泌物。包皮液对精子的危害性极大,200 毫升的精液中如果混入约 0.1 毫升的包皮液,足以使精子发生凝集,在保存 6 小时后,基本没有存活精子。可以说,包皮液是危害精子的最大因素。因此,在采精过程中,要防止包皮液进入集精杯中。控制包皮液污染精液的措施包括以下几种:①当公猪爬上假台猪时,采精员右手按摩包皮囊,尽可能挤净包皮液,并用消毒的纸巾擦净包皮口。②在采集精液过程中,应将公猪的阴茎向左后上方拉出,这样让龟头端离开公猪身体的正下方,龟头端的尿生殖道口向下,而阴茎的最高点高于包皮口,这样即使包皮液未被挤净,也不会顺着阴茎流入集精杯中。③在公猪最初射出部分清亮液体后,用预温的稀释液冲洗龟头,冲洗时,把握龟头的 3 个手指应从上到下交替伸开,确保将龟头冲洗干净。冲洗后,用消毒的纸巾将手指上附着的稀释液擦净。④若使尿生殖道外口直接对准集精杯,可以最大限度地减少包皮液的污染。

第二,淘汰最初射出的精液。尿生殖道是尿液和精液的共同通道,公猪最初射出的精液中含有尿生殖道中残留的尿液,其中含有大量的微生物和危害精子的机体代谢物质和微生物代谢产物,而且最初射出的精液中主要是副性腺分泌物,几乎不含精子。因此,一定不要收集这部分精液,同时要求将最初射出的黏附在手上和龟头上的液体用消毒纸巾擦净,以减少精液受到污染的机会。

第三,对公猪实施奖励。公猪射精的过程需 5～10 分钟,要耐心操作。采精结束要让公猪自然爬下假台猪。最好对公猪实施奖励,饲喂 1～2 枚鸡蛋,使公猪形成条件反射,以利于后续的采精。

良好的采精操作是保障公猪健康和精液生产的基础。实践证明,训练有素的采精员,进行科学合理的采精,不仅每次采集的精液量大、精液品质好,而且可使精液保存的时间延长,使种公猪的利用年限增加。

第五节　精液品质的检查

精液品质检查的目的是鉴定精液的质量,一方面以此来判定种公猪生殖功能状态和采精技术的成败;另一方面,决定人工授精时精液的取舍和确定制作输精的头份、稀释的倍数等。现行评定精液品质的方法有外观检查法、显微镜检查法、生物化学检查法和精子生活力检查法 4 种。在实际应用上又分为常规检查(射精量、色泽、气味、浑浊度、pH、精子活力、精子密度等)和定期检查(死活精子数、精子形态、精子存活时间和生存指数、精子代谢能力、精液微生物检查等)。精液检查基本操作原则如下:①采得的精液立即置于 30℃左右恒温容器中,标记来源;②做好检查准备工作,检查时应快捷,并及时做处理;③操作时,避免损害精液品质,接触精子的物品应洗净消毒;④取样应有代表性(摇匀)。

一、常规检查

精液的常规检查,是指每次采精后都必须检查的项目。

(一)外观检查　刚刚采得的精液,首先要进行外观检查。外观检查的项目有色泽、气味和云雾状程度。

1. 色泽　精液应具有均匀、不透明的外观,颜色通常为乳白色或灰白色,有时带黄色。一般情况下,白色程度及浑浊度强的,精子浓度高；半透明状的精液所含的精子数少。有异物混入时，多会变色，如混入尿液时呈琥珀色，混入新鲜血液时呈红色，混入组织细胞或尘埃时呈绿色。

2. 气味 新鲜猪精液略带腥味，是由前列腺中的蛋白质、磷脂所引起的。混有尿液时会带有尿味，采精后放置太久会呈腐败味。

3. 云雾状程度 由于精子运动翻腾滚滚如云雾状，当精液浑浊度越大时，云雾状程度越明显，说明精子密度和活力越高。

(二)射精量 如果采精时的集精杯上有刻度，射精量则一目了然。如果集精杯没有刻度，可用电子天平称量，按每克 1 毫升计。事先称量好集精杯的重量，采精后的重量减去集精杯的重量，就是精液的重量。后备公猪的射精量一般为 150～200 毫升，成年公猪一般为 200～300 毫升，有的可高达 700～800 毫升。精液量的多少因品种、品系、年龄、采精间隔、气候和饲养管理水平等的不同而有差别。

(三)pH 测定 采精后，加 1 滴精液于试纸上，与标准色板对照来确定，或用 pH 计测定。一般新采集的猪精液 pH 为 7.5（7.3～7.9），pH 偏低的精液品质较好，pH 偏高则受精力、生存活力和保存效果明显降低。

(四)精子活力 也称精子活率，是指精液中呈直线前进运动的精子数占总精子数的百分比。精子活力与受精能力关系密切，是评定精液品质的主要指标。每次采精后及精液使用前，都要进行活力的检查，以确定精液能否使用及如何正确使用。

精子的运动方式在显微镜下观察有 3 种运动形式。

1. 直线运动 即精子按直线方向向前运动。精子前进运动时，以尾部的弯曲传出有节奏的横波，这些横波自尾的前端或中段开始，向后达于尾端，对精子周围液体产生压力，而使精子向前游动。运动时，精子是按体长轴呈反时针方向旋转运动，尾部活动面大，呈漏斗状，摆动轨迹呈"∞"字状，运动速度为 50～60 微米/秒。

2. 转圈运动 即精子沿圆周轨道做转圈运动。

3. 原地摆动 头部左右摆动,失去前进运动的能力。

只有做直线运动的精子,才具有受精能力,才是有效精子。

精子活力常用目测法在光学显微镜下进行评定。检查时,密度大的精子可用稀释液加以稀释。取 1 滴精液于载玻片上,盖上盖玻片,置于 37℃ 显微镜恒温台或保温箱内,在 100~200 倍下观察精子的运动状态并评定精子活力的等级。一般采用十级评分制,若视野中 100% 为直线运动则评为 1.0,90% 为直线运动则评为 0.9,依此类推。若有条件,可在显微镜上配置一套摄像显示仪,将精子放大到电脑屏幕上进行观察。检查精子活力,一要使样品始终在 37℃ 的恒温下,否则检查的结果就不准确;二是检查时显微镜的倍数不宜过高,因为倍数过高,视野中看到的精子数量少,评定的结果不准确。

一般新鲜精液的活力为 0.7~0.8,应用于人工授精的精子活力要求不低于 0.6,冷冻精液冻前活力应在 0.7 以上,解冻后的活力要求不低于 0.3。

(五)精子密度 也称精子浓度,指每毫升精液中所含的精子数。精子密度的大小直接关系到精液的稀释倍数和输精剂量的有效精子数,也是评定精液品质的重要指标之一。评定的方法一般有目测法、红细胞计数法和光电比色法。

1. 目测法 与检查活力的方法相同,只是精液不做稀释。按照精子密度大小粗略分为密、中、稀 3 个等级(图 6-8)。

密:视野中充满精子,间隙小于 1 个精子,精子数约为 5 亿个/毫升。

中:空隙明显,间隙约等于 1 个精子,精子数为 2 亿~4 亿个/毫升。

稀:数量少,其间隙超过 1 个精子密度,精子数 2 亿个/毫升以下,一般在 0.8 亿~2 亿个/毫升。

图 6-8 精子密度示意

A. 密 B. 中 C. 稀

这一方法受检查者的主观因素影响,误差较大。但对于直观的估价,方法简便,尤其适用于人工授精现场的观察,有一定的参考意义。

2. 红细胞计数法 用红细胞计数法可以准确测定每毫升精液中所含的精子数量。其操作方法是:对精子密度高的精液用红细胞吸管做稀释计算,对精子密度低的精液用白细胞吸管做稀释计算。将计数室置于 400~600 倍显微镜下计数。计数室上有 25 个大方格,每个大方格有 16 个小方格,共 400 个小方格。计算精子数只需数出 4 个角和中间处的一个大方格,即共计 5 个大方格的精子数即可,然后推算出 1 毫升精液内的精子数。简化的计算方法是数出 5 个大方格的精子数×5 万×稀释倍数,即为所测得的精子数。其操作步骤如图 6-9 所示。

3. 光电比色法 是目前准确、快捷评定精子密度的一种方法。其原理是根据精子数越多,精子浓度越高,其透光性越低的特性,利用光电比色计通过反射光和透光度来估测精子密度。首先,将原精液稀释成不同的倍数,并用红细胞计数法计算其精子密度,从而制成已知系列各级精子密度的标准管,然后使用光电比色计测定其透光度,根据透光度求出每相差 1%透光度级差的精子数,编制成精子密度差数表备用。一般检测样本时,只需将原精液按

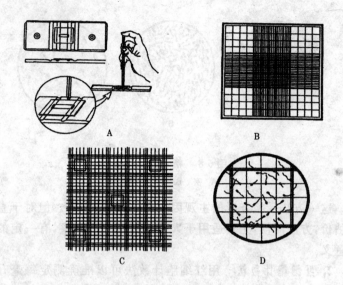

图 6-9　红细胞计数法检查精子密度
A. 在计数室上滴加稀释后的精液　B. 计数室平面图　C. 计数的 5 个
大方格　D. 精子计数顺序(右方与下方压线的精子不计数)

1∶80～100 的比例稀释后,先用光电比色计测定其透光值,然后根据透光度查对精子密度差数表,即可从中找出其相对应的精子密度值。目前可将被测样本的透光度输入电脑,即可显示其精子密度。根据光电比色的原理,目前开发出一种精子密度仪,市场上有售,检查精子密度十分方便。

正常公猪的精子密度为 2 亿～3 亿个/毫升,有的高达 5 亿个/毫升。

二、定期检查

精液的定期检查,是指不必每次采精后都检查的项目,有的可每月检查 1 次,有的每季度检查 1 次即可。

(一)死活精子百分率 将取样的精液进行染色后,在显微镜下计数死活精子所占的百分率,是评定精子质量的又一重要指标。其理论依据主要是精子死后头部易着色,活精子染色后则不易着色。一般用苯胺黑作背景,然后用其他染料染色。

方法:先滴 10％苯胺黑(37℃)在载玻片上,再滴 5％伊红在苯胺黑旁边,将精液滴到伊红中,用玻棒搅匀,再和苯胺黑混合,涂片检查,计算死活精子的百分比。

(二)精子形态检查 精子形态是否正常与受精率密切相关。如精液中畸形、顶体异常的精子过多,则其受精能力必然降低。因此,精子形态检查十分重要。

1. 畸形率检查 凡是形态和结构不正常的精子统称为畸形精子,正常精液中畸形精子占 10％～20％,若超过 20％则影响受精力,不能作输精用。导致精子畸形的原因有营养不良、采精过频或精液贮存不当等。各种畸形精子的形态如图 6-10 所示。

检查方法:将 1 滴精液样本(如密度过大可用生理盐水稀释)滴于洁净的载玻片一端,用另一载玻片与精液接触并以 30°角平稳地向前推,使精液均匀地涂抹在载玻片上。待自然干燥后,用 95％酒精固定 30 分钟,然后置于蓝墨水(或用伊红、龙胆紫、美蓝等)中染色 5 分钟,再用蒸馏水冲洗干净,自然风干后在 400～600倍显微镜下检查 200～500 个精子,按以下公式计算出畸形精子的百分率。

畸形精子百分率＝畸形精子数/计数精子总数×100％

2. 顶体异常率检查 精子顶体异常率是指精液中顶体异常的精子数占精子总数的百分比。正常精子顶体内含多种与受精有关的酶类,在受精过程中起着重要的作用。精子顶体异常一般表现为顶体肿胀、缺损、部分脱落、完全脱落等(图 6-11)。

顶体异常率检查的步骤如下。

第一步:将精液样本制成涂片。

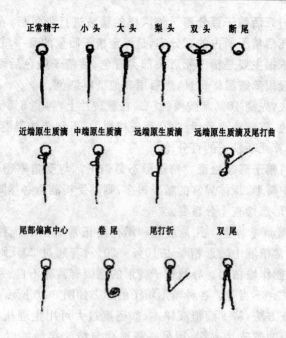

图 6-10　畸形精子形态

第二步：将涂片烘干。

第三步：在固定液（重铬酸钾和 40％甲醛溶液混合）中固定片刻。

第四步：清水冲洗，要缓冲。

第五步：姬姆萨氏染色 0.5～2 小时，再用水冲净。

第六步：400～600 倍显微镜或相差显微镜下观察，检查 200～500 个精子，最后计算出顶体异常率。

正常情况下，猪精子顶体异常率不超过 2.3％，超过这个范围就属不正常，对受精会有影响。

（三）精子存活时间和存活指数检查　精子存活时间是指精子在体外一定保存条件下（稀释液、稀释倍数、保存温度和方法等）的

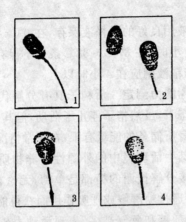

图 6-11　精子顶体的异常形态

1. 正常顶体　2. 顶体膨胀

3. 顶体部分脱落　4. 顶体全部脱落

总生存时间。存活指数是指精子存活时间及其活力变化的一项综合指标,是反映精子活力下降速度的标志。精子存活时间越长,存活指数越大,精子生活力越强,精液品质越好,所用的稀释液处理和保存方法越佳。这两项指标与受精能力密切相关,是评定精液品质和处理效果的一项重要指标。

检查方法:采出的精液经过镜检后,按 1∶2～3 的比例稀释,取出 10 毫升分装在 2 个试管内,用软木塞塞紧,再用纱布包好,放在 0℃～5℃的冰箱中,使其逐渐降温,也可在 37℃～38℃条件下保存。每隔 8～12 小时取样品在 35℃～38℃的条件下进行检查,直至无直线前进运动的精子为止。每次检查要将日期、时间、精子活力记录下来。

精子存活时间(小时)＝检查间隔时间的总和－最末 2 次检查间隔时间的一半

精子生存指数＝每前后相邻两次检查精子活率的平均数＋间

隔时间的乘积

一般优质精液用良好的稀释液保存，在 0℃～5℃ 条件下保存时间应在 24～28 小时，在 37℃～38℃ 条件下保存时间应在 4～6 小时，解冻的冷冻精液则应在 4 小时以上。

(四)精子代谢能力测定 活精子具有分解代谢的功能，即使在低温和冷冻状态下，虽然精子停止了活动，但其代谢活动并未绝对停止。精子自身所储备的能量有限，在正常情况下，精子在代谢过程中主要利用其生活环境中的外源性营养物质，其中以糖类为主。参与精子直接分解代谢的糖都是单糖，无论在有氧或无氧的状态下，精子均可通过糖酵解或呼吸作用而获得能量。可见，精子代谢能力越强，消耗糖和氧气越多，表现活动力越强，说明精子的活动力与其本身一些主要代谢功能是密切相关的。因此，精子的活力、密度与所消耗营养和氧气数量有一定关系，检测精子的代谢能力，是评估精液品质的重要指标。目前可通过精液果糖分解测定试验、美蓝褪色试验、精子耗氧量测定试验等，检测精子的代谢能力。

1. 果糖分解测定试验 测定果糖的利用率，可反应精子的密度和精子代谢情况。通常用 1 亿个精子在 37℃ 厌氧条件下每小时消耗果糖的毫克数表示。

测定方法：在厌氧条件下，将一定量的精液在 37℃ 恒温箱中停放 2 小时，每隔 1 小时取出 0.1 毫升精液样本对果糖定量测定，将结果与放入恒温箱前比较，最后算出果糖酵解指数。

2. 美蓝褪色试验 美蓝是一种氧化还原剂，用来测定精子呼吸能力和含有去氢酶的活性，氧化时呈蓝色，还原时无色。精子在美蓝溶液中，由于精子中去氢酶在呼吸时氧化脱氢，美蓝获氢离子后便使蓝色还原为无色。因此，可根据美蓝褪色时间测知精液中存活精子数量的多少，判定精子的活力和密度。精液中的活动精子越多，美蓝褪色越快。

　　测定方法：用精液 4 份与 0.02％美蓝溶液 1 份混合，装入 1 毫升试管内，以石蜡封口，放在 4℃下观察褪色时间。

　　3. 精子耗氧量测定　精子呼吸时消耗氧的多少，与精子活力、密度有密切关系。

　　测定方法：将一定量精液在 37℃恒温箱中停放 1 小时，用凯氏呼吸器测定其耗氧量，计算精子耗氧率，以 1 亿个精子在 37℃条件下 1 小时所消耗氧气的微升数表示。

　　(五)微生物检查　正常猪精液中应不含任何微生物，但在体外受到污染后，就有可能携带微生物。受微生物污染的精液，不仅存活时间缩短，而且受精率大大降低，更为严重的是，用这种精液进行人工授精，还会造成病原微生物的人为传播、扩散。因此，微生物的检查已被列为精液品质检查的重要指标之一。

　　检查方法：严格按照常规微生物学检验操作规程进行，主要检测精液中的菌落数及其病原微生物。如果每毫升精液中的细菌菌落数超过 1 000 个，则视为不合格精液。

第六节　精液的稀释

　　精液的稀释是指向精液中加入适量适宜于精子存活、保持其受精能力的稀释液。

一、精液稀释的目的

　　猪的精液如果不经稀释，在体外最多保存 30 分钟，活力很快下降，而且很快失去受精能力。这是因为精清促进精子运动，维持精子体外生存时间有限。精液的稀释就是用稀释液降低精子的密度，为精子提供营养、缓冲物质，并维持适当的渗透压和 pH，以利于精液的保存。

　　精液稀释的目的是：①增大精液的体积。经稀释后一次采得的精液可供 10～30 头母猪配种。②提供精子生存所需的营养物质。精子一旦形成,只能消耗周围介质中的营养物质来维持其活动。③使精子休眠,延长其存活时间和受精能力。弱酸性环境能抑制精子活动,弱碱性环境则相反,所以稀释液要求呈弱酸性,以抑制精子运动,延长其寿命。④抑制精液中有害微生物的活动和繁殖,减少母猪因人工授精而感染疾病的机会。精液稀释液中常用的抗生素有青霉素、链霉素、庆大霉素、氨苄青霉素等。⑤稀释后的精液便于保存和运输。

二、精液稀释液的主要成分

(一)营养物质　用于提供营养以补充精子生存和运动所消耗的能量。常被精子利用的营养物质主要有果糖、葡萄糖等单糖以及卵黄和奶类(鲜奶、脱脂乳或纯奶粉等)。

(二)保护性物质　包括维持精液 pH 的缓冲物质、防止精子冷休克(低温打击)的抗冻物质以及抗菌物质。

1. 缓冲物质　精子在体外不断进行代谢,随着代谢产物如乳酸和二氧化碳等的积累,精液的 pH 会下降,甚至发生酸中毒,使精子不可逆地失去活力。因此,有必要向精液中加入一定量的缓冲物质,保持精液适当的 pH,以利于精子存活。常用的缓冲物质有柠檬酸钠、酒石酸钾钠、磷酸氢二钠、磷酸二氢钾等,以及近年来应用的三羟甲基氨基甲烷(Tris)、乙二胺四乙酸二钠(EDTA)等。这些物质是一种螯合剂,能与钙和其他金属离子结合,起缓冲作用,还能使卵黄颗粒分散,有利于精子的运动。

2. 抗冻物质　在精液的低温和冷冻保存过程中需降温处理,精子易受冷刺激,常发生冷休克,造成不可逆的死亡,所以加入一些防冷刺激物质有利于保护精子的生存。常用的抗冻剂为甘油、二甲基亚砜(DMSO)等,此外卵黄、奶类也具有保护作用。

3. 抗菌物质　在精液稀释液中加入一定剂量的抗生素,以利于抑制细菌的繁殖。

4. 非电解物质　副性腺中钙离子、镁离子等强电解质含量较高,刺激精子代谢和运动加快,在自然繁殖中无疑有助于受精。但这些强电解质又能促进精子早衰,使精液的保存时间缩短。因此,需向精液中加入非电解质或弱电解质,如糖类、磷酸盐类等。

(三)其他添加剂

1. 酶类　如过氧化氢酶能分解精子代谢过程中产生的过氧化氢,消除其危害,维持精子活力;β-淀粉酶可促进精子获能,提高受胎率。

2. 激素类　添加缩宫素、前列腺素可促进母畜生殖道的蠕动,有利于精子向受精部位运行而提高受精率。

3. 维生素类　如维生素 B_1、维生素 B_2、维生素 B_{12}、维生素 C 等,能改善精子活力。

4. 其他　二氧化碳、植物汁液等可调节稀释液 pH;乙烯二醇、亚磷酸钾、聚乙烯吡烷酮等有保护精子的作用;三磷酸腺苷(ATP)、精氨酸、咖啡因、冬眠灵等有提高精子保存后活力的作用。

三、稀释液的种类和配制

根据稀释液的用途和性质,可将稀释液分为 4 类。

(一)现用稀释液　此类稀释液常以简单的等渗糖类或奶类配制而成,也可用生理盐水作为稀释液。适用于采集的新鲜精液,以扩大精液量、增加配种头数为目的,采精后立即稀释并进行输精,不做保存。

1. 葡萄糖液　葡萄糖 6 克,蒸馏水 100 毫升,青霉素 10 万单位,链霉素 100 毫克。按量称取葡萄糖后,用蒸馏水定容至 100 毫升,灭菌后冷却,加入青霉素和链霉素混匀即可。

2. 鲜奶稀释液　将新鲜牛奶通过 3～4 层消毒纱布过滤,装在三角烧瓶或烧杯内,放在水浴锅中,煮沸消毒 10～15 分钟后取出,冷却后,除去浮在上面的油皮,重复 2 次后即可使用。

(二)常温保存稀释液

1. 适宜在 15℃～20℃ 条件下短期保存的稀释液 一般 pH 较低。

(1)葡-柠液 葡萄糖 5 克,二水柠檬酸钠 0.5 克,蒸馏水 100 毫升,青霉素 10 万单位,链霉素 100 毫克。

(2)葡-柠-EDTA 液 葡萄糖 5 克,二水柠檬酸钠 0.3 克,乙二胺四乙酸二钠 0.1 克,蒸馏水 100 毫升,青霉素 10 万单位,链霉素 100 毫克。

(3)氨基乙酸卵黄液

基础液:氨基乙酸 3 克,蒸馏水 100 毫升。

稀释液:基础液 70 毫升,新鲜卵黄液 30 毫升,青霉素 10 万单位,链霉素 100 毫克。

配制方法:基础液按量配好,灭菌后冷却,加卵黄和青霉素、链霉素,充分混合均匀。新鲜鸡蛋擦洗干净,用 75% 酒精棉球消毒,待酒精挥发完毕后,打开鸡蛋,倾倒在一张灭过菌、对折后打开的滤纸上,去除蛋清,用注射针头划破卵黄膜,沿折痕把卵黄液倒入容器内,卵黄膜自然地留在滤纸上。也可以将消毒好的鸡蛋直接打在平皿内,用注射器针头刺破卵黄膜抽取卵黄液。

(4)蔗糖奶粉液

基础液:蔗糖 6 克,奶粉 5 克,蒸馏水 100 毫升。

稀释液:基础液 96 毫升,10% 安钠咖注射液 4 毫升,青霉素 10 万单位,链霉素 100 毫克。

(5)英国变温液(IVT) 二水柠檬酸钠 2 克,碳酸氢钠 0.21 克,氯化钾 0.04 克,葡萄糖 0.3 克,氨苯磺胺 0.3 克,蒸馏水 100 毫升,青霉素 10 万单位,链霉素 100 毫克。

按量配制好后,充二氧化碳 20 秒左右,调 pH 至 6.35。

2. 适宜在 15℃～20℃ 条件下较长时间(13天左右)保存的稀释液 配方见表6-4。猪精液在 17℃ 下贮存 13 天时,比较表 6-4 中 4 种稀释液,可知 BTS、Zorlesco、Androhep 等 3 种稀释液中仍有 50% 的精子具有活力,其中以 Androhep 液最佳;在顶体完整率方面,BTS、Zorlesco、Androhep 相似,明显高于 KIEV 液。

目前市场上有商品化的猪精液常温保存稀释药品,一般为粉剂,用时按说明书要求加入蒸馏水即可。商品化稀释药品的好处在于商家大量的配制,可减少误差,同时猪场使用方便,成本也不高。

表 6-4　适宜在 15℃～20℃ 条件下较长时间保存的稀释液配方

成　分	BTS	KIEV	Zorlesco	Androhep
葡萄糖(克/升)	37	60	11.5	26
乙二胺四乙酸(克/升)	1.25	3.7	2.3	2.4
柠檬酸钠(克/升)	6	3.7	11.7	8
碳酸氢钠(克/升)	1.25	1.2	1.25	1.2
氯化钾(克/升)	0.75	—	—	—
三羟甲基氨基甲烷(克/升)	—	—	6.5	—
N-2-羟乙基哌嗪-N'-2-乙磺酸(克/升)	—	—	—	9
柠檬酸(克/升)	—	—	4.1	—
半胱氨酸(克/升)	—	—	0.1	—
牛血清白蛋白(克/升)	—	—	5	2.5
庆大霉素(毫克/升)	300	300	300	300

(三)低温保存稀释液 适用于精液在 0℃～5℃ 条件下低温保存,具有以卵黄液和奶类为主的抗冷休克物质。配方见表6-5。

表 6-5　低温保存稀释液配方

	成　分	葡-柠-卵液	葡-卵液	葡-柠-奶液	蜜糖-奶-卵液
基础液	二水柠檬酸钠（克）	0.5	—	0.39	—
	牛奶（毫升）	—	—	75	72
	葡萄糖（克）	5	5	0.5	—
	蜜糖（毫升）	—	—	—	8
	氨苯磺胺（克）	—	—	0.1	—
	蒸馏水（毫升）	100	100	25	—
稀释液	基础液（容量%）	97	80	100	80
	卵黄（容量%）	3	20	—	20
	青霉素（单位/毫升）	1000	1000	1000	1000
	双氢链霉素（微克/毫升）	1000	1000	1000	1000

（四）冷冻保存稀释液　适用于精液的冷冻保存，其稀释液成分较为复杂，具有糖类、卵黄液，还有甘油或二甲基亚砜等抗冻剂。配方见表 6-6。

表 6-6　冷冻保存稀释液配方

	成　分	葡-卵-甘油液	蔗-卵-甘油液	Beltsville F5 液
基础液	蔗糖（克）	—	11	—
	葡萄糖（克）	8	—	3.2
	三羟甲基氨基甲烷（克）	—	—	0.2
	（羟甲基）甲基-2-氨基乙磺酸（克）	—	—	1.2
	氨基-钠-十二烷基硫酸酯（毫升）	—	—	0.5
	蒸馏水（毫升）	100	100	100

续表 6-6

成　分		葡-卵-甘油液	蔗-卵-甘油液	Beltsville F5 液
稀释液	基础液(容量%)	77	78	80
	卵黄液(容量%)	20	20	20
	甘油(容量%)	3	2	
	青霉素(单位/毫升)	1000	1000	1000
	双氢链霉素 (微克/毫升)	1000	1000	1000

配制稀释液时应注意的事项：①配制稀释液使用的一切用具应洗涤干净并消毒，用前需用稀释液冲洗方能使用；②配制稀释液原则上是现用现配，如隔日使用和短期保存(1 周)，必须严格灭菌、密封，放在 0℃～5℃冰箱中保存；③卵黄液、抗生素、酶类、激素等物质，必须在使用前添加；④配制稀释液用水应为新鲜无菌的蒸馏水、双蒸水或去离子水；⑤药品最好用分析纯，称量药品必须准确，充分溶解并过滤；⑥溶解过滤后，要用滤纸加玻璃纸密封后进行消毒，以减少蒸发损失；⑦使用新鲜的鸡蛋卵黄，卵黄液和抗生素等必须在稀释液冷却后加入。

四、精液的稀释方法和稀释倍数

(一)精液的稀释方法　新采集的精液应迅速放入 30℃保温瓶，当室温低于 20℃时，更要注意因冷刺激导致精子出现冷休克。

精液稀释应在洁净、无菌的环境下进行，杜绝精子直接接触水和有害、有毒的化学物质，避免精子受到阳光或其他强光的直接照射，尽量减少精液与空气的接触，分装入瓶最好灌满，或者在上面加一层灭菌液状石蜡，以隔绝空气。精液处理室内严禁吸烟和使用挥发性有害液体(如苯、乙醚、乙醇、汽油和香精等)。

精液采出后稀释越快越好，一般以在 0.5 小时之内完成为宜。

稀释液与精液的温度必须调整一致，一般将两者置于 30℃保温瓶或恒温水浴锅内片刻，做同温处理。

精液在稀释前首先检查精子活力和密度，然后确定稀释倍数。

稀释时，将稀释液沿精液瓶壁缓慢加入（图 6-12），并轻轻摇动，使之混合均匀。一定要注意，不能将原精倒入稀释液中。精液摇动或搅拌时，要缓慢、均匀，不可猛烈搅拌或振动。

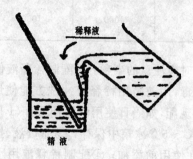

图 6-12　稀释液沿精液瓶壁倒入精液中

如做高倍稀释（20 倍以上）时，分两步进行，先加入稀释液总量的 1/3～1/2，混合均匀后再加入剩余的稀释液。

稀释后，再进行精子活力和密度的检查，如活力与稀释前一样，则可进行分装、保存。

（二）精液的稀释倍数　确定精液稀释倍数应依据精液的精子密度和活力，以保证每个输精剂量所含直线前进运动的精子数不低于输精标准要求。一般稀释 2～4 倍，或按每毫升精液含 0.5 亿～1 亿个精子为准进行稀释。

第七节　精液的保存

精液稀释后，如不立即进行输精，则要在适宜的环境条件下保存起来。精液保存的目的是为了延长精子的存活时间及维持其受精能力,便于运输,扩大精液的使用范围,增加受配母猪头数,提高优秀种公猪的配种效能。精液的保存分为液态保存和冷冻保存,液态保存又可分为常温保存和低温保存。

一、常温保存

(一)分装　常温保存的精液首先要进行分装,分装要以方便输精为原则。分装方式有瓶装和袋装两种,装精液用的瓶和袋均为对精子无毒害作用的塑料制品。瓶装精液分装时简单方便,易于操作,但输精时需人为开口,因瓶子有一定的固体形态,需人为挤压。袋装精液一般需要专门的精液分装机,用机械分装、封口,输精时因其较软,一般不需人为挤压。一般精液瓶上有刻度,最高刻度为 100 毫升;精液袋一般为 80 毫升。精液分装前先检查精子活力,若无明显下降,可按每头份 80～100 毫升进行分装,含20 亿～30 亿个有效精子。1 头种公猪在采精正常的情况下,其精液稀释后可分装 10～15 瓶(袋)。

分装后的精液,要逐个粘贴标签,一般一个品种一种颜色,便于区分。分装好后将精液瓶加盖密封,封口时尽量排出瓶中空气,贴上标签,标明种公猪的品种、耳号及采精日期与时间。

(二)保存　精液的常温保存又可分为变温保存和恒温保存。

1. 变温保存　变温保存的温度一般为 15℃～25℃。由于保存温度不十分恒定,允许其有一定的变化幅度,春、秋季可放置室内,夏季也可置于地窖或用空调控制的房间内,故又称室温保存。一般将稀释的精液分装后密封,用纱布或毛巾包好,置于 15℃～25℃环境下避光存放即可。其保存原理是:精子在弱酸性环境中,其活动受到抑制,降低了能量消耗,pH 一旦恢复到中性,则精子即可复苏。因此,在精液稀释液中加入弱酸性物质,调整精子的酸性环境,从而控制精子的活动,达到保存精子的目的。精子在一定的 pH 范围内,处于可逆性抑制。不同酸类物质对精子产生的抑制区域和保护效果不同,一般认为有机酸较无机酸好。但常温保存精液也利于微生物的生长繁殖,因此必须加入抗生素。此外,加入必要的营养物质(如单糖)并隔绝空气等,均有利于精液的保存。

用此方法保存精液不需要特殊设备,简单易行,便于普及和推广。其有效保存时间(具有正常的受精能力)为 1～3 天。

2. 恒温保存 是指用贮精恒温箱或其他恒温箱,将保存温度控制在 17℃保存精液。需要保存的精液,先在室温(22℃～25℃)下放置 1～2 小时,然后放在 17℃(16℃～18℃)的精液保存箱中;或用几层干毛巾包好,直接放在 17℃(16℃～18℃)的精液保存箱中。恒温保存的效果要好于变温保存,目前规模猪场普遍采用恒温保存法保存精液。

不同的稀释液适宜于不同的保存时间。保存 1 天内即行输精的可使用葡-柠液;短效稀释液可保存 3 天,如葡-柠-EDTA 液;中效稀释液可保存 4～6 天,如氨基乙酸卵黄液、蔗糖奶粉液、IVT 液;长效稀释液可保存 7～13 天,如表 6-4 中所列各种稀释液。无论用何种稀释液保存精液,均应尽快用完。保存时每隔 12 小时轻轻翻动 1 次,防止精子死亡。

二、低温保存

精液低温保存的分装与常温保存相同,保存的温度是 0℃～5℃。一般将稀释并分装好的精液置于冰箱或广口保温瓶中,在保存期间要保持温度恒定,不可过高或过低。操作时注意严格遵守逐步降温的操作规程。原则上,精液稀释后,要逐渐降温至 0℃～5℃,避免精子发生冷休克。在低温保存中,10℃～0℃对精子是一个危险的温度范围区,如果精液温度从常温状态下迅速降至 0℃,精子就会发生不可逆的冷休克现象。而如果缓慢降温,则对精子没有影响。所以,精液在低温保存前,需预冷平衡。具体做法是:

精液从 30℃降至 0℃～5℃时,按每分钟下降 0.2℃左右的速率,用 1～2 小时完成降温过程。但在生产实践中,为了提高工作效率,都采用直接降温法,即将分装有稀释精液的瓶或袋,包以数层纱布或棉花,再装入塑料袋内,而后直接放入冰箱(0℃～5℃)或装有冰块的广口保温瓶中;也可将其放入 30℃水杯中,然后直接放入 0℃～5℃的环境中,经 1～2 小时,精液温度即可降至 0℃～5℃。低温保存的精液在输精前一定要进行升温处理,一般将存放精液的试管或小瓶直接浸入 30℃温水中即可。

低温保存精液的原理:当温度缓慢降至 0℃～5℃时,精子呈现休眠状态,代谢功能和活动力减弱。当温度回升后,精子又逐渐恢复正常的代谢功能而不丧失其受精能力。为避免精子发生冷休克,在稀释液中需添加一定的卵黄、奶类等抗冷物质,并采取缓慢降温的方法。

精液低温保存的时间要长于常温保存。

三、冷冻保存

精液的冷冻保存是利用液氮(-196℃)或干冰(-79℃)作为冷源,将精液经过特殊处理,保存在超低温下,从而达到长期保存的目的。精液的冷冻保存,不仅可以更充分地利用优秀种公猪的资源,实现更远距离的品种资源交换,而且对于长期保存特殊的品种资源提供了新的方法。

猪的冷冻精液,就目前的技术而言,还不可能大规模地应用于生产。存在的主要问题有以下几点。

第一,目前猪冷冻精液的受胎率比鲜精或常温保存的精液平均低 10%～30%,窝产仔数少 1 头,生产上难以接受。

第二,猪每个输精头份需大量的精子(3 亿～6 亿个),而目前的冷冻精液制作技术,无论是颗粒、细管,还是安瓿,都无法达到这样的剂量;塑料袋法虽可增加剂量,但冷冻的效果不理想。这就造成处理过程复杂,耗时费力。

猪冷冻精液制作的基本程序如下。

(一)精液的稀释　冷冻前精液的稀释方法分为一次稀释法和两次稀释法。

1.一次稀释法　常用于制作颗粒冻精,近年来也应用于细管、安瓿冷冻精液的制作。将含有抗冻剂的稀释液(配方见本章第六节内容)与精液做同温处理,按比例要求一次加入精液内。

2.两次稀释法　为减少甘油抗冻剂对精子的化学毒害作用,采用两次稀释法效果比较好,常用于细管精液冷冻,也适用于安瓿冷冻。即将采出的精液先用不含甘油的第一液稀释,至最终倍数的一半,然后将稀释后的精液放置 1~1.5 小时,使温度降至 4℃~5℃时,再用含甘油的第二液在同温下做等量的第二次稀释。

稀释精液前要检查精液品质,其质量优劣与冷冻效果密切相关。精液稀释后,必须取样检测其精子活力,要求不低于原精液的活力。

(二)降温和平衡　精液稀释后,在低温环境下放置一定的时间,以增强精子的耐冻性,这个过程叫做平衡。不同稀释方法降温和平衡的处理程序也不尽相同。

1.一次稀释法　精液在 30℃稀释后,经 1.5 小时缓慢降温至 8℃,然后在 8℃下平衡 3.5~6 小时。

2.两次稀释法　精液在 30℃稀释后,经 1 小时缓慢降至 15℃,在 15℃下平衡 4 小时,再经 1 小时降至 5℃。

(三)精液的分装　精液的分装依据精液的冷冻方法,目前有 4 种类型(剂型)。

1.颗粒冻精　将平衡的精液滴在超低温度下,冻结成 0.1~0.2 毫升的颗粒。颗粒冻精制作简便,但有效精子数不易标准化,原因是滴冻时颗粒大小不标准。同时,不易标记,精液暴露在外,易受污染。

2. **细管冻精** 多采用 0.25 毫升和 0.5 毫升的塑料细管,在 5℃条件下分装精液,用聚乙烯醇粉末或超声波封口,平衡后冻结。这种方法对于机械化生产极为方便,多采用自动细管冻精分装装置,装于细管中的精液不与外界环境接触,而且细管上标记有品种、日期、活力等,易于贮存,冻后效果好。

3. **安瓿冻精** 将处理好的稀释精液在 5℃下分装于 1~1.5 毫升的安瓿中,平衡后冻结。该方法冻结、解冻时安瓿易爆裂,破损率高,且由于体积大,液氮罐利用率低,相对成本增高,但保存效果好,易标记,不易污染。

4. **塑料袋法** 是考虑到猪的输精量大,上述 3 种剂型达不到输精剂量而采用的塑料袋分装冷冻法。

(四)精液的冷冻

1. **颗粒精液冷冻法** 在装有液氮的广口保温容器上置一铜纱网(80 目)或铝饭盒盖,距液氮面 1~3 厘米,预冷数分钟,使网面温度保持在 −75℃~−80℃,或用聚四氟乙烯凹板(氟板)代替铜纱网,先将其浸入液氮中几分钟后,置于距液氮面 2 厘米处。将平衡后的精液定量而均匀地滴冻,每粒 0.1~0.2 毫升。停留 3~5 分钟后,当颗粒颜色变白时,将颗粒置于液氮中,取出 1~2 粒解冻,检查精子活力,活力达 0.3 以上者则收集到小瓶或纱布袋中,并做好标记,贮存于液氮罐中保存。滴冻时要注意滴管事先预冷,与平衡温度一致;操作要准确迅速,防止精液温度回升,颗粒大小要均匀;每滴完一头种公猪精液后,必须更换滴管、氟板等用具。

2. **细管、安瓿、塑料袋精液冷冻法** 与颗粒熏蒸法相同,将冷冻样品平放在距液氮面 2~2.5 厘米的铜纱网上,冷冻温度为 −75℃~−80℃,停留 5~7 分钟,待精液冻结后,移入液氮中,收集于塑料管或纱布袋中,做好标记,置于液氮罐中保存。

(五)冷冻精液的保存 冻结的颗粒、细管、安瓿和塑料袋精液,经解冻检查合格后,即按品种、编号、采精日期、型号分别包装,做好标记,转入液氮罐中保存。

冷冻精液的保存原则是精液不能脱离液氮,应确保其完全浸入液氮中。由于每取用一次精液就会使整个包装的冷冻精液离开液氮1次,如取用不当易造成精液品质下降。因此,取精液时一定要注意,不可将液氮罐提筒超越液氮罐颈部下缘,脱离液氮时间不得超过10秒。保存中还要注意不能使不同品种、不同个体的精液混杂。

(六)冷冻精液的解冻　解冻方法直接影响解冻后精子的活力,因此是不可忽视的一个环节。目前,冷冻精液的解冻温度有3种:低温冰水解冻(0℃～5℃)、温水解冻(30℃～40℃)和高温解冻(50℃～80℃),其中以温水解冻(30℃～40℃)最为实用,效果也较好。

不同剂型的冷冻精液,其解冻温度和方法有差别。一般细管、安瓿和塑料袋冷冻精液,可直接浸入35℃～40℃温水中解冻,颜色一变,即可取出。

颗粒冻精解冻方法分为干解冻和湿解冻2种。干解冻是将灭菌容器置于50℃～60℃温水中,投入1次输精剂量的颗粒,均匀撒开,摇至融化,同时按输精容积加入20℃～30℃的解冻液(葡萄糖3克,柠檬酸钠1.5克,溶于100毫升蒸馏水中,加安钠咖注射液2毫升)。湿解冻是将解冻液先放入灭菌解冻容器中,置于50℃～60℃温水中预热,然后投入1次输精剂量的颗粒冻精,均匀撒开,摇至融化,取出使用。

原则上,输精前解冻,解冻后精子活力不应低于0.3,解冻后的精液要立即输精,不宜存放。试验证明,解冻后4小时再输精,受胎率下降25%左右。

第八节　输　精

输精是把一定量的合格精液,适时而准确地输入到发情母猪生殖道内的一定部位,以使其达到妊娠的操作技术。这是人工授精技术的最后一个环节,也是确保获得较高受胎率的关键。

一、输精前的准备

(一)母猪的准备　接受输精的母猪,用 0.1% 高锰酸钾溶液清洁外阴、尾根和臀部周围,再用温水浸湿毛巾,擦干外阴部。

(二)输精员的准备　输精员清洗双手并用 75% 酒精棉球消毒,待酒精挥发后方可操作。

(三)精液的准备　新鲜精液经稀释后进行品质检查,符合标准方可使用。常温或低温保存的液态精液,取出后轻轻摇匀,用已灭菌的滴管取 1 滴放于预热的载玻片上,置于 37℃ 恒温板上片刻,用显微镜检查活力,精液活力达到或超过 0.7,才可用于输精。冷冻精液经解冻后精子活力不低于 0.3,方可用于输精。

(四)输精管的选择　输精管有一次性和多次性两种。

一次性输精管又有螺旋头型和海绵头型两种,长 50～51 厘米。螺旋头一般用无毒副作用的橡胶制成,适于后备母猪的输精;海绵头一般用质地柔软的海绵制成,通过特制的胶与输精管黏在一起,适于经产母猪的输精。海绵头输精管也有后备母猪专用的。选择海绵头输精管时,一要注意海绵头的牢固性,不牢固的则容易脱落到母猪子宫内;二要注意海绵头内输精管的深度,一般以 0.5 厘米为好,因输精管在海绵头内包含太多,则输精时因海绵体太硬易损伤母猪阴道和子宫壁,包含太少则因海绵太软而不易插入或难以输精,同时输精时易阻塞。一次性输精管使用方便,不用清洗,可降低子宫炎的发生率,目前已成为规模猪场的首选。

多次性输精管为一种特制的胶管,其前端模仿公猪的阴茎龟头,后端有一手柄,因其可重复使用故成本较低。但头部无膨大部分或螺旋部分,输精时易倒流,每次使用均需清洗消毒,若保管不好就会变形,也容易折断。另外,容易传播子宫炎,因此规模猪场最好不要使用。

二、输精操作

(一)输精的时间和次数 一般情况下,断奶后 3~6 天发情的经产母猪,出现压背站立不动反应后 6~12 小时进行第一次输精;后备母猪和断奶后 7 天以上发情的经产母猪,出现压背站立不动反应时立即进行输精。在 1 个发情期中,母猪以输精 1~2 次为宜。如果输精 2 次或 2 次以上,每次输精的间隔时间为 12~18 小时。输精次数主要根据母猪发情持续时间的长短而定。据统计,有 80% 的母猪要输精 2 次,有 10% 的母猪输精 1 次即可,另 10% 的母猪则需输精 3 次。

(二)输精部位和输精量 母猪输精的部位在子宫内。液态精液(稀释的鲜精、常温或低温保存的精液)的输精量为 80~100 毫升,含 15 亿~20 亿个有效精子;冷冻精液的输精量为 20~30 毫升,含 10 亿~20 亿个有效精子。

(三)输精方法 从密封袋中取出没受任何污染的一次性输精管(手不应接触输精管前 2/3 部分),在其前端涂上精液或人工授精专用的润滑胶或凡士林作为润滑液(图 6-13)。

输精员站(或蹲)于母猪后侧,用手将母猪阴唇分开,将输精管呈 45°角向上插入母猪生殖道内,插进 10 厘米后再水平推进,当感到阻力时,证明输精管已到达子宫颈口;逆时针旋转输精管,同时前后移动,直到感觉输精管前端被锁定,轻轻回拉不动为止(图 6-14)。

从精液贮存箱取出品质合格的精液,确认品种、耳号,缓慢颠

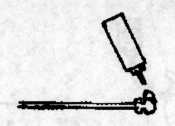

图 6-13 取出输精管并涂润滑液

图 6-14 插入输精管

倒摇匀精液,用剪刀剪去瓶嘴,接到输精管上,开始进行输精。输精时抚摸母猪或压背刺激母猪,使其子宫收缩产生负压,将精液吸入。输精时勿将精液挤入母猪生殖道内,防止精液倒流(图 6-15,图 6-16)。

若输精时母猪排尿污染了输精管,应立即更换。精液不流动或流动很慢时,可能是输精管前端堵塞,应稍向后拉,再向前插。

控制输精瓶的高低来调节输精时间,输精时间要求在 3～5 分钟,时间太短,不利于精液的吸收;时间太长,则延长了工作时间。输完精后,不要急于拔出输精管,先将精液瓶取下,将输精管后端一小段打折封闭,这样既可防止空气进入,又能防止精液倒流。最后,让输精管慢慢滑落。

生产中,有时会采用 2 头或 2 头以上种公猪的精液混合后输

图 6-15　输　精　　　　图 6-16　输精时抚摸或压背刺激母猪

精,以期提高母猪繁殖性能。采用这种方法是因为目前生产现场只有检查精液品质的方法,而没有对精子受精能力评定的实用方法,因此可以通过混合精液输精,达到提高母猪分娩率和产仔数的目的,也可提高精液处理的效率。有试验表明,应用混合精液输精,可以提高窝产仔数 0.5~1 头(图 6-17)。

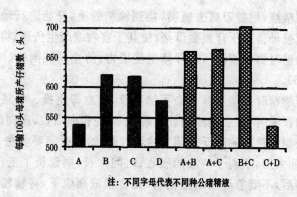

注:不同字母代表不同种公猪精液

图 6-17　混合精液输精对母猪产仔数的影响

生产商品肉猪的猪场,可以通过混合精液输精来提高产仔数,育种场则不能使用。公猪之间精液的组合,需经试验进行筛选。

(四)输精时需注意的事项

第一,如果输精管拉出来后海绵头留在母猪体内,不要着急。给这头母猪做上记号,注意观察。过一段时间,海绵头会像在自然交配中母猪把胶状物排出体外一样被排出。

第二,输精后不应拍打母猪,否则将引起母猪应激,母猪分泌的肾上腺素将抵消缩宫素的作用,使母猪宫缩突然停止,从而可能造成精液倒流。

第三,精液从17℃保存箱中取出后一般不需升温,可直接用于输精。因为如果升温后生产现场没有保温条件,环境温度较低时将引起精液很快降温,这样在短时间内升温、降温,会引起精子大量死亡。

第四,输精后认真做好输精记录(表6-7,表6-8)。

表6-7　种公猪精液品质检查登记

采精		精液品质检查							稀释		检验员	备注
时间	公猪号	采精量(毫升)	颜色	气味	pH	活力	密度(亿个/毫升)	畸形率(%)	倍数	总量(毫升)		

表 6-8　母猪输精记录

母猪			第一次输精时间	第二次输精时间	第三次输精时间	预产期	输精员
耳号	胎次	发情时间					

第七章　母猪分娩前后的饲养管理及接产

分娩是母猪繁殖的关键时期,搞好母猪分娩前后的饲养管理及接产,对于母猪顺利分娩和提高仔猪成活率至关重要。

第一节　母猪分娩前的饲养管理

一、产房和用具的准备

(一)产房的准备　准备产房时,应注意做到以下几点。

1.·保温　舍内温度最好控制在 20℃～25℃。寒冷季节舍内温度较低时,应有采暖设备(暖气、火炉等),同时应配备仔猪保温装置(护仔箱等),初生仔猪保育箱温度应为 32℃左右。如用垫料,应提前将垫料放入舍内,使其温度与舍温相同。要求垫料干燥、柔软、清洁,长短适中(10～15 厘米)。炎热季节应防暑降温和通风,若温度过高,通风不好,对母猪、仔猪均不利。

2. 干燥　舍内空气相对湿度最好控制在 65%～75%。若舍内潮湿,应注意通风,但在冬季应注意通风造成舍内温度的降低。

3. 卫生　母猪进入分娩舍前,要进行彻底的清扫、冲洗和消毒。清除过道、猪栏、运动场等的粪便、污物;地面、圈栏、用具等用 2%氢氧化钠溶液刷洗消毒,然后用清水冲洗、晾干;墙壁、天棚等用石灰乳粉刷消毒;对于发生过仔猪腹泻等疾病的猪栏更应彻底消毒,最好能用喷灯火焰消毒。此外,要求产房安静,阳光充足,空气新鲜,产栏舒适,否则易使分娩推迟,分娩时间延长,仔猪死亡率增加。

(二)分娩用具和药品的准备　应准备如下分娩用具和药品:

洁净的毛巾或拭布 2 条(1 条接产人员擦手用,1 条擦拭仔猪用),剪刀 1 把,5％碘酊,高锰酸钾(消毒剪断的脐带),凡士林油(助产时用),称仔猪的秤,耳号钳,分娩记录卡等。

二、母猪产前的饲养和护理

(一)产前的饲养 临产前 1～2 天适当减料,饲喂量为 2～2.5 千克/天。不可减得太多,否则母猪产仔过程中会因能量不足导致产仔时间延长,容易憋死仔猪。产前减料时间过长是目前猪场的一个错误做法,产前减料 1～2 天已经足够了。研究已经表明,产前减料 1～2 天的主要目的是让体储提前被活化,增强哺乳期母猪动员体储的能力。有很多猪场产前 5～6 天就开始减料,这种做法是在提前消耗母猪的营养储备,会严重影响哺乳母猪的泌乳力,还会延长断奶至发情的间隔时间。另外,一旦发现临产征兆,应停止喂料,只喂麸皮汤。

(二)产前的护理 产前 2 周对母猪进行检查,若发现疥癣、猪虱等体外寄生虫,应用 2％敌百虫溶液喷雾,以免传染给仔猪。

应了解母猪预产期,提前 7 天将母猪转移到产房中,防止母猪将仔猪产到妊娠舍,便于母猪适应新的环境。如进产房过晚,母猪易精神紧张,影响正常分娩。在母猪进入分娩舍前,要清除猪体尤其是腹部、乳房、阴户周围的污物,并用 0.1％高锰酸钾溶液消毒,尤其是乳房和外阴等处一定要清洗干净,同时应注意减少母猪对产房的污染。有条件的猪场可对母猪进行淋浴,效果更佳。进产房宜在早晨饲喂前空腹时进行,将母猪赶入产房后立即进行饲喂,使其尽快适应新的环境。

母猪进产房后,饲养员应训练母猪,使之养成在指定地点趴卧、排泄的习惯,产前 1 周应停止驱赶运动和大群放牧,以免母猪互相挤撞造成死胎或流产。饲养员应有意多接触母猪,并按摩母猪乳房,以利于接产、母猪产后泌乳和对仔猪的护理。对受损伤的乳头或其他可能影响泌乳的疾病应及时治疗,不能利用的乳头或受伤乳头应在产前封好或治好,以防母猪产后因疼痛而拒绝哺乳。产前1周左右,应随时观察母猪产前征兆,尤其是加强夜间看护工作,以便及时做好接产准备。

第二节 母猪的分娩和接产

一、母猪的分娩

(一)产前征兆 母猪临产前在生理上和行为上都会发生一系列变化,称为产前征兆,掌握这些变化规律既可防止漏产,又可合理安排接产时间。母猪的产前征兆有以下几方面。

一是腹部膨大下垂,乳房膨胀有光泽,两侧乳头外张,从后面看,最后一对乳头呈"八"字形,用手挤压有乳汁排出。一般初乳在分娩前数小时或1昼夜就开始分泌,个别产后才分泌。产前2~3天,乳头可挤出乳汁,当前部乳头能挤出乳汁时,分娩时间不超过1天。如果最后一对乳头也能挤出乳汁,约6小时即可分娩。但应注意的是,营养较差的母猪,乳房的变化不十分明显,要依靠综合征兆做出判断。

二是母猪阴户松弛红肿,尾根两侧开始凹陷,但较肥的母猪看不到。

三是母猪表现出站卧不安,时起时卧,频频排尿,阴部流出稀薄黏液,闹圈。一般出现这种现象后6~12小时产仔。母猪侧卧,四肢伸直,阵缩时间逐渐缩短,呼吸急促,表明即将分娩。

归纳起来的产前征兆为:行动不安,起卧不定,食欲减退,衔草做窝,乳房膨胀,具有光泽,挤出奶水,频频排尿。当出现这些征兆时,一定要安排专人看护,做好接产准备。

(二)分娩过程 分娩是借子宫和腹肌的收缩,把胎儿及其附属膜(胎衣)排出来的过程,可分为准备阶段、排出胎儿、排出胎盘和子宫复原 4 个阶段。

1. 准备阶段 在准备阶段前,子宫相当安稳,可利用的能量储备达到最高水平。临近分娩前,肌肉的伸缩性蛋白质(肌动球蛋白)开始增加数量和改进质量。因此,使子宫能够提供排出胎儿所必需的能量和蛋白质。准备阶段以子宫颈的扩张和子宫纵肌及环肌的节律性收缩为特征,由于这些收缩的开始,迫使胎内羊水液和胎膜向已松弛的子宫颈排出,促进子宫颈扩张。在准备阶段初期,每 15 分钟左右周期性地发生收缩,每次持续约 20 秒钟。随着时间的推移,收缩频率、强度和持续时间增加,一直到以每隔几分钟重复地收缩。这时任何一种异常的刺激都会造成分娩的抑制,从而延缓或阻碍分娩。在此阶段结束时,由于子宫颈扩张而使子宫和阴道成为一个相连的管道。

2. 排出胎儿 膨大的羊膜同胎儿头和四肢部分被迫进入骨盆入口,这时引起子宫肌和腹肌的反射性和随意性收缩,在羊膜里的胎儿即通过阴门。猪胎盘与子宫的结合属弥散性,在准备阶段开始后不久,大部分胎盘与子宫的联系就被破坏而脱离,如果在排出胎儿阶段,胎盘与子宫的联系仍然不能很快脱离,胎儿就会因窒息而死亡。

3. 排出胎盘 胎盘的排出与子宫收缩有关。由于子宫角顶部开始的蠕动性收缩引起尿囊绒毛膜内翻,有助于胎盘的排出。在胎儿排出后,母猪即安静下来,在子宫主动收缩下使胎衣排出。在出生时有的胎膜完全包住胎儿,如不及时将它撕裂,胎儿会窒息而死。

一般正常的分娩间歇时间为 5~25 分钟,分娩持续时间依胎儿多少而有所不同,一般为 1~4 小时。在仔猪全部产出后 10~30 分钟便会排出胎盘。

4. 子宫复原 胎儿和胎盘排出以后,子宫逐渐恢复到正常未妊娠时的大小,这个过程称为子宫复原。在产后几周内子宫的收缩更为频繁,使已延伸的子宫肌细胞缩短,大致在 10 天左右,子宫恢复到正常大小,而且替换子宫上皮。

二、母猪的接产

接产是分娩母猪管理的重要环节,一般分娩多在夜间,安静的环境对临产母猪非常重要,对分娩时的母猪更为重要。因此,在整个接产过程中,要求安静,禁止喧哗和大声说笑,动作应迅速准确,以免刺激母猪,引起母猪不安,影响正常分娩。接产人员必须将指甲剪短、磨光,用肥皂洗净手臂。

(一)接产的方法　一般母猪在破水后 30 分钟即会产出第一头仔猪。当仔猪产出后,应立即用手指掏出其口腔内的黏液,然后用洁净的毛巾、拭布或柔软的垫草将仔猪口、鼻和全身的黏液擦干净,防止仔猪憋死或吸进液体呛死,影响仔猪呼吸和减少体表水分蒸发,尤其在冬季,擦得越快越好,以促进血液循环和防止体热散失,避免仔猪感冒。个别仔猪在出生后胎衣仍未破裂,接产人员应马上用手撕破胎衣,以免仔猪窒息而死。随后用手固定脐带基部,另一手捏住脐带,将脐带慢慢从产道内拽出,切不可通过仔猪拽脐带。把脐带向仔猪方向撸几下,然后在距离仔猪腹部 4 厘米处用手掐断或用剪刀剪断脐带(一般为防止仔猪流血过多,不用剪刀),断脐用 5％碘酊消毒。断脐出血多时,可用手指掐住断头,直到不出血为止,或用线结扎。留在仔猪腹壁上的脐带 3～4 天即会干枯脱落。迅速将仔猪移至安全、保温的地方,如护仔箱内。

(二)救助假死仔猪　生产中常常遇到产出的仔猪全身发软,张口抽气,甚至停止呼吸,但心脏仍然跳动,用手指轻压脐带根部感觉仍在跳动,这样的仔猪称为假死仔猪。一般来说,心脏、脐带跳动有力的假死仔猪经过救助大多可以存活。

1. 假死原因　仔猪假死主要有如下几方面的原因:脐带在产

道内即拉断;胎位不正,产时胎儿脐带受到压迫或扭转;仔猪在产道内停留时间过长(过肥母猪、产道狭窄的初产母猪发生较多);仔猪被胎衣包裹;黏液堵塞气管。

2. 救助方法 用手指迅速将仔猪口、鼻内的黏液掏出,擦净口、鼻部,对准仔猪鼻孔吹气;用酒精或白酒擦拭仔猪的口、鼻周围,刺激其复苏;倒提仔猪后腿,促使黏液从气管中流出,并用手连续拍打仔猪胸部,直至发出叫声为止;也可用手托住仔猪的头颈和臀部,使腹部向上,进行屈伸。如能将仔猪放入 37℃～39℃ 的温水中,并进行人工呼吸,则效果更好,但注意仔猪的头部要露出水面,待仔猪呼吸恢复后立即擦干皮肤。被胎衣单独包裹的仔猪应立即撕开胎衣,如发生假死,可用上述方法进行救助。救助过来的假死仔猪一般体质较弱,须进行人工辅助哺乳和特殊护理,直至仔猪恢复正常。

(三)难产处理及预防 在母猪分娩过程中,胎儿不能顺利产出的称为难产。发生难产时,若不及时采取措施,可能造成母仔双亡,即使母猪幸免生存下来,也常易发生生殖器官疾病,导致不育。产仔时第一头与第二头之间有较长的产仔间隔是很正常的(可长达 2 小时),但以后的产仔间隔若超过 20 分钟,则要进行仔细检查。

1. 难产原因 母猪发生难产,主要有如下几方面的原因:母猪骨盆发育不全,产道狭窄(初产母猪多见);死胎多或分娩缺乏持久力,宫缩弛缓(老龄母猪、过肥母猪、营养不良母猪和近亲交配母猪多见);胎位异常;胎儿过大。

2. 救助方法 对于已经发育完善的待产胎儿来说,其生命的保障在于及时离开母体,分娩时间延长易造成胎儿窒息死亡。因此,发现分娩异常的母猪应尽早处理,具体救助方法取决于难产的原因及母猪本身的特点。

对于母猪阵缩加强,尾向上卷,呼吸急促,心跳加快,反复出现将要产仔的动作,却不见仔猪产出的难产,应实行人工助产。首先用力按摩母猪乳房,然后按压母猪腹部,帮助其分娩。若反复按压30分钟仍无效,可肌内注射缩宫素,促进子宫收缩,用量按每100千克体重2毫升计算,必要时可注射强心剂,一般经30分钟即可产仔。若注射缩宫素仍不见效,则应实行手术取出,术后给母猪注射青霉素、链霉素,以防感染。

具体操作方法:将指甲剪短、磨光,以防损伤产道;手及手臂先用肥皂水洗净,然后用2%来苏儿溶液或1%高锰酸钾溶液消毒,再用75%医用酒精消毒,最后在已消毒的手及手臂上涂抹清洁的润滑剂;母猪外阴部也用上述消毒液消毒。手指尖合拢呈圆锥状,手心向上,在子宫收缩间歇时将手及手臂慢慢伸入产道,握住胎儿的适当部位(眼窝、下颌、腿),随着母猪子宫收缩的节率,缓慢将胎儿拉出。

对于羊水排出过早、产道干燥、产道狭窄、胎儿过大等原因引起的难产,可先向母猪产道中灌注生理盐水或洁净的润滑剂,然后按上述方法将胎儿拉出。

对胎位异常引起的难产,可将手伸入产道内矫正胎位,待胎位正常后将胎儿拉出。有的异位胎儿经矫正后即可自然产出,如果无法矫正胎位或因其他原因拉出有困难时,可将胎儿的某些部分截除,分别取出。

在整个助产过程中,必须小心谨慎,尽量防止产道损伤。助产后应给母猪注射抗生素,以防止感染。

(四)清理胎衣和被污染的垫草 仔猪全部产出后约30分钟排出胎衣,也有边产仔边排胎衣的。可根据胎衣上脐带的数目判断是否与产仔数一致。当母猪极度疲劳或子宫收缩无力时,可注射激素促其排出胎衣。母猪排出胎衣,表明分娩已结束,此时应立即清除胎衣。若不及时清除胎衣,被母猪吃掉,可能会引起母猪食仔的恶癖。胎衣也可利用,将其洗净切碎煮汤,分数次喂给母猪,可促进母猪身体恢复和泌乳。受污染的垫草应清除干净。用肥皂水或 0.1% 高锰酸钾溶液将母猪乳房、阴部和后躯清洗干净。产后 30 分钟，给母猪饮适量温淡盐水或加少量盐的温热麸皮汤，以补充体液，解除疲劳，也可避免母猪因口渴而吃掉仔猪。

（五）剪牙、编号、称重并填写分娩卡片　仔猪的犬齿（上、下颌的左右各 2 颗）容易咬伤母猪乳头，应在仔猪生后剪掉。剪牙操作很方便，有专用的剪牙钳，也可用指甲刀，但要注意剪平。给仔猪编号便于记载和辨认，对种猪具有更大意义，可以掌握猪只来源、发育情况和生产性能。编号的方法有很多，目前多用剪耳法，即利用耳号钳在猪耳朵上打缺，每剪一个缺口，代表一定的数字，几个数字共同构成猪个体号。用窝号法时，一般左耳号数（包括右耳尖、耳中数）表示窝号，右耳号数表示个体号，公仔猪用奇数号，母仔猪用偶数号，编号后应及时称重并按要求填写分娩卡片。

第三节　母猪分娩后的饲养管理

分娩之后，经过一段时间，母体（主要是生殖器官）恢复原状，一般称此为产后期。在分娩和产后期中，母猪整个机体，特别是生殖器官发生迅速而剧烈的变化，机体抵抗力下降。产出胎儿时，子宫颈开张，可能造成产道黏膜表层损伤；产后子宫内又存有恶露，这些都为病原微生物的侵入和繁殖创造了条件。因此，对产后期的母猪应进行妥善的饲养管理，以促进母猪尽快恢复正常。

一、母猪分娩后的饲养

（一）饮水　在分娩过程中，母猪的体力消耗很大，体液损失多，常表现疲劳和口渴，所以在母猪分娩后，最好立即给其饮少量含盐的温水，或热的麸皮盐汤，以补充体液。

（二）饲喂　母猪分娩后 8~10 小时原则上可不喂料，只喂给温盐水或稀粥状的饲料。分娩后 2～3 天,由于母猪体质较虚弱,代谢功能较差,饲料不能喂得过多,且饲料的品质应该是营养丰富、容易消化的。从产后第三天起,视母猪膘情、消化能力及泌乳情况逐渐增加饲料供给量,至 1 周左右可自由采食。对个别体质较虚弱的母猪,过早大量补料反而会造成消化不良,使乳质发生变化引发仔猪腹泻。对产后体况较好、消化能力强、哺育仔猪头数多的母猪,可提前加料,以促进泌乳。为促进母猪消化,改善乳质,防止仔猪腹泻,可在母猪产后 1 周内每日喂给 25 克左右的小苏打,分 2～3 次于饮水时投给。对粪便干硬有便秘趋势的母猪,应多给饮水或喂给有轻泻作用的饲料。

哺乳期母猪容易发生采食量过低而造成母猪泌乳期失重加大、泌乳量减少、仔猪生长速度降低、母猪断奶至发情间隔延长等不良后果。提高母猪采食量的方法包括:妊娠期不要过食;饲喂次数由每天 2 次增加至 3～4 次,采食量可增加 10%～15%;饲喂湿拌料(料水比 2∶1)或颗粒饲料;提高日粮营养浓度,保持适宜能量水平,哺乳期饲喂高蛋白质水平饲料(16%～17%)能提高采食量,可添加脂肪、膨化大豆和鱼粉;选用适口性好、无霉变的饲料;控制产房温度(15℃～25℃);热应激期在夜间和清晨饲喂;青绿饲料在吃饱精饲料后再饲喂;保证提供充足的饮水。

(三)催乳　有的母猪因妊娠期间营养不良,产后无奶或奶量不足,应及时进行催乳,否则将导致仔猪发育迟缓甚至饿死。可喂给母猪小米粥、豆浆、胎衣汤、小鱼小虾汤等。对膘情好而奶量不足的母猪,除喂给催乳饲料外,可同时采用药物催乳。如王不留行 40 克,木通 30 克,益母草 50 克,神曲 40 克,京三棱 30 克,赤芍 20 克,炒麦芽 50 克,红花 30 克,各味药混合,加水煎汁,每日 1 剂,分 2 次投给,连用 2～3 天;或用王不留行、漏芦、通草各 30 克,水煎配小麦麸喂服,每日 1 剂,连用 3 天;也可用催乳灵 10 片一次内服等。

二、母猪分娩后的管理

（一）保持产房温暖、干燥和卫生　产房小气候条件恶劣、产栏不卫生均可能造成母猪产后感染，表现恶露多、发热、食欲降低、泌乳量下降或无乳。如不及时治疗，轻者导致仔猪发育缓慢，重者导致仔猪全部饿死。因此，要搞好产房卫生，经常更换垫草，注意舍内通风，保证舍内空气新鲜。产后母猪外阴部要保持清洁，如尾根、外阴周围有恶露时，应及时洗净、消毒，夏季应防止蚊、蝇飞落。必要时给母猪注射抗生素，并用2％～3％温热盐水或0.1％高锰酸钾溶液冲洗子宫。

（二）防止母猪拒绝授乳和咬仔　在母猪产后1周中要细心照料母猪和仔猪，及时发现问题，及时解决。

1. 母猪拒绝授乳　母猪因乳房炎、受惊吓或其他原因不让仔猪吃奶，表现为母猪以腹部着地，仔猪睡觉时间很长，醒后便围着母猪乱转，不断拱母猪腹部和乳房。这时可先对母猪进行乳房按摩，用毛巾热敷乳房，如发现有炎症则肌内注射抗生素，可取得较好的效果。

2. 母猪产后咬仔　多发生于初产母猪。初产母猪没有经验，由于生产过程中的疼痛或受到应激见到仔猪就精神紧张，以至于出现咬仔现象。这时可把仔猪放入保温箱内，再让母猪仰卧按摩母猪下腹部，用木板等挡住母猪的前半部分，不让其看见仔猪，再把仔猪抓出来让其吃奶，待母猪呼吸均匀，发出"哼哼"的叫声后，去掉木板，母猪就可让仔猪吃奶。如上述方法不成功，可给母猪肌内注射镇静剂，再让仔猪吃奶，如果把初产母猪对面放一头母性较好的经产母猪，并让其先产仔，让初产母猪观看经产母猪哺乳的过程，可减少咬仔现象的发生。

第四节　产后母猪的疫病防治

一、产后瘫痪

产后瘫痪是母猪突然发生的一种严重的急性神经障碍性疾病,其临床特征是嗅觉丧失和四肢瘫痪,不能站立。

(一)病因　一般认为母猪在妊娠期间尤其是妊娠后期饲料营养不全,钙、磷比例不当或能量不足,在产后出现血钙、血糖和血压降低,致使大脑皮质发生功能障碍,同时甲状旁腺发生功能障碍,失去调节血钙浓度的功能,胰腺活动增强,产生胰岛素增多,导致血糖降低是引发本病的主要原因。此外,产后大量泌乳,血钙、血糖随乳汁流失过多,也会引发本病。

(二)症状　本病多发生在产后5~7天。轻者起立困难,行走时四肢无力、左右摇摆,精神委顿,食欲减少。重者出现四肢瘫痪,完全不能站立,精神高度沉郁,常呈昏睡状态,反射变弱甚至消失,食欲显著减退或废绝,粪便干硬、量少,泌乳量降低甚至完全无奶,母猪常呈伏卧姿势,不让仔猪吃奶。如不及时治疗,可造成仔猪饥饿或死亡,母猪因长期卧地,易发生褥疮,若长时间不愈则要淘汰。

(三)防治　补充饲料营养,加强饲养管理。在治疗时,首先要补钙、提高血糖,可静脉注射10%葡萄糖酸钙注射液100~150毫升,用10%葡萄糖注射液500毫升稀释。食欲减退或废绝时,应注意补充营养物质,可在5%糖盐水中加入三磷酸腺苷5毫升、肌苷10毫升和维生素C 10毫升(1克)等,静脉注射。补钙应每日1次,连用5~7天。粪便干燥时,应投入缓泻剂硫酸钠(又名芒硝、皮硝)25~50克/次。为了改善食欲,建议用10%安钠咖注射液10毫升,维生素C 5毫升,复合维生素B 5毫升,混合肌内注射,每日1次。此外,应给母猪补充青绿多汁饲料。

在护理上,要每日给卧地母猪翻身 2～3 次,以免发生褥疮;对四肢皮肤进行摩擦,以便改善血液循环,避免造成神经麻痹。

二、产 褥 热

在高温季节多发,是在分娩或助产过程中,产道感染了病原菌所引起的高热。

(一)病因 产房消毒不严,或因助产时造成阴道或子宫黏膜损伤,感染链球菌、葡萄球菌、绿脓杆菌、棒状杆菌等致病菌而引起的全身性感染。

(二)症状 母猪产后 1～3 天体温升高至 41℃～42℃,精神沉郁,不吃食,呼吸加快,心跳加速,嗜睡或卧地不起,有时磨牙,四肢末端及耳尖发凉,表现衰弱。同时,阴道流出暗红灰色带恶臭味的分泌物。乳房收缩,泌乳量减少。有的乳房红、肿、热、痛,出现乳房炎症状。

(三)防治 加强产房的清洁卫生工作,产前必须用 2％氢氧化钠溶液刷洗产房,3～4 小时后再用清水冲洗干净。助产时注意严格消毒,避免造成阴道损伤。产后不管母猪有无感染,用青霉素和链霉素给母猪注射 2～3 次,对预防本病大有好处。

治疗时,用青霉素 320 万～640 万单位、链霉素 300 万单位肌内注射,必要时将青霉素或头孢类抗生素用 5％糖盐水稀释做静脉注射。在夏季为防止继发感染弓形虫病,可用复方磺胺嘧啶钠或复方磺胺对甲氧嘧啶,用注射用水稀释 1 倍后静脉注射。随后再静脉注射 5％碳酸氢钠注射液 150～200 毫升,对纠正酸中毒、利于磺胺类药物的代谢和排泄以及退热等均有重要作用。

对于有乳房炎的病猪,除应用上述抗菌药物外,对红肿的乳房可用鱼石脂软膏涂搽,再用青霉素对乳房周围做环状封闭,每日 1 次,连用 3 天即可。有阴道炎、子宫内膜炎的病猪,先用 0.1％高锰酸钾溶液冲洗子宫,再将 100 毫升 3％过氧化氢溶液注入子宫。

还可用 0.1％雷佛奴尔(利凡诺)溶液 100 毫升注入子宫。以上方法,每日 1 次,连用 3～5 天。

三、无乳和泌乳不足

(一)病因　母猪产后泌乳不足或完全无乳,主要是由于母猪在妊娠期间和哺乳期间饲喂量不足或饲料营养成分不全,尤其是缺乏微量元素硒和维生素 E 所引发。此外,母猪患全身性疾病、乳腺疾病、内分泌失调以及过早配种、乳腺发育不全等因素均可导致无乳和泌乳不足。

(二)症状　母猪乳房干瘪、松弛,人工挤奶时仅能挤出少量稀淡如水的乳汁。母猪不让仔猪吮乳,由于吃不到奶,仔猪追赶母猪,乱钻乱叫。

(三)防治　加强饲养管理,在妊娠期和哺乳期给母猪饲喂全价饲料和青绿多汁饲料。

在治疗时,首先要考虑给母猪补充硒和维生素 E,用 0.1％亚硒酸钠-维生素 E 注射液 10 毫升肌内注射,此药不可多次注射,必要时间隔 7～10 天再注 1 次。另外,可采用中药催奶,王不留行 30 克,奶菓 15 克,穿山甲 5 克,木通 20 克,红花 5 克,桃仁 5 克,山药 40 克,当归 30 克,川芎 30 克,甘草 10 克,党参 40 克,黄芪 40 克,以上诸药混合煎汁 500 毫升,灌服或拌入饲料中,每日 1 剂,分 2 次喂服,连用 2～3 天。

另外,可用蚯蚓 500 克,煮沸 30 分钟,蚯蚓和汤水一并拌入饲料让母猪自食;也可用鲫鱼(喜头鱼)500 克,加黄花菜 100 克,煎水拌料饲喂母猪,每日 1～2 次,连用 3 天。

四、母猪产后不食症

(一)病因

1. 营养不当 妊娠后期营养过剩或围产期饲喂不当、过度饲喂,均可导致母猪血糖含量过高,反射性抑制采食和消化吸收功能;妊娠期间饲料单一,营养水平过低,导致蛋白质、维生素、矿物质缺乏或不足,特别是钙、硒、B 族维生素、维生素 E 缺乏,致使机体抵抗力下降、应激性增高而代谢紊乱;产后 1 周之内母猪多有胃肠弛缓,这时饲料供给量太多或递增过快,则可加重胃肠负担,导致不食。

2. 管理应激 在现代化大规模、短周期养猪生产中,负担繁重的母猪在诸如惊恐、免疫、追捕、驱赶、噪声、高温、高湿、通风不良等环境应激中均可发生不食。

3. 供水不足或水质差 有的猪场由于管理疏忽,如饮水系统被阻塞、长期未清洗或久置未用,而导致水中含有青苔、铁锈等异物,或饮水受到污染,久而久之,会因缺水或受到污染水毒害引起不食。

4. 疾病 寄生虫病、胃肠炎、胃溃疡、便秘、内分泌失调等在生产应激的诱导下会加重病情,导致母猪不食。另外,非典型猪瘟、猪繁殖与呼吸综合征、饲料霉变等也可继发本病。

5. 产后护理不当、产后感染 各种病原微生物如大肠杆菌、棒状杆菌、葡萄球菌、链球菌、放线菌等常常感染生产母猪,引起消化吸收功能紊乱而不食。产程过长,特别是难产时助产不力、不当等均可继发本病。

上述各种致病因素直接或间接刺激胃肠黏膜上的感受器,反射性或直接扰乱胃肠的正常分泌、运动和消化功能。

(二)症状 大多数病例仅表现出间断性、反复性的食欲废绝或呈顽固性不食。有的猪在每次饲喂时,都有拱料现象但不采食。

有的饮欲大增,有的有异食现象,有的对青绿饲料尚有一定的食欲,还有个别初产母猪精神紧张,不敢在饲槽中采食。大部分母猪的精神、体温、脉搏、呼吸没有明显异常。严重产后感染引起不食的母猪,可能有产道中排出异物、体温升高、呼吸增数、精神沉郁等症状。一般病猪都便秘,尿黄,甚至粪球上覆盖有黏液、假膜,可视黏膜甚至皮肤表现不同程度的黄染。有的病猪眼角粘有黑褐色分泌物,结膜潮红,鼻镜干燥。有的病猪有呕吐现象,呕吐物大多数为黄色、酸臭的液体,或夹有未消化的饲料。本病一旦发生轻则造成体重快速减轻,泌乳功能下降,进而导致哺乳仔猪腹泻、抵抗力减弱、生长缓慢甚至变成僵猪或发生死亡;重则母猪因顽固性不食而高度消瘦,出现断奶后乏情,或虽能发情配种,终因机体营养匮乏而减少下一胎产仔数,或久配不孕甚至衰竭死亡。

(三)防治　改善饲养管理,根据母猪各个阶段的营养需要科学供给饲料,多喂青绿饲料,做好饲料采购、贮存工作,严防饲喂发霉变质饲料。

加强产仔母猪的环境控制,夏季搞好防暑降温,保持清洁卫生,通风畅通,避免惊群,减少噪声,减少应激因素。

经常检查饮水系统,供给充足清洁的饮水。

做好免疫预防工作,以免疫为主导,加强卫生消毒工作。控制感染,防止继发感染,检查有无乳房炎和产道炎症。必要时合理应用药物预防:①母猪产前 3 天至产后 7 天饲料中添加土霉素原粉 2 000～3 000 克/吨或新霉素 70～100 克/吨;②产前 7～10 天,肌内注射 0.1%亚硒酸钠-维生素 E 注射液 10 毫升;③产后待胎衣排出后,根据情况可肌内注射缩宫素 5 毫升,青霉素 320 万单位,链霉素 200 万单位,用 10 毫升生理盐水稀释;④产前 10 天用阿维菌素按每千克体重 0.14 克给药 1 次;⑤产前 7 天转入产房时,先淋浴清洗,然后用 2%敌百虫溶液或 0.1%新洁尔灭溶液喷洒全身,产前、产后用 0.1%高锰酸钾溶液清洗消毒乳房、外阴和后躯。

母猪产后一旦表现食欲减退或废绝,应立即查明原因,做到对症治疗:因产后母猪衰竭引起的不食,可用氢化可的松 7~10 毫升、50%葡萄糖注射液 100 毫升、维生素 C 20 毫升,一次静脉注射。因产后母猪大量泌乳,血液中葡萄糖、钙的浓度降低导致母猪不食的,可用 10%葡萄糖酸钙注射液 100~150 毫升,加适量 10%葡萄糖注射液稀释后,静脉注射,每日 1 次,连用 2~3 天。因母猪分娩时栏舍消毒不严,助产消毒不严,病原菌侵入引起泌尿系统疾病,导致猪产后不食的,可用青霉素 480 万单位,10%安钠咖注射液 10~20 毫升,维生素 C 20 毫升,5%糖盐水 500 毫升,混合后静脉注射,每日 2 次,连用 2~3 天。如果病原体侵入子宫,可用消毒剂冲洗母猪子宫。因感冒、高热引起的母猪产后不食,可用庆大霉素 25 毫升,安乃近 20 毫升,维生素 C 20 毫升,10%安钠咖注射液 10 毫升,5%糖盐水 500 毫升,一次静脉注射,每日 2 次。便秘时灌服人工盐、硫酸钠等,同时用温肥皂水深部灌肠。

五、母猪产后便秘

多发生于妊娠前后,由于母猪发热、运动不足、高温中暑、疾病或饲料过于精细可能引起便秘。轻者不爱吃食,精神不振,不愿活动;重者拒食,精神沉郁,卧圈不起,粪球干小似算盘珠,体质衰弱。根据便秘严重程度不同,解决方案如下:①增加有轻泻作用的麸皮的用量,加大青绿饲料的饲喂量;②增加饮水量并加入人工补液盐;③轻微便秘者,可在饲料中添加 2 000 克/吨小苏打或大黄苏打粉,健胃消食;中等便秘者,可在饲料中添加 2 000 克/吨硫酸钠或 1 500 克/吨硫酸镁,用于导泻;严重便秘者,可使用 10%氯化钠注射液 500 毫升输液,直肠灌注甘油或开塞露。

六、母猪产后子宫脱出

子宫的一部分或全部翻转脱至阴道内或阴门外,称为子宫脱出,多发生于产后 24 小时以内。

（一）病因 当母猪子宫阔韧带较松弛,或妊娠时出现过腹泻、便秘、腹痛情况,产仔时间过长（在 6 小时以上）等情况汇合在一起,就有可能发生本病。

（二）症状 根据子宫脱出的程度分为两种情况。

1. 部分脱出 发生前多无明显症状,直到已脱出阴道后,病猪出现不安、努责、举尾等好似腹痛一样的表现,才引起饲养人员注意,常被误认为还有胎儿未产出,但经过一段时间仍不见胎儿产出,进行阴道检查时才发现子宫角已翻转脱出至阴道内。

2. 完全脱出 子宫全部翻转脱出阴门外,有的甚至拖到地面。此时可见子宫淤血水肿,上附草屑、粪渣、血凝块以及未脱落的胎膜等污物,时间稍长,表面水分蒸发而结出一薄层似牛皮纸一样的痂皮,并出现干裂、糜烂等。脱出的子宫似两条肠管脱垂于阴门外,黏膜层朝外呈绒状,表面有横向皱襞,末端有一凹陷。

（三）防 治

1. 部分脱出 一旦确诊为子宫部分脱出,应立即治疗,否则会由部分脱出变为完全脱出。首先用 0.1％新洁尔灭溶液洗净母猪外阴及其周围,用 0.1％高锰酸钾溶液或生理盐水 500～1 000 毫升注入子宫腔,借助液体的压力使子宫复原。也可用手术法使脱出的子宫复原。术者剪平指甲并磨平,洗净消毒,手臂涂油;母猪肌内注射苯巴比妥钠 10 毫克/千克体重,以镇静防止其骚动;术者手伸入阴道触到脱出的子宫后,四指收拢,包住大拇指,呈假握拳样,轻而慢地向前推挤脱出的子宫角,边向前推边左右摆动,通常在通过子宫颈后会迅速复位。术者的手应随子宫角进入子宫腔内左右晃动数次,使子宫完全复位。为防再次脱出,可用 0.25％盐酸普鲁卡因溶液做交巢穴封闭疗法,每次 20～30 毫升。亦可内服溴化钠 10 克镇静。多给饮水,严防腹泻和便秘。

2. 完全脱出 先除去附在黏膜上的粪便,用 0.1％高锰酸钾溶液洗去子宫上的污物、血凝块、腐肉,如出血较多应钳压止血或结扎止血。有小伤口的,涂搽络合碘,大而深的伤口给予缝合。严重水肿者,用缩宫素 25 单位,分点作子宫壁内注射,用 3％明矾水洗涤,在大块消毒纱布上撒一层明矾细末,包裹子宫,轻轻揉动至子宫变软为止。整复前先肌内注射苯巴比妥钠 10 毫克/千克体重,用以镇静;肌内注射 30％安乃近注射液 10 毫升,用以止痛;肌内注射维生素 K_3 30～50 毫克/次,用以止血。整复时两人托起子宫与阴道等高,一人进行整复,左手握子宫角,右手拇指从子宫角端进行整复,再把手握成锥状,在猪不动时进行用力推压,依次内翻,用此法将两子宫角先后推入子宫体,并同时将子宫体推入骨盆腔和腹腔中。为确保子宫复位,可用青霉素、链霉素各 200 万单位,加入 4 000～5 000 毫升冷开水内,从阴道灌入(此时应尽量抬高母猪后躯,使之近似倒立状),借水的重力使子宫完全复位,同时还有防止感染的作用。整复完毕,为防再次脱出,对阴门做栅栏式缝合 2～3 针,上方一针应在阴门上联合处,第二针在阴门中上方,第三针在中下方,下方应留多一点便于排尿。术后努责强烈的用 1％盐酸普鲁卡因注射液 30～40 毫升做交巢穴封闭注射。加强术后护理和饲养管理,以防腹泻和便秘,多给病猪饮加少量食盐的水。7～10 天后拆除阴门上的缝线,每日肌内注射青霉素、链霉素 2 次。

第八章　哺乳仔猪的培育

　　规模猪场繁殖工作的最终目标是获得数量多、发育正常、健康的断奶仔猪。因此，搞好仔猪的培育、提高断奶成活率，是提高规模猪场繁殖效率的重要环节。

第一节　哺乳仔猪的生理特点

　　了解哺乳仔猪的生理特点，对于科学制定哺乳仔猪的培育方案是必要的。哺乳仔猪的主要生理特点是：生长发育快、代谢功能旺盛，消化器官功能不完善，缺乏先天免疫力，调节体温能力差，从而造成饲养难，成活率低。

一、生长发育快，物质代谢旺盛

　　猪是多胎动物，仔猪出生时体重不到成年猪体重的 1％，与其他家畜相比，所占比例最小。仔猪生长发育很快，一般初生体重为 1 千克左右，10 日龄时体重可达出生重的 2 倍以上，30 日龄时可达 5～6 倍，60 日龄时可达 10～13 倍。

　　仔猪生长快是因为物质代谢旺盛，特别是蛋白质代谢和钙、磷代谢要比成年猪高得多。20 日龄时，每千克体重沉积的蛋白质相当于成年猪的 30～35 倍，每千克体重所需代谢净能为成年猪的 3 倍。所以，仔猪对营养物质的需要，无论在数量还是质量上都相对较高，对营养不平衡反应特别敏感。因此，对仔猪必须保证各种营养物质的供应，提供优质、充足的母乳和消化率高的全价饲料。

二、消化器官发育不完善，功能不健全

（一）消化道发育尚未完善，消化器官的体积和重量比较小　仔猪出生时，消化器官虽然已经形成，但其重量和体积都比较小。出生后仔猪消化系统的生长发育快于其他组织，且哺喂初乳与否对仔猪消化系统的生长发育尤其重要。哺乳 10 天内，胃、肠道和空肠黏膜重量及其蛋白质含量均比出生时增加数倍，小肠的吸收面积增加 1 倍。如胃重，仔猪出生时仅有 4～8 克，能容纳乳汁 25～50 克；20 日龄时胃重达到 35 克，容积扩大 2～3 倍；60 日龄时胃重可达到 150 克。小肠也快速生长，4 周龄时重量为出生时的 10.17 倍。消化器官这种快速生长保持到 7～8 月龄，之后开始降低，一直到 13～15 月龄才接近成年水平。由于出生时胃的容积小，排空速度快，所以哺乳次数多。随着日龄增加，胃的容积增大，排空时间变慢。3～5 日龄胃的排空时间为 1.5 小时，30 日龄时为 3～5 小时，60 日龄时为 16～19 小时。仔猪消化道重量、长度和小肠吸收面积的增加，以及功能的逐渐完善，对仔猪消化道吸收营养物质十分有利。

（二）消化酶分泌较少，且酶系发育不完善　仔猪胃液中的消化酶主要是凝乳酶和胃蛋白酶。凝乳酶出生时已有活性，且在哺乳期内随年龄增长活性也逐渐增强。胃蛋白酶在仔猪刚出生时活性很弱，且在几周内增长不大。仔猪出生时胃液中已含有胃蛋白酶原，但由于消化道中含有大量乳酸，抑制了盐酸的分泌，因而缺乏盐酸，不能使其激活，胃蛋白酶的活性很低，不能消化蛋白质，特别是植物性蛋白质。这时只有肠腺和胰腺发育比较完全，胰蛋白酶、肠淀粉酶和乳糖酶活性较高，食物主要是在小肠内消化。所以，初生仔猪只能吃奶而不能利用植物性饲料。仔猪的盐酸分泌也随日龄的增加而增多，仔猪在 9～12 日龄时盐酸平均分泌量为 3.4 毫摩尔氢离子/时，27～38 日龄时分泌量增加到 7.6 毫摩尔氢

离子/时。大约 40 日龄时,胃蛋白酶才能参与蛋白质的消化作用。胃蛋白酶在 21～35 日龄这个阶段活性增加了 4 倍,35 日龄断奶后,酶活性下降,49 日龄后便恢复到 35 日龄水平且有所增加,在此以前仅依靠胰蛋白酶消化蛋白质。

哺乳仔猪摄入的能量中,50％以上来自母乳乳脂,且对母乳的消化率几乎达 100％。由此可见,哺乳仔猪能够分泌大量的胰脂酶、乳糖酶以及多种蛋白质水解酶。新生仔猪不仅能够消化、吸收中链甘油酯(MCT),而且能够在体内氧化供能,乳化的中链甘油酯利用率更高。初生仔猪口服中链甘油三酯丸剂不能提高仔猪断奶前的成活率,但利用中链甘油三酯比长链甘油三酯效率更高。新生仔猪唾液淀粉酶活性很低,随年龄增加而逐渐增强。仔猪消化淀粉的能力很弱,在 21 日龄前胰淀粉酶分泌量很少,活性也很低。尽管仔猪乳糖酶在 0～25 日龄期间活性很高,但麦芽糖酶和蔗糖酶分泌量少且活性低。因此,初生仔猪可充分利用乳糖,但消化果糖、蔗糖、木糖等的能力很低,饲料中应避免使用淀粉、麦芽糖和蔗糖。仔猪 3 周龄后才能消化淀粉(图 8-1)。

在胃液分泌上,由于仔猪胃和神经系统之间的联系还没有完全建立,缺乏条件反射性的胃液分泌,只有当食物进入胃内直接刺激胃壁后,才分泌少量胃液。而成年猪由于条件反射作用,即使胃内没有食物,也同样能分泌大量胃液。

随着仔猪日龄的增长和食物对胃壁的刺激,盐酸的分泌不断增加,到 35～40 日龄,胃蛋白酶才表现出消化能力,仔猪才可利用多种饲料。直到 2.5～3 月龄盐酸浓度才接近成年猪的水平。

三、缺乏先天免疫力,容易患病

由于母猪胎盘结构的特殊性,胚胎期由于母体血管与胎儿脐带血管之间被 6～7 层组织隔开,而免疫抗体是一种大分子球蛋白,不易由母体通过血液向胎儿转移,因而仔猪出生时没有先天免

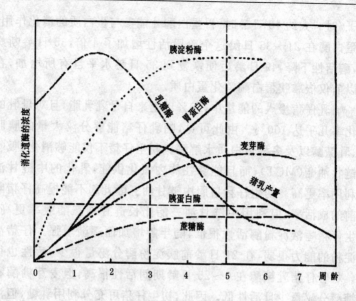

图 8-1 仔猪出生后消化酶的变化动态

疫力,自身也不能产生抗体。母猪初乳内免疫球蛋白含量很高,仔猪只有吃到初乳以后,从初乳中获得免疫抗体,以后过渡到自身产生抗体而获得免疫力。仔猪出生后 24 小时内血液中的免疫球蛋白含量由出生时的 13 毫克增加至 20.3 毫克,而母猪血液中抗体 24 小时内明显减少,所以初乳是初生仔猪不可缺少的食物。

母猪分娩时初乳中免疫抗体含量最高,以后随时间的延长而逐渐降低,分娩开始时每 100 毫升初乳中含有免疫球蛋白 20 克,分娩后 4 小时下降至 10 克,以后还要逐渐减少。初乳中含有抗蛋白分解酶,抗蛋白分解酶可以保护免疫球蛋白不被分解,这种酶存在的时间比较短,如果没有这种酶存在,仔猪就不能原样吸收免疫抗体。仔猪出生后 24~36 小时,小肠有吸收大分子蛋白质的能力,不论是免疫球蛋白还是细菌等大分子蛋白质,都能无保留地吸收。当小肠内通过一定的乳汁后,这种吸收能力就会减弱消失,母乳中的抗体就不会被原样吸收。所以,分娩后立即让仔猪吃到初乳是提高其成活率的关键。

初乳中抗体的含量很快降低,而仔猪 10 日龄以后自身才开始产生抗体,且到 30～35 日龄时数量还很少,自身产生抗体的浓度增加得很慢,到 5～6 月龄时才达到成年猪水平。因此,3 周龄以内是免疫球蛋白青黄不接的阶段。若母猪产后 3～5 周产奶量下降,仔猪采食量增加,此时胃液内又缺乏游离盐酸,对随饲料、饮水等进入胃内的病原微生物没有消灭和抑制作用,仔猪就特别容易发病,因此在饲养管理上要特别注意。

四、调节体温的能力差,怕冷

仔猪出生时大脑皮质发育不够健全,皮薄毛稀,皮下脂肪少,调节体温能力低,对寒冷的适应能力很差,很怕冷。还有的仔猪体内能源储备较少,遇到寒冷血糖很快降低,如不及时吃到初乳很难成活。初生仔猪正常体温为 38.5℃,比成年猪正常体温高 0.5℃～1℃,仔猪的适宜环境温度在 1～7 日龄时为 28℃～32℃,8～30 日龄时为 25℃～28℃,31～60 日龄时为 23℃～25℃。当环境温度偏低时仔猪体温开始下降,下降到一定范围开始回升。仔猪出生后体温下降的幅度及恢复所用的时间视环境温度而变化,环境温度越低则体温下降的幅度越大,恢复所用的时间越长。当环境温度低至一定范围时,仔猪则会被冻僵、冻死。

据研究,出生仔猪如处于 13℃～24℃ 的环境中,体温在出生后第一小时可下降 1.7℃～7.2℃,尤其是在出生后 20 分钟内,由于羊水的蒸发降低更快。仔猪体温下降的幅度与仔猪体重大小和环境温度有关。吃上初乳的健壮仔猪,在 18℃～24℃ 的环境中,约 2 日后可恢复到正常。初生仔猪如果裸露在 1℃ 环境中 2 小时,可被冻昏、冻僵,甚至冻死。

第二节 哺乳仔猪死亡的
原因及减少死亡的措施

在规模化养猪生产中,猪从出生到出栏各个阶段成活率的高低,直接影响养猪生产者的效益。而猪在各个阶段的生长发育过程中受各种因素的影响,都会引起不同程度的死亡,哺乳期仔猪受自身生理条件和环境因素的影响,死亡率最高。所以,断奶前哺乳仔猪的健康与否,直接关系到以后各个阶段的正常生长发育。哺乳仔猪成活率更是反映规模化养猪场生产水平的一个重要指标,直接影响到规模化养猪场的经济效益。因此,分析哺乳仔猪死亡的原因,采取应对措施,是规模猪场降低风险、提高经济效益的必要工作。

一、哺乳仔猪死亡的原因

(一)受冻 初生仔猪体温调节功能不完善,出生1~2日内主要依靠贮存于肝脏、心脏、肌肉内的糖原来提供热源,3日龄后才能利用脂肪、蛋白质提供热源。因此,对温度变化敏感(主要表现在对寒冷的抵抗能力差),常因环境温度不适宜造成仔猪不活跃,食欲减退,不愿吃初乳,甚至冻僵、冻死。在保温条件差的猪场,温度过低可冻死仔猪。同时,寒冷又是导致仔猪被压死、饿死和腹泻的间接原因。

(二)被压、被踩 有的母猪母性较差,或因分娩后疲劳、体重大行动不便,或产后患病、环境不安静,导致母猪脾气暴躁,加上仔猪弱小不能及时躲避而被母猪压死或踩死。有时猪舍环境温度低,新生仔猪因寒冷变得行动迟缓,或怕冷向母猪腹部过于贴近而被压死;或是仔猪在母猪腿下、腹下躺卧,也容易被母猪压死或踩死。

(三)饥饿　新生仔猪无论出生重大还是小,消化功能均不完善,体内贮存的热量物质少,对饥饿特别敏感。当母猪母性差,产后少奶或无奶,乳头有损伤,产后食欲不振,或因母猪产后患病,特别是子宫炎、乳房炎、无乳综合征、发热性疾病,致使泌乳障碍,造成产后泌乳量不足、奶质低劣,而使仔猪不能尽早地吃到母乳,或补给其他代用饲料和牛奶不及时、不足量,或母猪乳头不足且寄养不成功时,仔猪均可因饥饿而死亡。

(四)被咬　仔猪在某些应激条件(拥挤、空气质量不佳、光线过强、饲粮中缺乏某些营养物质)下会出现咬尾或咬耳恶癖,咬伤后发生细菌感染,严重的会引起死亡;某些母性差(有恶癖)、产前严重营养不良、产后口渴烦躁的母猪有咬吃仔猪的现象;仔猪在寄养时,有的保姆猪会将寄养仔猪咬伤或咬死。

(五)出生重小　出生重对仔猪死亡率也有重要影响。引入瘦肉型品种初生重不足 1 千克的仔猪存活希望很小,并且在以后的生长发育过程中,落后于全窝平均水平。据对 1 000 多例仔猪的试验数据分析,初生重不足 1 千克的仔猪,死亡率在 44% ~ 100%;随仔猪出生重的增加,死亡率下降。妊娠期母猪体质差、母猪年龄偏大、窝产仔数过多、饲料营养不全或发霉变质等原因均可导致弱胎,弱胎仔猪出生后,往往争抢不到乳汁,加上活动能力弱、抗病力差,大部分会因饥饿而死亡。

(六)患病　疾病是引起哺乳仔猪死亡的重要原因之一。常见病有肺炎、腹泻、低血糖、溶血病、先天性震颤综合征、渗出性皮炎、仔猪流行性感冒、贫血、心脏病、寄生虫病、白肌病和脑炎等。据统计,由腹泻引起仔猪死亡的比例高达 26.1%,尤其是仔猪黄白痢、传染性胃肠炎、生理性腹泻等。由于哺乳期仔猪胃发育不完全、消化功能不完善,易受外界环境的影响而产生消化不良,表现为生理性腹泻,也容易受致病性大肠杆菌等的侵害而发生仔猪黄白痢,在寒冷季节则易感染传染性胃肠炎。母猪因子宫炎或乳房炎等,不仅母猪体温升高，而且奶中有毒素，会引起仔猪腹泻、脱水死亡；先天性遗传因素，如先天性肌痉挛和癫痫也会造成仔猪死亡；从母体传染给仔猪的疾病，如细小病毒病、伪狂犬病、猪繁殖与呼吸综合征、布鲁氏菌病等，也会引起仔猪患病死亡。

哺乳仔猪的死亡原因与时间分析见表 8-1。从表 8-1 中可以看出，仔猪压死、弱死、饿死的占整个死亡猪只的 79%，是由于管理疏忽和不当所造成。因此，加强仔猪出生后的饲养管理，提高饲养员的责任心，实行照顾分娩，是降低哺乳仔猪死亡率的重要措施。哺乳仔猪在出生后第一周内死亡率达 76%，而 0～3 天的死亡数又占 1 周死亡数的 70%。因此，在 0～3 天这一阶段饲养管理的首要任务是降低死亡率。

表 8-1　哺乳仔猪死亡原因与时间分析

哺乳仔猪死亡原因构成		哺乳仔猪死亡时间分析	
死　因	比例（%）	死亡时间（天）	死亡率（%）
压　死	44.8	0	24
弱　死	23.6	1	16
饿　死	10.6	2	13
腹　泻	3.8	3	6
畸　形	3.8	4	7
外翻眼	3	5	5
关节炎	1.7	1 周	76
湿　疹	1.2	2 周	18
流行性感冒	0.7	3 周	6
咬　死	1.1		
其　他	5.7		

二、减少哺乳仔猪死亡的措施

(一)加强妊娠母猪的饲养管理和疫病防治工作 采取前低后高的饲养方式。母猪妊娠前期在一定限度内降低营养水平,妊娠后期(临产前 1 个月)再适当提高营养水平,增加饲喂量,还应保证常量、微量矿物质元素和维生素的供给。在母猪分娩前 10～15 天,补喂脂肪可以增加仔猪体内能量储备,提高仔猪出生重,降低死亡率。补饲脂肪还有利于提高初乳和常乳的乳脂率。据报道,补饲脂肪可使仔猪成活率提高。严禁饲喂发霉、变质、有毒的饲料,避免发生流产和产死胎。同时,在夏季要做好防暑降温工作,冬季做好防寒保温工作,保证胎儿在母猪体内健康生长。

在母猪临产前 1 周的日粮中添加维生素 C,可大大减少仔猪脐带出血和分娩过程中的仔猪死亡率。

肌内注射黄芪多糖注射液。黄芪多糖注射液可以通过对免疫细胞功能的促进和诱生多种细胞因子来增强机体的免疫力,达到防病、治病的效果。使用方法:母猪进入产房后即开始肌内注射黄芪多糖注射液 30 毫升/头,每日 1 次,连用 2 天;仔猪出生后吃母乳前进行第一次注射,每头 2 毫升,第二天再注射 1 次。

母猪产前 40 天和 15 天各肌内注射 1 次大肠杆菌基因工程疫苗,对预防仔猪黄白痢有一定效果。同时,做好疫苗的接种工作。对于后备母猪和经产母猪最好在配种前结合当地实际情况做好流行性乙型脑炎、细小病毒病、猪瘟、伪狂犬病、传染性胃肠炎、传染性萎缩性鼻炎、链球菌病、轮状病毒病、仔猪黄白痢的预防工作。

(二)提高仔猪机体免疫力,预防疾病的发生 采用全进全出的生产方式,每批猪进栏前猪舍须经严格冲洗消毒,并置 1 周后再使用,对预防疾病可起到重要的作用,这是最简单而又最重要的控制疫病的措施之一。

母猪进产房前,需经冲洗和消毒,分娩舍定期使用刺激性较小的消毒剂进行消毒,特别注意对母猪下腹部、会阴部和其他隐蔽部位的消毒。

出生后 3 天的仔猪因母乳较稠,难以满足其对水的需求,所以必须供给足够的洁净水,以免仔猪去喝污水或尿液引起腹泻。加强接产工作,仔猪出生后及时保温、调教吮食初乳,在初生仔猪开乳前,用 0.1% 高锰酸钾溶液将母猪乳头洗净并挤通乳汁后让仔猪吸吮,使仔猪迅速获得母源抗体。

注意仔猪断脐、剪牙、去势和断尾时的消毒工作,以防仔猪感染而引起死亡。

仔猪出生后为了预防肠道疾病和脐带感染,可在仔猪吃初乳前每头肌内注射 4 万单位庆大霉素,第二天再注射 1 次。

(三)保证仔猪尽早吃足初乳,增强仔猪免疫力 仔猪出生后 1 小时内必须人工辅助吃足初乳,生后 2～3 天要固定乳头,以自选为主,个别调整为辅,把初生体重小的仔猪固定在前排乳头,初生体重大的仔猪固定在后排乳头。假如母猪的产仔数超过母猪乳头的数量或者母猪泌乳量不足,要及时做好寄养工作,或人工喂给牛奶等代乳品。在生产中,最好采用寄养的方法。寄养仔猪要注意以下几点:一是在寄养前仔猪至少应在亲生母猪那里吃 10～12 次初乳;二是最好在分娩后 6 小时完成寄养过程;三是一般寄养最强壮的仔猪,不要寄养患病仔猪;四是寄养的母猪必须泌乳力高、性情温驯、哺育能力强;五是采取措施使被寄养的仔猪与寄养的母猪有相同的气味。

(四)及时抢救假死仔猪 首先清除仔猪口、鼻部黏液,擦净身体,然后将其四肢朝上,一手托其肩部,另一手托其臀部,反复屈伸,直到仔猪发出叫声为止。也可采用在假死仔猪鼻部涂搽酒精等刺激物的方法急救。

(五)做好防冻保温工作 提高哺乳仔猪育成率的关键是保温。在保证产房舍温在 20℃左右的基础上,在产栏内设置仔猪保温箱,箱内设置 250 瓦的红外线灯,灯头距箱底 40 厘米,或在箱内铺电热恒温板等,确保环境能有适宜温度,并注意防贼风侵袭和舍内潮湿,对生下的仔猪要及时擦干体表黏液。

(六)防压　为防止母猪压死仔猪,应保持产房安静、地面平坦、温度适宜,还应加强护理,在产后 1 周内要有专人看护,并对母猪进行护仔训练,这对初产母猪尤为重要。在圈内设置护仔间,母仔分开饲养,定时喂乳,这种方法既可防压、防冻,又较卫生;还可用直径 10 厘米左右的圆木或毛竹在猪床靠墙的两面安装护仔架,可防止母猪沿墙卧下时将背后的仔猪压死。

(七)补铁、补硒　大量实践证明,在仔猪生后 2~3 天,给每头仔猪补铁 100~150 毫克,不但可预防缺铁性贫血,而且平均每窝断奶育活仔猪数可增加 0.5~1 头,60 日龄体重可提高 1~2 千克;在缺硒地区,还应同时注射 0.1% 亚硒酸钠-维生素 E 注射液,每头 1 毫升,10 日龄时每头再注射 1 毫升。

(八)训水训料　补料可提高仔猪的生长速度,增强体质。为了促进哺乳仔猪消化道的发育,适应由液体饲料向固体饲料过渡的过程,应提前给哺乳仔猪训水训料。可在仔猪饮水器内插一小棍,使水滴出,训练仔猪提前学会饮水。将开口料直接放入仔猪口内或拌成糊状涂抹在仔猪口内进行强制训练,也可在仔猪补料槽或保温箱内撒少许饲料让其自由拱食。一般在仔猪出生后 5 日龄左右开始训水训料。

另外,还要及时淘汰年龄偏大和有咬仔恶癖的母猪。

总之,提高仔猪成活率是一项系统工程,各个环节都互相关联,只有全方位地做好各项工作,才能有效地控制哺乳仔猪的死亡。

第三节　哺乳仔猪的饲养管理

养好哺乳仔猪是搞好养猪生产的基础。哺乳仔猪饲养得好，仔猪成活头数就多，母猪的平均年生产率就高，直接反映了养猪生产水平的高低，对提高养猪经济效益起着十分重要的作用。

哺乳仔猪的饲养管理分为 3 个阶段，即出生至 3 日龄阶段、3 日龄至 3 周龄阶段和 3 周龄至断奶阶段。

一、出生至 3 日龄阶段的饲养管理

(一)做好接产工作，降低仔猪出生死亡率　母猪产仔时必须有专人在旁照看接产(接产技术见第七章相关内容)，注意断脐、剪牙、打耳号和断尾时的消毒工作，以防仔猪感染而引起死亡。

(二)做好保温、通风与防压工作　产房环境温度最好保持在 22℃～23℃，产房内设有保温箱，箱内有护板(挂保温灯)，在产仔前使保温箱内温度保持在 30℃～32℃。仔猪出生后保温箱维持 30℃～32℃的温度，这样可防止仔猪受凉腹泻和被压死。仔猪 3 日龄后开始降低温度为 28℃～30℃，以后逐渐降低。为了消除产房湿度、异味和促进猪体散热，产房必须通风换气。为防止母猪压死仔猪，应保持产房安静、地面平坦、温度适宜，还应加强护理，在产后 1 周内要有专人看护。

(三)保证仔猪及时吃足初乳　初生仔猪擦拭干净后放入保温箱内，全部产完后，放出吮吸初乳，将弱小仔猪放在前面乳头，强壮的放在后面乳头，这是提高仔猪整齐度的关键一环。若仔猪前后产出时间间隔过长，应分批安排吮吸初乳，保证仔猪产出后 1.5 小时内吃到初乳。初乳中含有丰富营养物质和免疫抗体，对初生仔猪有特殊的生理作用。初生仔猪由于某些原因吃不到初乳，则很难成活，即使勉强活下来，往往发育不良而形成僵猪。

(四)称重、打耳号 仔猪出生擦干后应立即称量个体重和窝重,出生体重的大小不仅是衡量母猪繁殖力的重要指标,而且也是仔猪健康程度的重要标志。出生体重大的仔猪,生长发育快、哺育率高、肥育期短。种猪场必须称量初生仔猪的个体重,商品猪场可称量窝重(计算平均个体重)。

猪的编号就是猪的名字,在规模化种猪场要想识别不同的猪只,光靠观察很难做到。为了随时查找猪只的血缘关系,便于管理记录,必须给每头猪进行编号。编号在生后称量出生体重的同时进行。编号的方法很多,以剪耳法最简便易行。剪耳法是利用耳号钳在猪的耳朵上打号,每剪一个耳缺代表一个数字,把2只耳朵上所有的数字相加,即得出所要的编号。

(五)剪短犬齿 仔猪出生时就有成对的犬齿,犬齿对仔猪哺乳没有不良影响,但在争抢乳头时易咬到母猪乳头或同窝仔猪的颊部。所以,在仔猪出生后应使用消毒过的钳子从根部切除犬齿,注意断面要剪平整。

(六)固定乳头 为使全窝仔猪生长发育均匀健壮,提高成活率,应在仔猪生后2~3天进行人工辅助固定乳头。固定乳头是项细致的工作,宜以仔猪自选为主,人工控制为辅,特别是要控制个别强壮的仔猪。一般可把它放在一边,待其他仔猪都已找好乳头,母猪放奶时再立即把它放在指定的乳头上吃奶。这样,每次吃奶时,都坚持人工辅助固定,经过3~4天即可建立起吃奶的位次,固定乳头吃奶。

(七)对弱小仔猪应加强管理 仔猪成活率随体重增加而提高,因此要设法保护弱小仔猪,使其平安渡过1~3日龄死亡关。当养猪成本较高时,设法救活弱小仔猪可提高育成率和经济效益。

(八)调整每窝仔猪头数 母猪泌乳不足或一窝仔猪头数超过12头时,需要寄养或并窝,如3头母猪产下24头仔猪,可并给2头母猪,使另一头及早发情配种。寄养或并窝应在分娩后2天内进行。为防止母猪咬异窝的仔猪,可以用该母猪产后的胎衣、黏膜等涂抹于寄养仔猪身上,或用母猪尿液涂抹在寄养仔猪身上,或同时在母猪鼻周围与仔猪身上擦白酒,使母猪无法区别。

二、3 日龄至 3 周龄阶段的饲养管理

(一)补铁、补硒 为预防仔猪贫血,在 3~4 日龄注射 100~150 毫克铁制剂或皮下或肌内注射铁钴合剂 1~2 毫升。还应同时注射 0.1% 亚硒酸钠-维生素 E 注射液,每头 1 毫升,10 日龄时每头再注射 1 毫升。铁制剂注射按产品说明书进行。

(二)控制腹泻 搞好卫生,提供一个干燥、温暖、无风的环境对控制仔猪腹泻的发生最为重要。腹泻治疗通常以口服药物为主,可在饮水中添加,比注射更有效。

(三)去势 一般认为仔猪去势时间越早,应激越小;而应激越小,受感染的机会就会越少,仔猪恢复就越快。商品猪场早去势可减少对仔猪的刺激,去势后伤口易于愈合。生后 24 小时至 1 周内均可实施去势手术,对弱小或有疾病的仔猪要推迟去势时间,否则会使它们以后的生长发育受阻。

(四)水的补充 此阶段仔猪生长迅速,代谢旺盛,需水量较大。因此,从 3~5 日龄起要补充饮水。据试验,用含 0.8% 盐酸的水给 3~20 日龄的仔猪饮用(20 日龄后改用清水),有补充胃液分泌不足和胃蛋白酶的功效,可提高仔猪断奶体重。

(五)及时补料 一般在 5~7 日龄开始补料。方法是将开口料直接放入仔猪口内或拌成糊状涂抹在仔猪口内进行强制训练,也可在仔猪补料槽或保温箱内撒少许饲料让其自由拱食。开始补料时,一定要按少喂勤添的原则,每日饲喂 4~6 次。及时补料的目的是促进仔猪胃肠道发育,产生消化液(胃酸),解除仔猪牙床发痒的现象,降低断奶后吃料的应激,争取早日断奶,提高母猪生产力。

三、3 周龄至断奶阶段的饲养管理

(一)驱虫、免疫　驱除体内外寄生虫,可用左旋咪唑、虫克星、百虫净、伊维菌素。20～30 日龄注射猪瘟疫苗,每头皮下或肌内注射 1 毫升,30～40 日龄注射仔猪副伤寒疫苗,每头皮下注射 2 毫升,60 日龄注射猪瘟、猪肺疫二联菌,还要做好猪支原体肺炎的免疫。

(二)加强仔猪补料工作,做好断奶准备　母猪的泌乳量在分娩后 21 天达到高峰,此后逐渐下降,而仔猪所需要的营养是不断增加的,21 天后母乳无法满足仔猪的营养需要,所以必须尽可能多地让仔猪采食全价配合饲料。仔猪料要求营养高且易消化。

第四节　仔猪的断奶技术

一、早期断奶技术

目前,我国的规模猪场一般在 28 日龄或 35 日龄断奶,饲养条件好的实行 21～28 日龄断奶,可以说基本上普遍实行了早期断奶。个别生产水平高的猪场甚至在尝试超早期断奶。早期断奶是相对于传统的 8～12 周龄及 12 周龄以上自然断奶而言的断奶方式,达到自然断奶期母猪的产奶量降入低谷,而仔猪采食固体饲料的能力较强,因此不会对母猪和仔猪造成不良影响。早期断奶又可分为超早期断奶和常规早期断奶,前者多指在 0～2 周龄断奶,后者一般是指在 3～5 周龄断奶。

根据我国的养猪生产实际,推荐最佳断奶日龄是 28～30 日龄,断奶早,仔猪生长发育又不受影响,体现了一个场的饲养管理、饲料营养和环境控制的综合水平。盲目追求提早断奶会造成不良后果,一般夏、秋季节断奶可适当提前,冬、春季节应适当延长。

（一）早期断奶的目的　仔猪早期断奶的目的概括起来有如下4点。

1. 提高母猪的年生产力　通过早期断奶缩短泌乳期的长度，从而缩短产仔间隔、增加年产仔窝数，从而提高母猪的年生产力（表8-2）。

表8-2　仔猪断奶日龄对母猪生产力的影响

项　目	初　生	7日龄	14日龄	21日龄	28日龄	35日龄	56日龄
妊娠期天数	114	114	114	114	114	114	114
哺乳期天数	0	7	14	21	28	35	56
断奶至再孕天数	10	10	10	10	10	10	10
繁殖周期总天数	124	131	138	145	152	159	180
年产仔窝数	2.94	2.79	2.64	2.52	2.4	2.3	2.03
年产仔头数	26.5	25.1	23.8	22.7	21.6	20.7	18.2

注：按每头母猪每胎产活仔9头计算

从表8-2的分析可以看出，21天断奶与传统的56天断奶相比，母猪繁殖效率提高了24.7%。虽然从理论上来说，母猪如果实行零断奶（仔猪出生后或出生后数小时之内立即断奶，进行人工饲养），每年可以产3胎（2.94胎），但从目前的技术和管理水平上还很难达到这个水平。

2. 提高分娩舍的利用率　早期断奶缩短了母猪在分娩舍的时间，加快了分娩舍的周转，从而提高了分娩舍的利用率。

3. 降低仔猪的生产成本　仔猪的生产成本包括母猪的饲养成本，因此母猪的年产仔数越多，每头仔猪的生产成本就越低。通过表8-3可看出，21天断奶和56天断奶相比，每产1头仔猪饲料消耗之差在11.6千克。若以一个年产万头商品猪的猪场计算，断奶时间由传统的56天改为21天，每年可节省116吨饲料。

表 8-3　不同断奶日龄造成仔猪生产成本上的差异

断奶日龄（天）	21	28	42	56
每头猪每年的饲料消耗（千克）	1200	1200	1200	1200
每头母猪每年的产仔数（头）	25.7	24.5	22.4	20.6
每头仔猪所需饲料（千克）	46.7	49	54	58.3
每头仔猪节省饲料（千克）	11.6	9.3	4.3	0
年节省饲料（吨）	116	93	42	0

4. 有效地控制疾病　母猪初乳中含有各种被动免疫球蛋白，仔猪通过吸吮初乳以获得被动免疫能力。这种母源性被动免疫对 2～3 周龄仔猪有效抵抗疾病起着十分重要的作用，可使仔猪免受母体所带大多数病原微生物的侵扰。因此，如在被动免疫有效期内断奶，可将仔猪转移到一个无特定病原微生物的清洁的环境中，即可有效地控制仔猪疾病的感染和暴发，并可根据猪场特定病原情况和该病原抗体在仔猪体内的免疫保护有效期限，确定早期断奶的日龄。

（二）早期断奶的技术措施　早期断奶仔猪具有体温调节功能差、消化功能不健全、胃肠道消化酶系统发育不完善、抗病力较低、运动协调能力较差，尚未完全适应固体饲料或尚不能食用固体饲料等特点。针对这些特点，早期断奶仔猪的培育应注意饲料、保温、抗病防病、看护管理等方面的工作。

早期断奶的关键在于断奶时仔猪能够达到一定的饲料采食量，以保证其生长发育所需的各种营养。由于仔猪分泌的各种消化酶很少且活性较低，使其消化吸收饲料营养的能力较差，故应提早补饲优质饲料，以帮助消化功能的改善，还可减少仔猪相互打斗。补饲一般在 5～7 日龄进行，即将少量的乳猪饲料每日数次撒落在补饲槽内或清洁的地板上，诱导仔猪采食。随着仔猪日龄的增长,要逐渐增加投喂量,减少投喂次数,最好在断奶前能让仔猪自由采食。根据仔猪生理及消化特点,乳猪料应具有营养全面、消化率高、适口性好的特点。从饲料的配制上,要提高易消化性和适口性,添加促进消化和采食的特殊因子,如益生素、有机酸、消化酶制剂、各种微量元素等,而且应当对饲料进行熟化处理。

应保持舍内地面清洁干燥,风速适宜,温度、湿度适宜。仔猪躺卧区域一般应有木板、橡胶、塑料和各类导热性较低的材料做成的垫子,必要时应设置保温箱或直接提供热源。另外,要严防贼风的侵袭,加强对仔猪的看护,严格遵守防疫卫生制度,搞好预防接种和清洁消毒工作。

断奶仔猪的管理要做到"四不两细"。

"四不":①不换圈。断奶时采用"移母不移仔"的方法,即将母猪赶走,仔猪仍留在原圈内饲养1周,在一个熟悉的环境中度过断奶关,舍内还保持母仔共居的温暖环境,环境温度在26℃~28℃,空气相对湿度为65%~75%。②不混群。仔猪断奶后应尽量保持原群体不变,不要混群饲养,以免仔猪互相咬架,影响吃食和休息,甚至致伤或致死。③不换料。断奶后第一周的饲料应与哺乳期相同,以后逐渐换成断奶仔猪料,使仔猪有个适应过程,对饲料的种类、营养水平不应做太大的调整,供给仔猪充足的食槽位置和清洁温暖的饮水,饲料或饮水中适当添加抗应激营养剂(如维生素、矿物质、抗生素等)。④不换人。断奶后的仔猪很胆小,见了陌生人会四处乱跑,所以不能更换饲养员。

"两细":①细心观察。断奶后第一周要特别注意观察仔猪的行为变化,看仔猪吃食、饮水、排粪、呼吸和睡眠等是否正常,确属患病的应及时找兽医治疗,避免因粗心大意而误诊。②细致饲养。断奶后仔猪处在应激状态,需要精心饲养。断奶后的前几天仔猪会食欲减退,甚至完全废绝,因此料要少喂勤添,避免造成浪费和被污染。断奶后4~5天要适当控制仔猪的采食量,防止消化不良而腹泻。通常 1 昼夜饲喂 6~8 次，以后逐渐减少，保持饲料、饮水清洁，经常打扫圈舍，保持舍内干燥卫生。

仔猪断奶前 2~3 天做好断奶准备工作，可使用拦板让仔猪逐渐少接触母猪，使仔猪多吃料少吃奶，断奶时避开疫苗注射、转群、去势等应激因子。

仔猪断奶以傍晚为好，国外有人试验，仔猪在晚上 8 时断奶与早上 8 时断奶相比，前者在断奶后的 28 天内，虽然耗料增加 5%，而增重却提高 6%。不管采用何种方法断奶，断奶时应特别注意仔猪的饲料营养、饲养管理和环境控制，要采取有效措施，防止断奶仔猪发生腹泻和水肿病，要尽可能减少断奶仔猪的应激。

（三）断奶仔猪的饲养管理　断奶仔猪也叫保育仔猪，它对环境的适应能力虽然比新生仔猪明显增强，但较成年猪仍有很大的差距。因此，这个时期的饲养管理主要是控制猪舍环境和猪群内环境，以减少应激，控制疾病的发生。主要包括以下几方面的工作。

第一，在仔猪转入前应将保育舍彻底打扫干净，并用消毒液消毒；仔猪转群到保育舍后，保育栏内的温度在 2~3 天升高至 28℃~30℃，3 天后即调到 26℃，以后按每周 2℃降幅逐渐降低至 10 周龄的 21℃（这样有利于减轻转群应激）。栏内应有温暖的睡床，以防仔猪躺卧时腹部受凉。同时，要注意防止贼风（舍内风速应小于 0.25 米/秒），保持舍内干燥（空气相对湿度控制在 50%~75%）、温暖和空气新鲜。夏季要防暑降温，可采取通风、洒水、遮荫等方法降低舍内温度。保育舍猪栏原则上不提倡过多冲洗，对粪便按从幼龄猪到大龄猪猪栏、从健康猪猪栏到病猪猪栏的顺序直接清扫干净，而且每个饲养单元的清洁工具不能混用。断奶仔猪舍由于密度较大，仔猪又喜爱活动，因此在地面饲养仔猪要特别注意舍内空气质量。处理好通风与保温的关系，预防呼吸道疾病的发生，国外有猪场采用向空气中喷少量植物油的办法，对改善空气质量有一定效果。

第二，仔猪刚转群到保育舍时，最好供给温开水，并加入葡萄糖、钾盐、钠盐等电解质和维生素、抗生素等药物，对提高仔猪抗应激能力非常有效。转群到保育舍后，必须做到原饲养制度和饲料不变，但不可让其吃得过饱，以防腹泻；待断奶后 1～2 周仔猪采食量正常以后才可逐渐改变饲料，以减少环境变化引起的应激；尽量采取原窝养育，也可根据仔猪大小进行重新分群；食槽要符合要求，并保持充足的饮水；对脱水严重的仔猪，可口服补液盐，其配方是：氯化钠 3 克、碳酸氢钠 2.5 克、氯化钾 1.5 克、葡萄糖 20 克，加水至 1 000 毫升。

第三，做好保育仔猪的免疫工作。各种疫苗的免疫注射是保育阶段最重要的工作之一。注射过程中，一定要先固定好仔猪，在准确的部位注射，不同类的疫苗同时注射时要分左、右两边注射，不可打飞针；每栏仔猪要挂上免疫卡，记录转栏日期、注射疫苗情况，免疫卡随猪群移动而移动。此外，不同日龄猪群间不能随意调整，以防引起免疫工作混乱。对于大部分的传染病来说，保育猪是非常敏感的环节，所以留心猪群的状态，及时发现病猪相当重要。一群猪中个别猪只离群、精神呆滞，多有疾病发生，如测量发现其体温升高的话，则可能感染了病菌，应立即肌内注射抗生素和退热药物，严重的应向上报告。突然死亡的猪只应视具体情况进行剖检或作其他处理。

第四，仔猪转入保育舍后，要及时进行调教，逐渐养成在固定位置排便、睡觉、采食和饮水的习惯；仔猪在饲喂全价饲料及温、湿度合适的情况下，仍可能有相互咬斗的现象，这是仔猪的天性，可在圈栏内吊上橡胶环、铁链和塑料瓶等，让其玩耍，以分散注意力，减少互咬现象。

二、早期隔离断奶技术

近些年来,国外在仔猪饲养管理和营养领域的研究,主要集中在仔猪早期隔离断奶技术上。早期隔离断奶(SEW)是为提高断奶仔猪健康和改善其生产性能而设计出的最新断奶方法,其主要目的是提高整个养猪生产过程中猪群的健康水平,从而促进生长速度,加快生产周转速率,改善饲料转化率,最终达到降低生产成本和提高经济效益的目的。早期隔离断奶是在 21 日龄前把仔猪从繁殖母猪群隔离开,移到清洁场所实行早期断奶,避免仔猪感染留在猪群中的疾病如传染性胃肠炎、传染性萎缩性鼻炎、细小病毒病和内外寄生虫病等,以降低生产成本的新饲养方法。实行早期隔离断奶的规模猪场要严格执行仔猪断奶后即与原产猪场隔离(即异地断奶)的原则,把断奶仔猪置于隔离的保育猪舍内,保育猪舍应远离配种、妊娠、分娩和肥育猪舍,其中与配种、分娩场所至少相隔 2 千米以上。

集约化高密度饲养使猪容易发生传染病,而传染病给养猪业造成的损失最大,从理论上说早期隔离断奶技术是防止仔猪发生传染病和寄生虫病的最有力方法,其成本远远低于培育无特定病原猪的饲养管理成本,在实际工作中也较易操作和实行。目前,美国排名前 10 名的企业化养猪场,共拥有在养母猪约 110 万头,所生产的仔猪都采用早期隔离断奶技术,因此有人说早期隔离断奶技术是养猪生产改革的里程碑。

(一)实施早期隔离断奶技术的主要措施　早期隔离断奶技术的关键就是隔离,包括仔猪隔离和管理人员隔离,属多点生产的一部分,即仔猪采用早期断奶,猪场执行严格的生物安全措施,猪舍严格实行全进全出制度,仔猪实施分段隔离异地饲养,配制能完全替代母乳的仔猪全价饲料。

1. 断奶日龄　确定早期隔离断奶的日龄,主要取决于所需消灭的特异性疾病和本场的技术水平。仔猪最大断奶日龄与所需消灭疾病之间的关系取决于仔猪体内被动免疫抗体的水平。在仔猪被动免疫抗体水平降低之前就让它们离开本场母猪转至其他场,可使仔猪免受本场疾病的传染(图 8-2)。

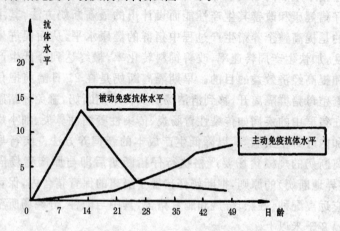

图 8-2　仔猪最大断奶日龄与仔猪体内抗体水平的关系

从图 8-2 中可以看出,仔猪体内被动免疫抗体的水平在 7～21 日龄处于最高水平,之前和之后都较低,由此确定的最大断奶日龄与所需消灭疾病的关系见表 8-4。

表 8-4　能够成功消除疾病的断奶日龄

疾病名称	日　龄	疾病名称	日　龄
纤维性胸膜炎	15	传染性萎缩性鼻炎	10
支原体肺炎	21	钩端螺旋体病	10
繁殖与呼吸综合征	21	霍乱	21
布鲁氏菌病	10～12	传染性胃肠炎	21
多杀性巴氏杆菌病	10～12	细小病毒病	21
链球菌病	5		

当然具体断奶日龄取决于猪场的健康状况或疾病状况,如生产者想消除猪场传染性萎缩性鼻炎,则必须在 10 日龄前断奶;而消除繁殖与呼吸综合征,则可在 21 日龄之前断奶。

2. 实行严格的生物安全措施 所建猪场必须远离其他畜牧场(最好在几十千米以上),猪舍根据不同阶段需要建有隔离设施和一定的间隔距离,实施严格、彻底、有效的消毒制度和消毒效果检验制度,严格实施抗体测定和疫病监测,严格实施常规防疫制度和引种隔离制度,制定一切为生物安全服务的配套饲养管理制度和药物预防制度并严格执行,各阶段猪群务必严格实行全进全出制度,即将要养在同一间猪舍中的一批猪,无论母猪、仔猪、生长肥育猪,同时转移到另一舍中,到了一定生长(或生理)阶段,需转入另一间猪舍时,一头不留地同时出圈,而后对该栋舍进行彻底清洗、消毒和干燥。

3. 实施分段隔离异地饲养 采用早期隔离断奶技术还必须实施异地饲养,即仔猪断奶后移至另外一地的保育猪舍,养至体重达 25 千克左右再移至肥育猪舍,猪舍之间的距离最好达 3 千米以上,这个距离是根据一些疾病病原体的传播距离而确定的。

4. 配制能完全替代母乳的仔猪全价饲料 日粮成分对早期隔离断奶的成功具有重大影响。大多数猪营养学家都认为,早期隔离断奶仔猪的营养需要不同于常规断奶仔猪。Nelssen 等(1995)提出,应将堪萨斯州州立大学三阶段饲喂方案扩展为包括一种早期隔离断奶日粮和一种过渡日粮的方案。早期隔离断奶日粮中应含有赖氨酸 1.7%～1.8%、蛋氨酸 0.48%～0.5%、乳糖 20%～25%、喷雾干燥血浆粉 6%～8%、豆粕 10%～15%、添加脂肪 6%～8%、喷雾干燥血粉和优质步鱼粉 3%～6%。过渡日粮的养分浓度应稍低,应含赖氨酸 1.5%～1.6%、蛋氨酸 0.42%～0.44%、乳糖 15%～20%、喷雾干燥血粉 2%～3%、豆粕 20%～30%、添加脂肪 3%～5%、喷雾干燥血浆粉 2%～3%、优质步鱼粉

3%～5%。第三阶段则可将适口性好但昂贵的成分从配方中撤出，以降低饲料成本。三阶段饲喂方案中至关重要的是第一、第二阶段日粮，但这两个阶段的饲料不要喂得时间过长，以免增加总的生产成本。

早期隔离断奶仔猪日粮中的氨基酸用量也要高于常规断奶仔猪。赖氨酸用量为 1.7%～1.8%，其他必需氨基酸需要量以赖氨酸 100% 计，分别为异亮氨酸 60%，蛋氨酸 28%，蛋氨酸和胱氨酸 55%，苏氨酸 65%，色氨酸 18%。

5. 饲养管理制度和环境小气候控制措施　仔猪对保育室的饲养管理和温度要求相当高，体重为 3～4.5 千克仔猪的温度要求达到 30.5℃～32.2℃，以后每周降低 2℃，重要的是要尽量缩小温差，地面保持干燥，舍内通风换气，饲养密度也要特别注意。

另外，实施早期隔离断奶技术的母猪必须注射以下疾病的疫苗：猪瘟、口蹄疫、猪繁殖与呼吸综合征、猪丹毒、猪肺疫、猪支原体肺炎、传染性胃肠炎、流行性腹泻、链球菌病、大肠杆菌病、传染性萎缩性鼻炎、猪胸膜肺炎等。冻干苗最好在空怀时注射，灭活苗在临产前 1 个月左右注射，有灭活苗的尽量用灭活苗。为保证疫苗通过母猪传给仔猪，使仔猪获得足够的母源抗体，要求加强母猪的饲养管理，促进母猪尽可能多的分泌初乳。

(二)实施早期隔离断奶技术的效果　据报道，河南省内乡县牧原养殖有限公司自 2000～2004 年在生产中实施了早期隔离断奶技术，断奶日龄为 12～14 日龄，有 30 万头左右仔猪参与生产试验，结果如下：仔猪成活率，14～28 日龄为 99%～100%，28～56 日龄为 98%，56～70 日龄为 95%；仔猪体重，14 日龄达 4 千克，21 日龄 5.5 千克，28 日龄达 7.4 千克，35 日龄达 9.3 千克，42 日龄达 11 千克，70 日龄达 28.5 千克；饲料报酬，70 日龄时料重比为 1.8：1，95～100 千克出栏平均日龄在 150 天左右，饲料系数 2.8 左右；母猪年平均实际胎数(含返情)为 2.57 窝，每头母猪年提供肥育猪 20 头。

　　据美国堪萨斯州州立大学的试验,在同一个受到多种疾病侵袭的猪场中,采用早期隔离断奶技术的猪在 77 日龄时要比采用传统断奶方法的猪多增重 16.8 千克。普度大学研究来自单一种群的 400 头早期隔离断奶猪在 136 日龄时体重达到 105 千克,猪在生长肥育期没有发生咳嗽;而另外 200 头来自同样种群的非早期隔离断奶猪达到同样上市体重需要 179 日龄,猪群在一年中还表现出多种疾病如支原体肺炎、繁殖与呼吸综合征、伪狂犬病、猪肺疫等。利用早期隔离断奶技术,加上优良品种、完全代替母乳的日粮和严格的生物安全措施,可保证仔猪死亡率降至 2%,出生至体重为 105 千克上市只需 140 天,料肉比 2.5∶1,达到降低甚至消灭传染病的发生,降低药物费用,提高猪群综合生产性能,提高养猪效益的目的。

　　但是,饲养 500 头以下母猪的场和老猪场实施早期隔离断奶技术也许不实际,小于 14 日龄断奶会降低母猪的繁殖性能,减少窝产仔数,延长发情间隔时间甚至不发情。在我国有些地区,由于场与场之间距离太近,土地费用又昂贵,多点式生产方式受到限制,从而限制了早期隔离断奶技术的推广运用。但在土地广阔的地区(如北方的大部分地区),应提倡多点式生产和早期隔离断奶技术的应用。

第五节　哺乳仔猪的疫病防治

一、新生仔猪低血糖症

　　新生仔猪低血糖症是 1~4 日龄仔猪发生的一种以血糖降低(血糖低于 40 毫克/100 毫升或 3.5 毫摩/升)为主要症状的营养代谢性疾病,其临床特点是仔猪步态不稳,平衡失调,突然四肢软绵无力,卧地不起、抽搐、昏迷等,常造成急性死亡。世界各地和国内许多猪场均有本病发生,造成仔猪育成率下降,经济损失较大。本病在冬春寒冷季节出生的仔猪发病率高,多为散发。窝发病率可达 25% 以上,死亡率可高达 60%～100%。

(一)病因 主要是由于母猪妊娠后期饲养管理不当,营养不全,尤其是饲料中能量不足,引起母猪乳汁不足或无乳,或仔猪出生后没有及时吃到初乳,或护理不当,吃奶间隔时间过长,造成仔猪高度饥饿所致。此外,哺乳母猪因患乳房炎、子宫炎、无乳综合征、乳头内陷或乳头坏死、产仔数过多等原因造成乳汁不足或无乳,乳汁含糖量显著降低,也可使新生仔猪产生营养性缺糖症;仔猪缺乏消化母乳所必需的乳酸杆菌也是一种诱因。另外,由于新生仔猪皮下脂肪薄,抗寒能力差,在寒冷时热能消耗迅速,如保暖设备不良,使仔猪肝脏储备的糖原耗尽,也可导致本病发生。还有的新生仔猪患先天性低血糖症,出生后活动加强,新陈代谢旺盛,糖的消耗增多,而体内的血糖不足以维持正常的生理需要,也会促进本病的发生。

(二)临床症状 仔猪出生后第二天开始发病,在 1 窝中往往有 2～3 头先发病,在 24 小时左右陆续发生,大多数在 3～4 天发病,少数仔猪可在 5～7 天发病。临床上表现为交感神经兴奋和肾上腺分泌过多的症候。病猪精神委顿,步态不稳,行走摇晃,不能维持身体平衡,四肢软弱无力,进而卧地不起,浑身发软,眼微闭,呈昏睡状态。对外界的声、光刺激反应迟钝或消失,用针刺体表时,除耳、蹄部稍有反应外,其他部位无痛感。多数呈阵发性神经症状,四肢震颤,做游泳状划动,或出现痉挛性收缩,头向后仰,呈角弓反张。口微张开,发出特殊的尖叫声,口角流出少量的白沫。

病猪体温在病初基本正常,随着病情加重,体温逐渐下降,可降至 36℃ 以下。病猪一出现症状即不吃奶,心跳加快,心律失常,呼吸微弱,皮肤苍白发凉,黏膜苍白,被毛竖起,视力发生障碍,眼球肌麻痹,瞳孔散大,昏睡,惊厥抽搐,最后昏迷而死。多数病猪在24小时左右死亡,如果治疗不及时或方法不当,可100％死亡。一般治疗及时、方法恰当可能在1～2天痊愈,若再复发,则治愈率较低。

(三)病理变化　尸体外观仅见尸体下侧、颌凹、颈下和胸腹下有不同程度的水肿,厚达1～2厘米。部分死猪腹下皮肤呈淡黄色,一般血液凝固不良。胃内有白色凝固乳块,肠道内有少量消化良好的内容物,肠系膜血管充血。

肝脏呈特殊的土黄色或灰黄色,边缘锐利,质地变脆易破,如豆腐脑状。当肝脏内淤血较多时,颜色呈红中带黄,切开血液溢出后,则变为典型的土黄色。肝小叶分界不明显。胆囊膨大,内充盈淡黄色胆汁。肾脏呈淡土黄色或灰黄色,表面常有散在的红色小出血点,肾髓质呈暗红色,与皮质部分界明显。膀胱黏膜也可见小出血点。

脾脏呈樱桃红色,边缘锐利,切面平整,无血液流出。其他脏器无异常变化。

(四)诊断　根据发病日龄为2～3日龄,体温偏低,瘫软无力,出现神经症状,发出特殊叫声等临床表现和肝脏呈土黄色等病理变化,再结合母乳不足或无奶等情况不难做出初步诊断。但要确诊应采血分离血清检查血糖含量,如果血糖低于40毫克/100毫升或3.5毫摩/升,而同日龄健康仔猪血糖为120～170毫克/100毫升或3.5～6毫摩/升;同时血液中的非蛋白氮和尿素含量增高,则可确诊为低血糖症。在无条件进行血糖测定时,可通过给病猪口服或腹腔注射25％葡萄糖注射液(每头每次15～20毫升)后,症状有所缓解甚至痊愈,即可做出治疗性诊断。

(五)治疗　本病的主要治疗措施是尽早给病猪补充葡萄糖,即口服25％葡萄糖溶液每头每次15～20毫升,每2～3小时口服1次。如果用葡萄糖针剂做静脉注射则效果更佳。如果在糖中加适量的复合维生素 B 和维生素 C,效果会更好。据报道,因低血糖昏迷时间达 4 小时者,其脑功能的损害成为不可逆的病理反应,此时再补糖也难免死亡。因此,补糖必须及时,否则治疗效果不佳。

(六)预防 首先,仔猪出生后应尽量提早吃到初乳,喂奶的间隔时间不宜过长,以保证仔猪有足够的初乳量。再者,对未发病的同群猪和刚出生的仔猪应立即补充 25%葡萄糖溶液,因为是做预防,可按 4～6 小时 1 次,每次口服 10～15 毫升,连服 3～4 天。另外,在冬季要注意保暖(舍温保持在 25℃),如果窝发病率较高时,说明母猪饲料中能量不足,应从产前 1 周开始对同群母猪每日在饲料中补充蔗糖(最好用红糖)250～300 克,直到产后 1 周,对预防仔猪低血糖症有一定的效果。

二、仔猪腹泻

(一)病原性腹泻

1. 细菌性腹泻 常见的有大肠杆菌引发的仔猪黄痢和白痢以及 C 型魏氏梭菌引发的仔猪红痢。

(1)仔猪黄痢和白痢 10 日龄以内猪下痢者,称为仔猪黄痢,排黄色稀便,以死亡率高为特征;11～30 日龄排乳白色或灰白色、带腥臭味的稀便者,称为仔猪白痢,以病程长、死亡率低为特征。治疗方法:肌内注射恩诺沙星(氟哌酸)或环丙沙星注射液,每头每次 2～5 毫升。还可用 0.5%痢菌净,每千克体重 1 毫升;庆大霉素,每头每次 4 万～8 万单位。也可用链霉素,按每千克体重 10 万单位溶于 5 毫升水中口服。以上诸药均每日 2 次,连用 3 天。

(2)仔猪红痢 常发生于 3 日龄以内仔猪,以排出鲜红色稀便为主要特征。病猪全身症状明显,精神沉郁,被毛粗乱,皮肤苍白,喜欢扎堆,一般在 1～2 天发生 100%死亡。发病后立即用 0.5%痢菌净,按每头每次 0.5～1 毫升剂量,用凉开水稀释成 3～5 毫升口服,每日 2 次;当症状减轻后,可做肌内注射,每日 2 次,连用 3

天,对本病有特效。对于尚未发病的同窝仔猪应同时采用上述方法口服做紧急预防。妊娠母猪在产前 30 天和 15 天,用 C 型魏氏梭菌疫苗接种 2 次,仔猪出生后通过初乳可获得保护。

2. 病毒性腹泻　包括轮状病毒性腹泻、传染性胃肠炎、流行性腹泻、伪狂犬病引起的腹泻等。它们的共同特征是厌食、呕吐、水样腹泻、脱水、体重减轻,日龄越小症状越重,死亡率越高。不同点是:轮状病毒引起 7～60 日龄仔猪发病,成年猪常带毒但不发病。传染性胃肠炎和流行性腹泻各种年龄均可发病,冬季多发,腹泻猛烈,呈喷射状,10 日龄以下的仔猪死亡率特别高。伪狂犬病性腹泻多发生于 30 日龄以内的仔猪,表现为高热、呕吐、排黄色稀便,有呼吸症状和神经症状,日龄越小症状越严重,死亡率越高,妊娠母猪发生流产或产死胎。

防治:①猪白细胞干扰素,30 日龄以内的仔猪每头每次肌内注射 5 000 单位,每日 1 次,连用 3 天。②鸡新城疫Ⅰ系疫苗,每头每次肌内注射 20 羽份,第一次注射后,隔日再注射 1 次。在发病期间,对同群健康猪采用上述方法和剂量做紧急预防,效果十分满意。

3. 寄生虫性腹泻　常见有仔猪球虫病和蛔虫病。球虫病常发生于 7～21 日龄仔猪,以温暖潮湿季节多发。母猪为带虫者,是传染源。仔猪排黄白色稀便,偶尔可见血便,粪便做显微镜检查,可发现虫卵。蛔虫性腹泻多见于 30 日龄以上的仔猪,表现为被毛粗乱、下痢、消瘦、磨牙、异食和腹痛等症状。

防治:①球虫病:口服磺胺二甲基嘧啶,每千克体重 0.1 克,每日 1 次,连用 3～5 天;按每吨饲料添加 150～200 克,连喂 7 天,可以预防球虫病;3％二甲硝咪唑按每千克体重 20 毫克,肌内注射,每日 1 次,连用 3～5 天;5％百球清(三嗪类抗原虫药),每千克体重 20～30 毫克,稀释成 3～5 毫升给 3～5 日龄仔猪一次口服,有很好的防治效果。②蛔虫病:皮下注射伊维菌素或阿维菌素,每千克体重 0.03 毫升,每月使用 1 次。

(二)非病原性腹泻

1. 消化不良性腹泻　常见于刚断奶的仔猪,因突然改变饲料、喂料过多或饲喂发霉饲料引起病猪排出的稀便,其中常带有未消化的饲料。

防治:合理饲喂全价的饲料,不用发霉变质的饲料,若发现饲料有发霉现象时,可在饲料中添加脱霉剂。当病猪不采食时,可肌内注射维生素 C 和复合维生素 B 各 5 毫升,每日 1~2 次,连用 3 天。

2. 营养不良性腹泻　常因母猪营养不良,乳汁少而稀淡,或母猪饲料中缺铁、钴等微量元素,导致仔猪贫血性或缺铁性腹泻。仔猪表现腹泻,瘦弱无力,皮肤苍白,被毛粗乱,腹围收缩,排水样便或黏稠稀便。

治疗:①注射抗贫血药,如牲血素等。②肌内注射维生素 C 和复合维生素 B。③肌内注射肌苷注射液 2 毫升,三磷酸腺苷注射液 2 毫升,每日 1 次,连用 5~7 天。

三、哺乳仔猪疫病的综合防治措施

加强妊娠母猪的饲养管理,提高仔猪的出生重。注意母猪圈舍卫生,尤其在产前和产后应经常清洗消毒,在仔猪吃初乳前将母猪乳头擦洗干净。

固定乳头,早吃、吃足初乳是新生仔猪获得免疫力的唯一途径。

对养殖环境进行彻底消毒,尽量减少病原微生物对新生仔猪的侵害;保温,防止空气湿冷与污浊;提高母猪的泌乳量;给妊娠后期母猪注射大肠杆菌疫苗,使母猪快速产生母源抗体从而使仔猪获得较高的免疫力(母猪产前 40 天和 20 天各注射大肠杆菌疫苗 1 次)。

给断奶前仔猪注射猪水肿病疫苗,注意在饲料中补硒和添加土霉素等,定期用药保健治疗。

后备公猪、母猪、妊娠母猪应做好伪狂犬病疫苗注射,在做好基础免疫的基础上,妊娠猪在产前15~25天注射伪狂犬病灭活疫苗。

仔猪其他疫病的预防应根据实际情况来进行防控,常规免疫程序参考表8-5。

表 8-5 哺乳期仔猪免疫程序

日 龄	疫苗名称	用量及用法	备 注
7~10日龄	气喘病(猪霉形体肺炎灭活苗)	肌内注射2毫升	间隔2周再注射1次
15~20日龄	猪伪狂犬病毒基因缺失灭活苗	肌内注射2毫升	亦可在3日龄滴鼻
21~25日龄	猪瘟弱毒疫苗	肌内注射2~3头份	60日龄二免,肌内注射4~5头份
25~30日龄	链球菌多价灭活苗	肌内注射2毫升	

第九章 猪的繁殖障碍及防治技术

第一节 公猪生殖器官性繁殖障碍及防治技术

一、阴囊炎、睾丸炎、附睾炎

(一)病 因

1. 非传染性因素 饲养管理不当,饲料中缺乏某些维生素(如维生素 E 和维生素 A 等)或微量元素(硒、锰等)以及猪只发生咬伤等。

2. 传染性因素 公猪感染了流行性乙型脑炎病毒、钩端螺旋体、衣原体和布鲁氏菌等病原微生物。

(二)症状 阴囊红肿,睾丸外表潮红,肿大 1～2 倍,变硬,局部发热、疼痛,以后逐渐发生萎缩,失去弹性。附睾炎急性期的红、肿、热、痛等症状与睾丸炎是同步的,附睾到后期亦发生萎缩。在上述炎症过程中,公猪的副性腺(前列腺、精囊腺、尿道球腺)也相继发生炎症,此时会出现死精或无精,引起公猪性欲减退,甚至发生阳痿。上述炎症可蔓延到输精管和输尿管,引起尿道炎症。特别是发生尿道炎时,由于尿道壁肿胀,尿道腔变狭窄,致使尿液中尿酸盐聚集,并沉积在尿道壁上形成结石,排尿时出现血尿,病猪表现剧烈疼痛。

(三)诊断 根据近几年来大量的临床实践证实,如果公猪发生阴囊红肿、睾丸肿大、潮红或变硬、萎缩等症状时,首先应考虑衣原体感染,因为其他类似传染病(流行性乙型脑炎、布鲁氏菌病、钩端螺旋体病)发病的概率很低。同时,很多兽医技术人员对衣原体病不太熟悉,而又无衣原体病疫苗供猪群免疫。因此,近年来衣原体对公、母猪繁殖的危害相当严重。建议采集公猪血液分离血清,请有关单位检测衣原体血凝抗体,在没有注射衣原体病疫苗的猪血清中,检查出衣原体抗体,即可确诊为衣原体感染。另外,当前有免疫抑制性疾病存在的情况下,多为混合感染,故在检测衣原体抗体的时候,应同时检测繁殖与呼吸综合征、圆环病毒病、伪狂犬病、弓形虫病等病的抗体,以求做出全面诊断。

(四)治　疗

(1)衣原体感染,建议应用左氧氟沙星注射液做静脉注射,每次400～500毫升,每日1次,连用5天。同时,还可配合强力霉素或氟苯尼考、泰乐菌素、阿奇霉素等。

(2)病毒感染,采用干扰疗法,具体方法参照猪圆环病毒病一节。

二、阳　痿

阳痿是指种公猪配种时虽有性欲但不旺盛,阴茎不能勃起。

(一)病因　饲养管理不善是引发阳痿的主要原因,常因饲喂过多蛋白质和碳水化合物,缺乏运动,致使体况过肥,体质虚弱所引起。另外,公猪配种次数过于频繁,导致精气耗损,往往也会引起阳痿。

人工授精时,采精技术不良,选择台猪不当,采精场所不安静,射精时公猪受到惊吓,致使公猪性欲降低,也是导致阳痿的原因。

阴茎疾病引起的疼痛,造成体质虚弱的疾病,持久性疼痛或后肢不能负重等因素都能引起阳痿。刚开始配种的公猪,有时可能出现阴茎不能勃起的现象。

(二)症状和诊断　在配种或采精时,公猪阴茎不能勃起,或竖而不坚,虽然反复爬跨,但不能完成配种过程。患阳痿的公猪在交配时不难发现,但要准确找出病因,则要详细了解和观察。因饲养管理不善引起的阳痿,公猪瘦弱,精神不佳,行动迟缓,缺乏性欲;由于配种过度引起的阳痿,公猪精神委顿,呈现疲乏状态;由疼痛引起阳痿,公猪不愿或不能爬跨;刚开始配种出现的阳痿,公猪表现性欲正常,但阴茎不能勃起。

(三)治疗 首先查明致病原因,然后采取相应的措施。例如,改善饲养条件,加强管理,更换采精时引诱的母猪,注意配种公猪的条件反射等。由传染性疾病造成的阳痿,特别是衣原体等病原微生物引起的阳痿,应当选择相关敏感药物进行治疗。对肾虚阳痿,可用中药治疗:黄芪 40 克,党参 40 克,鹿茸 5 克,阳起石 10克,菟丝子 35 克,淫羊藿 35 克,龙骨 50 克,牡蛎 50 克,椒目 15克,丁香 15 克,海螵蛸 20 克,防风 30 克,加水 1 000 毫升,煎成500 毫升,灌服,每日 1 剂,1 剂药可煎 2 次,分早、晚喂服,连用5～7 天。

三、阴茎炎、包皮炎、尿道炎

(一)阴茎炎 是指阴茎头端发炎,常与包皮炎同时发生。其特征是阴茎肿大,不能缩回到包皮鞘内,包皮孔变窄,阴茎与包皮互相粘连。病猪疼痛不安,不愿或不能交配。某些病原微生物或寄生虫都可引起本病,若用混有病原微生物的精液给母猪输精,可引起母猪生殖道发炎并可使受精率降低。引起本病的非传染性因素是人工采精技术不当或其他外伤导致阴茎损伤。阴茎炎通常呈急性经过,有的甚至使阴茎深部组织撕裂。

可采取普通外科方法治疗,最好用碘甘油涂搽患处(先用生理盐水清洗患处),每日 2 次,直到痊愈为止。

(二)包皮炎 包皮发炎对精液无影响,但可能引起包茎(阴茎不能伸出)或者嵌顿包茎(阴茎不能回缩),以至交配困难。发生包皮炎时易形成包皮垢,这是由包皮囊和包皮腔内的分泌物发生腐败所引起的。另一种表现是包皮和阴茎游离部水肿、疼痛，甚至发生溃疡和坏死。治疗方法同阴茎炎。

(三)尿道炎　发生尿道炎时，病猪尿道疼痛剧烈，性欲减退，交配困难。即使能进行交配，精液通过尿道时质量受损，受配母猪也难以妊娠。通常表现排尿困难，尿量减少，甚至发生尿闭。

治疗方法与阴茎炎的治疗方法相同。

第二节　母猪生殖器官性繁殖障碍及防治技术

一、卵巢功能不全、减退和萎缩

(一)病因　凡是引起机体衰弱的各种原因，如长期饥饿、饲喂非全价营养饲料、气候变化和近亲繁殖等，均可引起本病发生；孕酮水平过低，子宫疾病和全身严重性疾病，都可导致本病发生。

(二)症状　主要表现是发情周期延长、长期不发情或发情不明显，有的虽有发情表现，但不排卵，表现为无排卵周期。卵巢功能严重障碍时，性周期完全停止。卵巢萎缩时，其体积缩小、变硬，表面光滑、坚实，多为一侧性，此时完全没有发情表现。

(三)诊断　发现有发情周期延长或不发情的病史，即可做出初步诊断，确诊须检测孕酮和雌二醇等的含量水平。

(四)治疗　首先要了解母猪的饲养水平和体况，结合临床表现进行综合分析，针对原因，采取适当措施，多用刺激生殖功能的方法。

1. 促卵泡素　对促进发情有良好的作用。但如使用过量，会引起卵泡发育过盛，导致卵巢充血、出血，甚至发生粘连，故重复使用时要慎重。

2. 促性腺激素　其作用类似促卵泡素，可用于催情，肌内注射 100～1 000 单位。

3. 雌激素　本品虽不能直接引起卵泡发育和排卵,但可以促使正常发情周期得以恢复,因此可使母猪在第二次发情周期中能正常排卵。

4. 其他方法　按摩或用药物刺激生殖器官,利用种公猪诱导发情,积极治疗原发病。当卵巢发生萎缩或变硬时,其生理功能很难恢复,无治疗价值。

二、卵巢囊肿

卵巢囊肿是母猪生殖器官疾病中比较常见的一种疾病。卵巢组织内未破裂的卵泡或黄体,因其本身成分发生变性和萎缩而形成的空腔称为卵巢囊肿,分为卵泡囊肿和黄体囊肿两种。猪主要是形成黄体囊肿。黄体囊肿亦称为黄体化囊肿,是由未排卵的卵泡壁上皮黄体化形成的;或正常排卵后,由于某些原因,黄体化不完全,在黄体内形成空腔,腔内聚集液体形成的,这种黄体称为囊肿黄体。卵泡囊肿是由于卵泡上皮变性,卵泡壁结缔组织增厚,卵细胞死亡,卵泡液未被吸收或增多而形成的。

(一)病因　卵巢囊肿与黄体生成激素分泌不足及卵泡成熟激素分泌过多有关,两者失去平衡,使卵泡的生长、发育、成熟及排卵机制和黄体的正常发育受到扰乱。因此,卵泡过度增大,或生成许多小卵泡,不能正常排卵而形成囊肿。

(二)症状　主要症状是不发情。初期为无节律的性周期,而后性周期停止。多数病例是一侧性的,但也有两侧交替发生的。卵巢上有1个或几个出现波动的大卵泡,卵泡囊表面光滑,外膜厚薄不匀,壁薄的有波动感,壁厚的呈葡萄状,无波动感。如果出现多数小的囊肿,则卵巢表面有许多富有弹性的小结节。

(三)诊断　一般是根据病史诊断,临床上主要是根据不发情以及在做直肠检查时发现在子宫颈稍前方有葡萄状囊状物,特别是两次直肠检查结果一致,即可做出诊断。

(四)治疗　通常采取激素疗法。单独或联合应用促黄体生成素和人绒毛膜促性腺激素。一般在注射黄体生成素后 3～6 天,囊肿即形成黄体,症状消除,恢复发情。发情后再注射人绒毛膜促性腺激素。卵巢若无变化,可重复 1 个疗程。肌内注射黄体酮,每日或隔日 1 次。在治疗的同时,补喂碘化钾,待发情后再注射垂体前叶促性腺激素。

三、持久黄体

在性周期或分娩后,卵巢中的黄体功能完成后,超过应消退的生理时限(25～30 天)仍不消退,称为持久黄体。黄体分为妊娠黄体(真黄体)和性周期黄体(假黄体)两种。持久黄体同样可以分泌孕酮,抑制卵泡发育,使性周期停止循环,引起母猪繁殖障碍。

(一)病因　饲养管理不当,饲料单一,某些矿物质和维生素不足,造成新陈代谢障碍,内分泌紊乱,导致脑垂体前叶分泌促卵泡素不足,黄体生成过多,致使黄体持续时间长,易形成性周期持久黄体。

产后子宫复原缓慢,恶露和胎衣滞留,子宫内膜炎、子宫积水或蓄脓、子宫肿瘤、子宫内滞留死胎或木乃伊胎等,都可使黄体不能及时吸收,从而形成持久黄体。

(二)症状　临床上的主要特征是性周期停止,母猪长期不发情,也无性欲,易被误认为已妊娠。个别病猪也出现性欲和发情,但无排卵周期,多次配种不能妊娠。

(三)诊断　根据病史和临床症状,结合子宫的变化和过去配种不发情的情况可以做出诊断。

(四)治疗　改善饲养管理方法,饲喂全价饲料,补充多种维生素和微量元素;肌内注射或子宫内注入前列腺素,使黄体溶解,血液中孕酮含量降低。用药后 3～4 天发情,4～5 天排卵,即可配种并可妊娠。

四、卵 巢 炎

(一)病因 急性卵巢炎是由于子宫或输卵管的炎症性疾病蔓延到卵巢，或致病性微生物，如布鲁氏菌、衣原体、链球菌等感染后经血液或淋巴循环进入卵巢而引起的炎症。也可能由于粗暴挤压黄体或穿刺囊肿，不正确地按摩卵巢等机械性刺激而造成卵巢发炎。

(二)症状 病猪通常表现为精神沉郁，食欲减退或废绝，性周期无节律，体温升高。卵巢剧烈疼痛，有时有波动，特别是卵巢炎伴发脓肿时波动更明显。卵巢上既无黄体，也无卵泡，有时还可发现子宫和输卵管发生炎症。慢性卵巢炎无全身症状，卵巢肿大，有结节、硬实，呈不规则状。某些病例卵巢实质萎缩，白膜显著增厚，卵巢体积大大缩小，触之无痛，无卵泡，也无黄体。

(三)诊断 根据病史和临床症状可以确诊。

(四)治疗 急性炎症可使用抗生素和其他抗菌药物，可用左氧氟沙星注射液做静脉注射，每次 400 毫升，每日 1 次，连用 4～5 天。慢性炎症可在饲料中添加抗菌药物，如阿莫西林，每吨添加 200 克，或用 10%氟苯尼考，每吨添加 200 克，或用强力霉素，每吨添加 400 克；也可每吨饲料添加磺胺间甲氧嘧啶(或磺胺对甲氧嘧啶)300 克、抗菌增效剂甲氧苄啶(TMP)50 克、碳酸氢钠 500 克。以上药物添加后均连喂 7～10 天。

五、输卵管炎

输卵管炎可以导致输卵管狭窄，输卵管部分或完全不通，导致输卵管功能障碍。

(一)病因 输卵管炎多是由于子宫或卵巢发生炎症未及时治疗而发生炎症扩散所致，主要是由病原微生物经血液或淋巴液进入输卵管所造成。

（二）症 状

1. 急性输卵管炎 除严重初期触摸输卵管部位有痛感之外，不表现全身症状，但屡配不孕。炎症过程发展伴有大量浆液性、卡他性或脓性渗出物形成时，则完全堵塞输卵管，其上部蓄积大量分泌物，管腔扩大，似囊肿灶。肌层发炎时肌纤维变性和坏死，以后为结缔组织取代，管腔十分狭窄，引起收缩功能减弱或完全无收缩力。最终浆膜和周围组织或邻近组织发生不同程度的粘连。

2. 慢性输卵管炎 特征是管壁增厚，管腔显著狭窄。

（三）诊断 临床上不易做出正确诊断。

（四）治疗 对急性输卵管炎用抗生素和磺胺类药物治疗，同时用脑垂体后叶素（如缩宫素）等活化患病器官收缩功能的药物，以促进炎性产物的排出。

六、子宫颈炎

子宫颈炎包括子宫颈内膜炎和子宫颈肌层炎两种。临床上常见的是混合型子宫颈炎（包括子宫浆膜炎），按其病程有急、慢性之分。

（一）子宫颈内膜炎 一般是由于手指助产、自然交配和人工授精时造成子宫黏膜损伤并带入病菌引起的炎症过程。子宫黏膜和阴道黏膜炎症均可继发子宫颈内膜炎。

1. 症状 急性子宫颈内膜炎时，子宫颈充血、水肿、疼痛，黏膜上有出血点，子宫颈管哆开，外口有局灶性或弥散性充血或出血，并有脓液或黏液絮状物。由于黏液蓄积，黏膜皱襞间孔隙扩张，黏液内有白细胞，子宫颈分泌物黏稠并呈酸性反应。授精时，精子因黏稠的黏液阻挡，在遇到卵细胞之前就发生死亡，不能进入子宫内，故出现配种不能妊娠。

2. 诊断 根据阴道视诊、触诊和检查子宫颈材料即可确诊。

3. 治疗 为排出子宫颈渗出物，可用 0.1% 高锰酸钾溶液冲洗阴道。为消除炎症,可向子宫颈管内注入抗生素,如青霉素和链霉素混合液或 0.1%雷佛奴尔溶液,每日 1 次,连用 3～5 天。

(二)子宫颈肌层炎

1. 病因 本病是由于在分娩或流产时损伤了子宫颈而引起的炎症,有时是由子宫内膜炎扩散所造成。

2. 症状 多为慢性过程,子宫颈不均等的肿大和增厚,结缔组织代替肌纤维,可触到硬如石头的结节,硬结过程易发展为子宫颈管闭锁,造成多次配种不孕。

3. 诊断 根据病史和开膛器检查发现子宫颈的病理形态变化,可以确认诊断。

4. 治疗 可用碘甘油涂布子宫颈黏膜,每日 2 次,直到治愈为止。

七、子宫内膜炎

子宫内膜炎是指子宫黏膜发生的黏液性或化脓性炎症。发生子宫内膜炎后,病猪往往发情不正常,或者发情正常,但不易妊娠,即使妊娠也容易发生流产。

(一)病因 患子宫内膜炎的主要原因是细菌感染所致,其中以大肠杆菌、链球菌、棒状杆菌、绿脓杆菌、衣原体和变形杆菌等为主。上述细菌是在分娩、难产和产褥期中,母猪抵抗力虚弱时开始增殖以引发本病。此外,人工授精器具消毒不严或子宫弛缓时恶露滞留,助产时手术器械不清洁,配种公猪的生殖器官或精液有炎性分泌物都可以引起子宫内膜炎。另外,细菌感染与性激素之间有一定的关系,卵泡激素强烈作用于子宫内膜时,较难发生感染;而黄体激素作用于子宫内膜时则易引起感染。

(二)症状 急性子宫内膜炎多发生于产后几天或流产后数日,病猪全身症状明显,体温升高,食欲减退或废绝,鼻盘干燥,时常努责,阴道流出红色、污秽、有腥臭味的分泌物,并夹有胎衣碎片。如不及时治疗,可形成败血症或脓毒败血症,若治疗不及时或治疗方法不当,可转为慢性子宫内膜炎。当转为慢性时,全身症状不明显,在病猪尾根和阴户周围有黏稠分泌物结痂,其颜色为淡灰色、黄色或灰褐色不等。站立时不见黏液流出,卧地时则流出大量黏液。病猪逐渐消瘦,发情不正常或延迟。发生屡配不孕,即使妊娠,也会在不久后发生流产。

(三)**诊断** 对怀疑为子宫内膜炎的病例,应从尾根下部采集分泌物,或利用开膣器采集分泌物进行细菌检查,了解全身症状,辨别分泌物的气味也有助于诊断。

(四)**治疗** 在炎症的急性期,首先要清除积留在子宫内的分泌物,选用 0.1%高锰酸钾溶液(用凉开水配制)冲洗子宫,然后向子宫内注入头孢菌素类药物和链霉素,每日 1～2 次,连用 3～5天。还可用 3%过氧化氢溶液 100 毫升注入子宫中;最有效的药物是 0.1%雷佛奴尔溶液,每次取 100 毫升注入子宫内(注药前 2小时,先用 0.1%高锰酸钾溶液 500 毫升冲洗子宫),每日 1 次,连用 4～5 天。

在急性炎症期,除子宫注药外,必须全身用药,特别是高热时,要用复方磺胺嘧啶钠或复方磺胺间甲氧嘧啶 40 毫升,用 40 毫升注射用水稀释(不能用葡萄糖注射液或生理盐水)做静脉注射。同时,用 5%碳酸氢钠注射液,按每千克体重 1 毫升做静脉注射。此法使用 1～2 次后,磺胺类药物改为肌内注射,再注射 2 天。同时,将碳酸氢钠粉剂配成 1%水溶液供母猪饮用,直到磺胺类药物停用为止。

八、阴道炎、前庭炎、阴门炎

(一)**病因和诊断** 阴道炎有原发性和继发性两种。原发性通常由于配种或分娩时阴道黏膜受到损伤或感染而引起的。继发性阴道炎是由于胎衣不下、子宫内膜炎、阴道及子宫脱出所引起的。

病初为急性,如果治疗不当或不彻底,则转为慢性。

1. 慢性化脓性阴道炎　在阴道中有脓性渗出物并向外流出,阴门周围有薄的脓痂。阴道黏膜肿胀,且有程度不同的糜烂或溃疡。有时因组织增生,使阴道变狭窄,阴道腔积有脓性分泌物。病猪精神不振,食欲减退,泌乳量下降。

2. 蜂窝织炎性阴道炎　阴道黏膜肿胀、充血,触诊疼痛,黏膜下结缔组织内有弥散性的脓性浸润,有时形成脓肿;阴道中有脓性渗出物,其中混有坏死组织碎片,亦可见到溃疡,日久形成瘢痕,从而发生粘连,引起阴道狭窄。病猪往往有全身症状,排粪、排尿有痛感。

3. 前庭炎、阴门炎　表现为疱状疹,在阴门及前庭黏膜上出现许多小的透明结节,其大小不一,一般如小米粒大,大的像高粱米样。它们主要密集在阴门上壁及阴蒂两旁,有些散在分布于黏膜皱襞上。以后结节变为半透明的疱疹,颜色变红,且逐渐变得混浊、扁平并增大。有时许多疱疹汇合成一片,一部分破裂,形成小的溃疡,上有污黄色渗出液或脓液,但不久就生出新的上皮而成为白色的小斑。通常经过2～4周,疱疹即逐渐减少以至消失而自行痊愈,很少造成不育。如果疱疹破溃后受到感染,则可引起脓性阴道炎和蜂窝织炎。

（二）治疗　用消毒或收敛药液冲洗阴道,然后涂以消炎收敛药,最理想的药物是碘甘油,此药具有祛腐生肌的功能。配制方法:将甘油用冷开水配成30％溶液,然后向甘油中加入碘酊,使之呈现棕黄色即可。将碘甘油涂在患处,每日2次,直至康复。

第三节　病原性繁殖障碍及防治技术

一、猪圆环病毒病

猪圆环病毒病是由猪圆环病毒Ⅱ型引起的一种新的传染病。

本病主要表现为母猪繁殖障碍、断奶仔猪多系统衰竭综合征、猪皮炎肾病综合征、间质性肺炎等。另外，新生仔猪先天性震颤也是由猪圆环病毒Ⅱ型引起的。迄今本病已在德国、法国、西班牙、加拿大、美国、日本、印度、韩国和我国台湾等地区流行。前几年我国先后从加拿大、美国等国引进种猪，当时口岸检疫未将此病列为检疫对象，因而将圆环病毒病带入我国。

(一)病原 猪圆环病毒是由 Tischer 等在 1974 年从 PK-15 细胞中发现的，当时认为是一种细胞污染物，后被证实为一种新病毒。病毒粒子为 20 面体对称，以滚环方式进行复制，可在 PK-15 细胞上生长，但不引起细胞病变。由于该病毒的基因组是一种环状、无囊膜、单链 DNA，因此将猪圆环病毒、鸡贫血病毒、鹦鹉喙羽病毒 3 种病毒设立为一个新科，即圆环病毒科，下设 1 个圆环病毒属。圆环病毒有 2 种基因型，即Ⅰ型和Ⅱ型。前者广泛存在于猪源肾细胞中，但并不引起感染猪发病，后者由 Allan 等从患断奶仔猪多系统衰竭综合征的猪群中分离到。大量研究证实，猪圆环病毒Ⅱ型是引起猪圆环病毒病的病原。

(二)流行病学 猪圆环病毒病已在世界范围内广泛传播。

我国台湾省早在 1995 年就发现了断奶仔猪多系统衰竭综合征，而且成为严重影响台湾养猪业的重要疫病。郎洪武等(2000)用酶联免疫吸附试验在北京、河北、山东、天津、江西、吉林、河南 7 个省、自治区、直辖市的 22 个猪场各类猪群血清中均检测出抗猪圆环病毒Ⅱ型抗体。迄今国内各地大中型规模化养猪场以及农村小型养猪户中均有本病发生。

关于猪圆环病毒Ⅱ型的宿主范围，除感染猪之外，人、小鼠和牛均可感染，但还有待进一步研究。未能从绵羊、山羊、兔、鸡、火鸡等动物血清中查到抗猪圆环病毒Ⅱ型抗体。

感染猪圆环病毒Ⅱ型的病猪可以从眼分泌物、鼻腔分泌物和粪便排出病毒，这些病毒颗粒污染猪舍环境，散布到空气中，再经过口腔、呼吸道黏膜或皮肤感染侵入猪体。种公猪精液中的病毒可以通过交配传给母猪,妊娠母猪可经过胎盘垂直传给胚胎,使胎儿致死,引起母猪流产、产木乃伊胎、死胎和弱仔。从发病年龄来看,除公、母猪易感外,2～12周龄仔猪也可感染。断奶仔猪多系统衰竭综合征一般发生于5～12周龄仔猪,以7～11周龄仔猪多发。据笔者在临床实践中发现,90～130日龄的肥育猪仍可感染猪圆环病毒Ⅱ型。

(三)临床症状

1.公猪 表现厌食,精神沉郁,体温略有升高(40℃～40.5℃),偶尔出现咳嗽,打喷嚏,随后表现性欲降低,严重者完全没有性欲,丧失配种能力。

2.后备母猪 除精神、食欲改变之外,体温一般升高0.5℃～1℃,也有不发热的。咳嗽,呼吸次数增加,主要表现发情异常,迟发情或不发情,或配种后不易妊娠,出现返情。

3.生产母猪 早期感染的妊娠母猪出现流产,其中有些母猪的胎儿死于腹中,有的发生自溶,即胚胎在子宫内溶解后被吸收,到预产期仍为空腹无分娩表现。妊娠中期感染,胚胎死亡后出现干尸化,分娩时产出木乃伊胎。据笔者调查发现,感染猪圆环病毒Ⅱ型的妊娠母猪以产木乃伊胎为多见。后期感染者产死胎或弱仔,后者不会吃奶或全身震颤(先天性震颤),在产后数小时或1～2天死亡。母猪一般要推迟或提前3～5天分娩,在分娩前不吃食,精神烦躁不安。产死胎的母猪多表现发情推迟,配种后易发生返情,有的猪场返情率高达70%～90%。

4.初生仔猪 现有研究证实,猪圆环病毒Ⅰ型和猪圆环病毒Ⅱ型均可引起初生仔猪发生先天性震颤,且主要发生在初产母猪所产的仔猪,发病率在1%～3%。临床表现为轻微震颤或肢体、头部、躯干呈明显的、剧烈的颤抖,以及有节律的阵发性痉挛。

5.断奶仔猪 一般5～12周龄的断奶仔猪发生多系统衰竭

综合征,其中多发生于 7～11 周龄。病猪表现进行性消瘦,被毛粗乱,皮肤苍白,皮肤有的发生黄染,体温略有升高(0.5℃左右),食欲减退,精神沉郁,继而排黄色稀便,呼吸异常,咳嗽,打喷嚏。初期为胸式呼吸,进而出现腹式呼吸。一般呈慢性经过,但在初发的猪场可表现急性经过,病猪体温可升至 41℃ 以上,部分仔猪耳、鼻盘、四肢、腹下皮肤发绀。腹股沟淋巴结明显肿大,外观呈蓝色,到后期病猪体质高度虚弱,步履蹒跚,并出现神经症状,口吐白沫。急性者 5～7 天死亡,慢性者可拖至月余,不死者极度消瘦,成为僵猪。

6～10 周龄的猪只还会发生皮炎肾病综合征,有的在 4 周龄内就发生。一般在夏、秋高温季节发病较多,皮炎主要发生在耳郭、背部、躯体两侧和臀部等部位的皮肤表面,出现圆形凸起的丘状疹块,开始呈红色,逐渐由中心部位变黑,再扩展到整个丘疹,呈暗红色至黑红色。这种疹块大小不等,一般如高粱米至豌豆大。在发生皮炎期间,病猪精神沉郁,食欲减退或废绝,体温升高达41℃～41.5℃,皮下水肿,浅表淋巴结特别是腹股沟淋巴结肿大3～5 倍,活体肉眼可见。当皮炎肾病综合征与多系统衰竭综合征同时发生时,病猪的症状更加严重,可表现呼吸困难、喘气、腹泻,甚至有的会出现神经症状。本病的发病率一般为 20%～30%,也有的场高达 50%～80%,死亡率亦可达到 20%～40%。

6. 肥育猪　肥育阶段的猪只一般在 13～15 周龄甚至 18 周龄都会发生呼吸系统综合征,表现发热(40.5℃～41℃),干咳,精神沉郁,食欲减退。在饲料中添加各种抗菌药物均不见效,病情逐步恶化,出现呼吸困难,开始为胸式呼吸,继而变为腹式呼吸,表现喘气,有的排黄色稀便。由于呼吸困难引起血液循环障碍,导致缺氧,临床表现在耳郭、鼻盘、臀部、尾端、四肢和腋下皮肤出现暗红色至紫红色淤血斑点,有的眼睑发蓝。多数呈慢性经过,但也有急性者可在 5～7 天死亡,还有些病猪突然死亡。本病的发病率为

30%～50%,死亡率可达到 10%～15%。

(四)病理变化 死胎的头顶部、背部和臀部等多处表皮有大片出血块。脑实质充血,取出脑髓后,在后脑腔有积水。颈部皮下有胶冻状物质,颌下淋巴结乃至全身淋巴结肿大 3～5 倍,特别是腹股沟淋巴结可肿大 8～10 倍。死胎的心包液明显增多,心肌发软。肺脏呈灰红色或灰褐色,小叶间质增宽,但无水肿,有的膈叶发生萎陷。肝脏肿大质脆,呈灰紫色至紫黑色。脾脏体积缩小,变得很薄,呈暗紫色。肾脏显著肿大,呈紫褐色,切面皮质和髓质部均呈紫褐色外观,肾乳头肿大,肾盂水肿。

先天性震颤的唯一病理变化是 1～3 日龄病猪的脊髓神经缺乏髓磷脂化(脊髓磷脂沉着迟缓),见不到其他肉眼可见病变。在脊髓细胞中未检测到猪圆环病毒Ⅱ型抗原。

患断奶仔猪多系统衰竭综合征的病猪尸体营养不良,消瘦,皮肤苍白,有的皮肤黄染,后脑腔有积液。全身淋巴结水肿,呈淡黄色,比正常的增大 3～5 倍,甚至 8～10 倍,尤其是腹股沟淋巴结、颌下淋巴结、肠系膜淋巴结和肺门淋巴结更为明显,切面湿润,呈淡黄色。如同时感染猪繁殖与呼吸综合征,则淋巴结呈紫色外观,切面呈弥漫性紫色出血。心包腔积液增多,心肌发软,心冠状沟有淡黄胶样浸润。肺呈间质性肺炎,但发病早期出现部分肺叶萎陷,会出现一个膈叶比另一个膈叶小一半的现象;早期整个肺叶的颜色呈苍白色至灰白色,中期变成灰紫色,膈叶表面有鲜红色至暗红色的出血点,切面有较多的紫红色炎性渗出物溢出;到后期肺小叶(尖叶、心叶和中间叶)有紫色或紫褐色肉变区,整个膈叶如橡皮状(橡皮肺),亦呈现紫褐色或蓝紫色。有的肺浆膜面上有大小不等的黑色梗死病灶。剖检可见病猪小肠(主要是回肠)变细、变圆,呈鸡肠状,过数分钟后此种现象又会自然消失,具有诊断意义。

单纯的皮炎肾病综合征病猪尸体的营养状况一般不差,多数还是正常营养状态。外部病变主要是在全身大部分皮肤表面有凸起的圆形暗红色疹块,有一部分疹块融合成片状,有的已结痂或脱落。体内的病变大体与断奶仔猪多系统衰竭综合征相似。但有两点较为突出:一是淋巴结的肿胀、水肿明显,一般可肿大5~8倍,少数可肿至10倍。另一个特点是肾脏病变很严重,双侧肾脏肿大1倍,呈卵圆形土黄色,肾脏周围有胶样水肿,肾脏被膜下有大小不等的白色斑块(坏死灶),故有人称为白斑肾,这种病变具有诊断意义。

　　肥育猪呼吸系统综合征的病变以呼吸系统为主。气管和支气管内有带泡沫的黏液。胸腔一般都有胸水,心包液增多。猪圆环病毒Ⅱ型继发猪副嗜血杆菌和放线杆菌时,胸水呈黄白色,其中含有大量纤维素,并附着在肺叶浆膜面上,与心包或胸壁粘连。肺间质增宽,膈叶有脓肿,肺脏的颜色呈红褐色,浆膜面有大量紫红色出血点。

　　(五)诊　断

　　1. 临床诊断　根据临床症状和特殊的病理变化,可做出初步诊断,确诊则需结合病原学和免疫学诊断。

　　2. 免疫学诊断　血清学方法主要为酶联免疫吸附试验、间接免疫荧光试验。我国曹胜波等(2001)已经建立了猪圆环病毒Ⅱ型的聚合酶链式反应技术,并成功地应用此法进行了猪圆环病毒Ⅱ型的抗原检测,取得了很好的效果。

　　3. 病原学诊断　对猪圆环病毒Ⅱ型感染的病原学诊断可以通过原代猪肾细胞或猪肾细胞株PK-15培养分离病毒,利用免疫染色确定病毒的存在,间接免疫荧光和直接免疫过氧化物酶染色已用于检测病毒。

　　(六)治疗　可采用干扰疗法。所谓干扰疗法就是采用干扰素给猪做肌内注射,以抑制病毒的复制。因为干扰素具有广谱的抗病毒作用,不仅可用于猪圆环病毒病的治疗和预防,同样可以抑制其他各种病毒的复制,以防治猪的多种病毒感染。

1. 商品干扰素 猪白细胞干扰素,为冻干制品,分为乳猪型和大猪型两种剂型。前者每支含 3 万单位,用注射用水稀释成 6 毫升(每毫升含 5 000 单位),每头乳猪肌内注射 1 毫升/头,每日 1 次,连用 3 天;后者每支含 2 万单位,保育猪每头每次肌内注射 1 万单位,肥育猪每头每次肌内注射 1.5 万~2 万单位,成年公、母猪每头每次肌内注射 4 万单位,每日 1 次,连用 3 天。

2. 内源性干扰素 用大剂量猪瘟疫苗(细胞苗)或鸡新城疫 I 系疫苗诱导猪组织细胞产生干扰素。猪瘟疫苗的使用剂量:1~10 日龄 2 头份;11~20 日龄 2~3 头份;21~30 日龄 3~5 头份;31~100 日龄 15~30 头份;101 日龄至体重达 50 千克 40 头份;51~100 千克 50 头份;成年公、母猪 60~80 头份。使用时,每 10 头份疫苗用 1 毫升注射用水稀释。鸡新城疫疫苗的使用剂量:1~20 日龄 20 羽份;21~40 日龄 30~40 羽份;41~70 日龄 50~60 羽份;71~150 日龄 70~100 羽份;50~100 千克 150 羽份;成年公、母猪 200 羽份。使用时,每 20 羽份鸡新城疫 I 系疫苗用 1 毫升注射用水(或生理盐水)溶解。

(七)预防 在没有猪圆环病毒病疫苗的情况下,用干扰疗法可以做紧急预防,在有细菌感染时,必须配合使用相应的抗菌药物。加强猪舍及周围环境的消毒,改善饲养管理等措施对预防本病都是必要的。

鉴于猪圆环病毒病在国内广泛存在,对于新引进的种猪,进场后应立即用猪白细胞干扰素进行干扰疗法,每日 2 万~3 万单位,连用 3 天;或肌内注射大剂量猪瘟疫苗,每次 30~40 头份,首次注射后,隔日再注射 1 次,以抑制所带病毒,然后陆续进行各种疫苗的免疫接种。

二、猪繁殖与呼吸综合征

猪繁殖与呼吸综合征是 20 世纪 80 年代末发生于北美洲和欧

洲猪群的一种新疫病,其特征为妊娠母猪流产、产死胎和弱仔,同时出现呼吸道障碍,尤其是哺乳仔猪表现严重的呼吸系统症状并呈现高死亡率。1987 年,美国首先报道了这种传染病,由于当时病原不明,在美国称此病为神秘病,有的国家称为蓝耳病、猪不孕和流产综合征、猪流行性流产和呼吸综合征等。1991 年在国际上提出用猪繁殖与呼吸综合征一词取代当时混乱的、多样的病名,后来世界各地都统一使用这个病名。迄今本病已遍布全球,成为当今危害养猪业最为严重的疫病之一。

我国郭宝清等(1996)在国内首次建立了本病的免疫荧光抗体技术,并应用该项技术对国内疑似繁殖与呼吸综合征猪群进行了血清学调查,证实我国猪群存在本病。此后各地相继报道了本病的危害,到目前为止已有 20 多个省、自治区、直辖市的猪群有本病发生。由于本病毒的遗传型和相关表型可以不断改变并长期存在,给控制和净化本病带来了严峻的挑战。各地大量报道显示,因猪繁殖与呼吸综合征病毒导致机体产生免疫抑制,特别是常与猪圆环病毒混合感染,很多猪场尽管采取了各种防治措施,但仍然很难控制疫情,造成的经济损失十分惨重。

(一)病原　猪繁殖与呼吸综合征病毒对温度的稳定性与猪冠状病毒相似。在 $-70℃$ 和 $-20℃$ 时,可长期保持稳定(数月至数年)。4℃时,1 周内病毒感染力丧失 90%。20℃～21℃时,病毒感染性持续 1～6 天。37℃下 3～24 小时、56℃下 6～20 分钟即被灭活。在血清和组织中的稳定性与在培养液中相似,在 25℃条件下保存 24 小时、48 小时和 72 小时的血清样品中病毒的分离率分别为 47%、14% 和 7%。当血清保存在 4℃～20℃条件下时,72 小时后,85% 的样品可分离出病毒。在另一项研究中,从感染猪繁殖与呼吸综合征病毒 5 天后的 14 只猪中采集血清和肌肉样品,于 4℃条件下保存,检测感染的病毒,结果 48 小时后所有的血清和 5 天后 2 份肌肉样品中均分离出感染性病毒。25℃～27℃时,病毒除在磷酸盐缓冲液、生理盐水、井水和城市用水中分别存活 3 天、6 天、8 天和 11 天外,在其他污染物中均不能持续存活。一般情况下,标准的清洁消毒措施足以灭活用具和设备污染的猪繁殖与呼吸综合征病毒。

猪繁殖与呼吸综合征病毒在 pH 为 6.5～7.5 环境中稳定,但是在 pH 低于 6 和高于 7.5 时,其感染性很快丧失。

(二)流行病学　目前尚不知本病毒的起源和传入家猪的过程,一般认为野猪是一种保毒宿主,但是北美洲的初步资料却表明是从家猪传入野猪。从地域分布和流行情况来看,仅澳大利亚和瑞典提供了证明他们国家没有本病感染的资料。也就是说,除上述两个国家之外,世界上其他几十个国家均发生过或正在发生猪繁殖与呼吸综合征。

有人研究发现,猪感染繁殖与呼吸综合征病毒后 14 天、42 天、43 天分别从尿液、唾液和精液中检测出病毒。妊娠后期攻毒有 1/3 初产和经产母猪的乳汁中检测出病毒。从粪便中排毒的研究结果不大一致,有人观察青年猪感染 35 天,发现粪便一直排毒,也有人观察感染猪 42 天,粪便样品中未发现感染性病毒。

因为病毒长时间存在于感染动物的上呼吸道和口咽部,病猪通过咳嗽和打喷嚏将病毒散布在空气中,所以通过空气传播也是本病的传播途径之一。一旦感染,病毒往往在一个场内无休止地循环传播。一般来说,病毒是通过子宫或出生后由母猪传给仔猪。新生仔猪通过吃初乳可以获得一定的保护力,但这种被动免疫并不可靠,而且时间较短。如果妊娠母猪没有接种疫苗,仔猪出生后 3～5 天就会发病,15～20 日龄时则发病数会更多。一般猪场往往与猪圆环病毒Ⅱ型混合感染,到 50 日龄左右发病率可达 50%～80%。

猪场之间的传播往往是通过引种,将感染猪与健康猪合群饲养是一种重要方式。另外,可通过人工授精将感染场公猪精液中的病毒传给母猪。还可经污染病毒的生物制品、针头、水源、非猪宿主(如节肢动物)以及顺风而下含毒的空气传播。

(三)临床症状

1. 公猪 在发病初期,表现厌食、精神沉郁、打喷嚏、咳嗽、缺乏性欲、精液质量下降、精子减少。感染后 2～10 周,公猪运动能力下降,并通过精液将病毒传播给母猪。进而出现死精子或没有精子产生,在此期间,公猪完全丧失性欲,即使勉强能够交配,也不能使母猪妊娠。

2. 母猪 在未经过免疫的猪场,所有的母猪都很敏感。潜伏期 2～7 天,主要症状为食欲减退、精神沉郁、发热(39.5℃～40.5℃)、咳嗽、打喷嚏、呼吸异常(以胸式呼吸为主)。急性期持续1～2 周,由于出现病毒血症,部分病猪表现高度沉郁,呼吸困难,耳尖、耳边呈蓝紫色,这些猪还有肺水肿、膀胱炎或急性肾炎。母猪的繁殖障碍多发生于妊娠 100 天以后的母猪,多数在妊娠107～112 天,也有部分母猪超过预产期 3～5 天产出死胎。早产母猪所产仔猪有全部死亡的,也有部分健活仔、弱仔或木乃伊胎。弱仔一般不会吃奶,数小时或 24 小时内死亡。凡出现死产的母猪,多数在分娩前 5～7 天出现食欲减退甚至废绝,分娩后 1～2 天才恢复食欲。这些母猪表现泌乳量减少,甚至无奶,下一情期不易发情,配种后往往不能妊娠,返情率最高的达 50%～70%。

3. 哺乳仔猪 潜伏期 2～4 天,主要发生在出生后 3～5 天或15 天左右的仔猪。病猪沉郁、吃奶减少或不吃奶,被毛粗乱,皮肤及黏膜苍白,呈后腿外翻姿势(八字腿)。进而体温升高(40℃～41℃),喘气,呼吸高度困难,眼结膜水肿。3 周龄以下的病猪出现持续性水泻,抗菌药物治疗无效。同时,仔猪的耳郭、眼睑、臀部及后肢、腹下皮肤呈蓝紫色,部分仔猪乳头亦呈蓝色,后腹部皮肤毛孔间出现蓝紫色或铁锈色小淤血斑点。由于继发感染其他病毒和多种致病菌,所以病猪多数呈急性经过,一般 3～5 天死亡,也有的发病1～2天突然死亡。发病率达 20%～30%,死亡率可高达 60%～80%,甚至整窝死光。

4. 断奶仔猪和肥育猪 断奶仔猪和肥育猪单纯感染猪繁殖与呼吸综合征病毒时,症状比哺乳仔猪轻微得多,咳嗽、发热并不明显,仅出现厌食和精神稍沉郁。但是在一个猪场很难找到单一感染的猪只,多有继发感染和并发症,其主要表现为呼吸症状。

(四)病理变化 死胎的体表在头顶部、臀部及脐带等部位有鲜红色至暗红色的出血斑块。心包液比正常时增多 1 倍以上,心肌变软,心脏表面色泽变为暗红,严重者整个心脏表面呈蓝紫色。肺脏呈灰紫色,有轻度水肿,肺小叶间质略有增宽。胸腔无并发症时没有胸水,如继发衣原体病时则有大量暗红色胸水。肝脏稍肿大,质地变脆易破,肝脏颜色由灰紫色至蓝紫色,严重者整个肝脏呈紫黑色。脾脏变得很薄,呈蓝紫色至紫黑色。肾脏肿大,呈纺锤形状,表面全部为紫黑色,切面可见肾乳头为紫褐色,肾盂水肿,肾区周围和肠系膜水肿。全身淋巴结微肿,呈褐紫色至紫黑色。

笔者通过对不同发病阶段的病猪和自然病死猪的剖检发现,实质器官的病变大体分为 3 期。早期心脏无明显变化,中期心包液开始增多,心脏表面颜色变得暗红,晚期心包液量比正常增多 1～2 倍,心肌变薄、变软,心外表呈暗紫褐色。早期肺脏色泽灰白,部分或半边膈叶萎陷,两膈叶一边大一边小;中期肺叶水肿,颜色变成灰紫色,切面有大量暗灰色液体流出;后期则呈现复杂的病变,膈叶大体呈紫褐色至蓝紫色,肺小叶间质增宽,表面有深浅不等的暗褐色至紫色斑点,与未出血的白色区域交错,呈紫白色相间的外观。膈叶切面有大量紫红色血液和泡沫,严重的心叶、尖叶和中间叶有紫色肉变区,膈叶出现实变,呈橡皮肺状。肝脏早期颜色变为淡灰色,中期肝脏表面呈灰紫色、微肿,晚期肝脏表面变成蓝紫色甚至紫黑色,肝脏质地变硬。肾脏肿胀,早期颜色呈淡灰色,中期呈灰褐色,晚期呈紫褐色甚至变成紫黑色,切面肾乳头肿大,呈紫褐色至紫黑色,肾盂水肿。全身淋巴结微肿,呈蓝紫色,切面呈弥漫性紫褐色。严重的病例扁桃体亦呈紫褐色。肥育猪的病变与哺乳仔猪和断奶仔猪基本一致,不过比后两者轻微些。

试验性感染的种公猪,仅从尿道球腺中分离出病毒,证明副性腺中可以排出病毒。迄今尚缺乏感染成年公猪的病理形态学资料。

(五)诊 断

1. 临床诊断 包括妊娠母猪和仔猪的临床症状与病理剖检变化两方面。当母猪出现厌食、呼吸困难,并有少数母猪耳朵发蓝,随后出现流产、早产、产木乃伊胎和弱仔;在哺乳仔猪中出现发热、呼吸困难和高致死率(80%~100%),断奶仔猪也有轻度呼吸症状,就应考虑为猪繁殖与呼吸综合征病毒感染。这些情况可作为初步诊断的参考依据。然而死胎、哺乳仔猪的独特病理变化则具有重要的诊断价值。病死仔猪及死胎全身淋巴结肿胀,呈特殊的蓝紫色,严重病例的心脏、肺脏、肝脏、脾脏和肾脏均呈紫褐色,尤其是死胎的肝脏、肾脏呈紫黑色,即可初步诊断为猪繁殖与呼吸综合征。

2. 实验室诊断

(1)抗原检测 应用免疫组化法可以从肺脏和扁桃体中检测猪繁殖与呼吸综合征病毒抗原。聚合酶链式反应技术是检测猪繁殖与呼吸综合征病毒 RNA 的一种敏感技术,能从公猪精液、淋巴结和肺组织中检出病毒 RNA。

(2)血清学诊断 应用免疫荧光染色技术、免疫过氧化物酶单层试验和酶联免疫吸附试验等均可检测抗猪繁殖与呼吸综合征病毒的血清抗体。于感染后 7~14 天可检出抗体,30~50 天抗体滴度达到高峰,随后逐渐降低,在感染后 4~6 个月抗体消失。

(六)治疗 本病同其他病毒性传染病一样,按传统治疗方法是无法治疗的。然而,应用干扰疗法诱导猪组织细胞产生内源性干扰素,并配合相关的抗菌药物,对病程短的(3～5 天)病猪可达到 80% 以上的治愈率。因为干扰素只能抑制病毒的复制,而对细菌或原虫无治疗效果,故在治疗本病时必须配合黄芪多糖和抗菌药物进行,对继发的一些致病菌如猪副嗜血杆菌、放线菌、支原体、衣原体、附红细胞体或弓形虫等,应选择对上述病原敏感的药物进行防治,并要坚持每日注射 2 次,连用 3 天。同时,饲料中应添加磺胺类药物、强力霉素、氟苯尼考、林可霉素、利高霉素、支原净和替米考星等,7～10 天为 1 个疗程。

(七)免疫 目前国内市场上有德国勃林格公司和由西班牙、美国等国进口的基因缺失苗,国内亦有灭活苗和基因缺失苗,使用方法和剂量均按产品说明书操作。必要时采集病死猪的病料送有关单位制作自家组织灭活苗对全群进行免疫。

三、猪　瘟

猪瘟是由猪瘟病毒引起的一种高度接触性传染病,猪是唯一的自然宿主。虽然芬兰、比利时、丹麦、瑞典、英国和美国等 20 多个国家在 1917～1992 年陆续宣布在其国内已消灭猪瘟,但目前世界上仍有 40 多个国家和地区还有猪瘟发生,主要分布在南美洲、欧洲和亚洲的一些国家和地区。由于造成的危害严重,经济损失巨大,国际兽疫局将猪瘟列为 A 类传染病之一。

猪瘟样疫病最早在 1810 年报道于美国的田纳西州,1830 年又在俄亥俄州暴发。1833 年在德国发生。有报道认为本病在 1862 年发生于英格兰,随后扩散到欧洲大陆,1899 年南美洲、1900 年南非报道了本病。

我国是猪瘟流行较为严重的国家。早在 20 世纪 60 年代,由我国学者研制的中国猪瘟兔化弱毒(C 株)疫苗在国内广泛应用并传到国外,对控制猪瘟流行曾收到很好的效果。但到了 20 世纪 70 年代末和 80 年代以后,我国的猪瘟流行特点发生了重大变化,以温和型猪瘟和母猪流产、产死胎和新生仔猪死亡为主。近几年来，我国猪瘟的发生又有了上升趋势，而且临床表现更为复杂。尽快弄清疫情变化的主要原因并采取有效的防治对策已是刻不容缓。

（一）病原　猪瘟病毒属于黄病毒科、瘟病毒属，为单股正链RNA病毒，病毒呈球形，核衣壳为20面体立体对称，直径38～44纳米，有囊膜。病毒在自然干燥情况下易死亡。在污染的环境中如果保持充分干燥而且温度较高，经过1～3周病毒可失去感染性。血毒在60℃～70℃条件下处理1小时才可被杀灭。病毒在冻肉中可存活数月。尸体腐败2～3天，病毒即被灭活。2%氢氧化钠溶液、5%～10%漂白粉溶液，3%来苏儿溶液在数分钟内可将其杀死。

Lowings等（1996）对20多个国家不同时期的115株疫苗毒株、经典毒株和流行毒株进行了遗传发生关系分析，将这些毒株划分为2个组群、5个亚组群，但该系谱中没有一株是中国内地的猪瘟病毒株。韩雪清等（1999）通过测定中国猪瘟C株兔化弱毒组织毒、猪瘟C株细胞疫苗毒和近期（1997～1998）甘肃省7个地区10个流行野毒株的E_2基因核酸序列，确定了这些毒株与国际上公认的猪瘟病毒代表株的遗传发生关系。分析发现，C株兔组织毒、C株细胞毒和中国20世纪50～60年代流行的石门强毒株同属于组群1；而近期的猪瘟流行毒株同属于组群2的2个不同的亚组群。其流行毒株与疫苗毒株有较大的差异，两者的全基因核苷酸序列同源性为82.2%～84.3%，表明猪瘟流行病毒在向远离疫苗毒株的方向演变。

（二）流行病学　猪是本病病原唯一的自然宿主和重要的传染来源。猪在感染后10～20天中可以通过口腔唾液、鼻腔分泌物、尿液、粪便等排出病毒。部分猪在感染后1～2天，未出现症状以前就能排出病毒。屠宰时，病猪的血液、组织器官和冲洗的水可以大量散播病毒。病猪的淋巴结、脾脏和血液中含毒量最高。

易感猪采食被病毒污染的饲料和饮水后主要经扁桃体、口腔黏膜和呼吸道黏膜感染。妊娠母猪感染后，病毒随血液循环经过胎盘传递给胎儿，引起母猪繁殖障碍，出现流产和产死胎、木乃伊胎、弱仔，有的新生仔猪因先天感染出生后发生震颤、共济失调等持续感染。机械性的载体可以传播病毒，如卡车、饲养员、兽医和相关的器械、设备。另外，鸟和节肢动物亦可传播猪瘟病毒。亦有试验证实，空气可以传播猪瘟病毒。

各种品种和不同年龄的猪群均可感染猪瘟。近些年来，由于流行的野毒株与猪瘟兔化弱毒疫苗毒株之间存在着基因核苷酸序列同源性的差异，所以经过免疫的猪群，仍然可能发生猪瘟。另外，存在猪圆环病毒和猪繁殖与呼吸综合征病毒的猪场，因两者产生免疫抑制的影响，常造成猪瘟免疫失败而易继发猪瘟。以上两种情况是当今猪瘟在流行病学方面的新特点，值得重视。

（三）临床症状　本病潜伏期为7天左右，最短的2天，长者约21天。根据病程长短和病状轻重可分为下列几种类型。

1. 最急性型　突然发病，症状急剧，体温升高达42℃左右，一般不表现临床症状而突然倒地死亡。有的高热稽留，食欲废绝，极度衰弱，卧地不起，全身痉挛或四肢抽搐，耳部、腹部和四肢内侧皮肤发绀，出现紫色斑点，1～7天死亡。

2. 急性型　早期体温升高（41℃～42℃），呈稽留热，精神高度沉郁，呆立或卧地不起，全身间歇性寒战，背拱起，耳、尾下垂，或闭眼呈昏睡状态。口渴喜饮冷水，个别呕吐。眼结膜发炎，有分泌物。初期便秘，排出干硬粪球，后转为排黄色、黑色稀便。公猪包皮积尿。病猪耳部、鼻盘、腹下、外阴等处皮肤出现紫斑。急性型仔猪还有神经症状，表现突然前冲或后退，肌肉强直，倒地磨牙，眼球上转，四肢抽搐，头向后仰，呈角弓反张，最后因心力衰竭而死亡。病程为10～20天，死亡率可达60%～80%。血液检查，白细胞减少至每立方毫米 4 000 个以下,血小板减少至每立方毫米 0.5 万～5 万个以下,严重者完全查不到血小板。

3. 亚急性型　症状比急性型稍轻,体温 40.5℃～41℃。耳、腹下、四肢和会阴部皮肤可见陈旧性或新旧交替的紫红色出血点。仔猪和肥育猪的舌、口腔黏膜和齿龈有紫红色出血斑和溃疡。病猪日渐消瘦,衰竭,四肢无力,行走摇晃,站立不稳,病程长达 25～30 天,最后转归死亡。

4. 慢性型　此型病势发展缓慢,病程多在 1 个月以上。主要表现为体温时高时低,食欲时好时坏,消瘦、贫血,便秘与腹泻交替发生,精神委顿,行走步态不稳,常卧地不愿活动。鼻盘、耳端、四肢末端、尾根、尾尖和腹下皮肤出现大量紫斑或坏死痂,50%～60%的病猪转归死亡,不死者成为僵猪。

5. 温和型和繁殖障碍型　通常认为猪感染了低致病力的猪瘟病毒则引起温和型猪瘟和繁殖障碍型猪瘟。近些年来,各地发生此类猪瘟的猪绝大多数都是注射过猪瘟疫苗的猪群。这种类型的病猪表现出非典型的症状,体温一般在 40.5℃左右,少数可达到 41℃,有些病猪的体温仅在 39℃～40℃。虽然体温不很高,但仍然表现精神沉郁,食欲废绝,鼻盘干燥,结膜潮红并有分泌物,粪便干燥并带黏液,少数带有血丝。病猪常昏睡不起,亦有寒战。喜饮污水,拱啃泥土。皮肤的紫斑也出现在耳尖、四肢末端、尾巴、腹下等部位,病程长达 2 个月以上。妊娠母猪感染此类猪瘟病毒,症状不明显,仅在产前 2～3 天食欲稍减退。流产较少,多数基本上按预产期或延迟 2～3 天分娩,产下的多为死胎,也有部分木乃伊胎和弱仔,弱仔常发生先天性震颤。有的活仔虽暂不表现症状,但可带毒,不仅形成先天免疫耐受,而且成为亚临床感染的带毒猪,是导致本场猪瘟持续性感染的传染来源。这种带毒猪可在生后数月后才表现温和型症状,可存活 6 个月以上,但最终仍会死亡。一项调查结果表明,在此型猪瘟中,母猪繁殖障碍占 32.3%,断奶前后仔猪占 41.9％，成年猪占 25.8％，以上发生猪瘟的病猪中 93.5％的猪是经过猪瘟疫苗免疫过的。

（四）病理变化　在最急性的病例中，常看不到病理变化。急性病例主要表现为出血性、败血性病变，皮肤发绀，耳、鼻盘、四肢、尾巴和腹下均可见到紫红色斑点。全身淋巴结肿大，呈暗红色，切面红白相间（淋巴小结周边出血），如大理石样。脾脏边缘出现黑色梗死病灶（是血管形成的栓子阻断血流所致），梗死病灶的大小和形状各异，从脾脏表面轻微隆起，可能是单个黑斑点或融合成条状。脾脏梗死是具有诊断意义的特征性病变。肾脏被膜下有大量针尖大的出血点，严重的像麻雀蛋一样。肾切面皮质部亦见有出血点。在膀胱黏膜、喉头、会厌软骨、肠黏膜、浆膜等部位均可见到出血。有的扁桃体和胆囊也会出现梗死，进而造成扁桃体坏死。消化道的病变是口腔黏膜、齿龈有暗红色出血斑块或溃疡。在急性病例中一般可见到轻度到中度的卡他性和坏死性肠炎，病程长的可观察到回盲瓣的扣状溃疡和盲肠、结肠黏膜的出血和坏死病灶。

慢性病例一般全身病变不明显，实际上由于此型病程长，其病变的范围比急性型要广，病变的程度更重。除淋巴结典型的大理石样变化、脾脏边缘梗死、肾脏表面有针尖状出血点等特征外，其他部位的出血性病变亦很明显，尤其是结肠、回肠和盲肠的坏死性肠炎及回盲瓣的扣状溃疡特别突出。温和型猪瘟的病变比典型的病变要轻微一些。

先天性猪瘟病毒感染造成的死胎和畸形胎中，最常见的变化是皮下水肿，胸腔和腹腔积液。畸形包括头和四肢发育不全，脑和肺脏、脊髓发育不良。在子宫中感染且出生后不久死亡的仔猪常有皮肤和内脏的广泛出血。

（五）诊断　根据临床症状和病理变化可做出初步诊断。

1. 临床诊断　病猪体温升高，呈稽留热型，眼有分泌物，寒战,先排球状干粪,后期腹泻。公猪包皮积尿。口、鼻、耳、四肢末端和腹下皮肤出现紫红色斑点。妊娠母猪早期流产,中期产木乃伊胎,后期产死胎、畸形胎和弱仔。先天性感染的仔猪生后数月出现猪瘟带毒综合征。

2. 剖检诊断　病猪全身淋巴结肿大,呈暗红色,切面呈大理石样变化;脾脏不肿大,边缘有黑色梗死灶;回盲瓣有扣状溃疡。以上3种病变只要有一种典型者,即可确认为发生猪瘟,因为这是其他任何传染病都不会产生的独特病变。

(六)治疗　应用猪白细胞干扰素或大剂量猪瘟弱毒疫苗治疗猪瘟,发病早期(3~5天)治愈率可达80%以上。其使用方法和剂量可参考猪圆环病毒病的治疗。同时,必须强调指出,由于各地普遍存在圆环病毒和猪繁殖与呼吸综合征病毒感染,所以各地散发的猪瘟很少是原发病,多为继发感染,即或是原发的猪瘟,亦难免还继发一些细菌性传染病,因此在治疗时必须配合抗菌药物,否则疗效不佳。

(七)预　防

1. 紧急预防　可以采用猪白细胞干扰素或大剂量猪瘟疫苗或鸡新城疫Ⅰ系疫苗诱导的干扰素进行紧急预防。特别提示,妊娠期在70天以前的母猪不能注射猪瘟疫苗,即或是1头份,也可能致死胚胎。

在有猪瘟流行的猪场,对刚出生的新生仔猪,则采用超前免疫的办法,即于出生后立即肌内注射猪瘟细胞苗1头份,2小时后再吃初乳。笔者推荐一种方法可以取代超前免疫:妊娠母猪在产前30天注射猪瘟细胞苗5~10头份,一方面可提高母源抗体水平,同时疫苗毒通过母体胎盘传递到胎儿,刺激胎儿的免疫系统(70天以后的胎儿其免疫系统已发育成熟),产生猪瘟抗体,胎儿出生后既可吃到母源抗体,又有自身产生的抗体,故对猪瘟具有高度的抗感染能力。

对于哺乳仔猪、断奶仔猪和肥育猪的紧急预防,仅用猪瘟疫苗的常规剂量是不行的,因为与病猪同群的临床健康猪,实际上有一些猪已感染了猪瘟病毒,处于潜伏状态,如果用 1 头份剂量接种,部分感染病毒量较大的猪可能在疫苗接种后数天内发病死亡。为了使处于潜伏期的猪免于发病死亡,必须用大剂量的猪瘟疫苗接种,以诱导猪的组织细胞产生干扰素,才能迅速抑制乃至清除潜伏的病毒。疫苗抗原同时刺激免疫细胞产生猪瘟抗体,这样才能在短时间(5～7 天)内控制疫情。

2. 正常免疫 种公猪每年 2 次,每次注射 4～5 头份(细胞苗),后备母猪在配种前 15～20 天注射 4～5 头份。生产母猪产前 30 天注射 5 头份,产后 20 天注射 5 头份。非疫场的仔猪由于母猪在产前 30 天进行了 5 头份免疫,其母源抗体水平较高,同时胎儿在母体内自身已产生了抗体,故新生仔猪不需要做超前免疫,只需在 20 日龄接种 3 头份,60 日龄接种 3～5 头份。脾淋苗 1 头份相当于 5 头份细胞苗。

四、猪伪狂犬病

本病最早发生于 1813 年美国的一头牛,病牛极度瘙痒,最后死亡,因此本病也被称为"疯痒病"。瑞士于 1849 年首次采用"伪狂犬病"这个名词,这是因为病牛的临床症状与狂犬病相似。1910 年 SchmieLhofer 通过滤过试验证实本病病原为病毒,1934 年 Sabin 和 Wrght 确证该病毒为疱疹病毒,在免疫学上与单纯疱疹病毒和 B 群疱疹病毒有关。20 世纪 60 年代以前,伪狂犬病在东欧流行较广泛,此后在美国和世界上多数养猪地区上升为一种重要疾病。在国内,猪伪狂犬病在许多养猪场广泛流行,引起妊娠母猪流产和产死胎、木乃伊胎、弱仔,仔猪表现高热、呕吐、腹泻、呼吸困难、神经症状等,15 日龄仔猪死亡率可达 100%,给养猪业造成的经济损失十分严重。

第九章 猪的繁殖障碍及防治技术

(一)病原 伪狂犬病毒属于疱疹病毒科、α疱疹病毒亚科的猪疱疹病毒I型。猪是伪狂犬病毒的唯一自然宿主。该病毒还能感染牛、绵羊、山羊、兔、猫,偶尔可感染马,这些动物感染后可以致死。另外,浣熊、负鼠、鼠和小鼠亦可感染。对非人灵长类的研究表明,恒河猴和绒猴对伪狂犬病毒易感,而黑猩猩和Barbary猴对该病毒感染有抵抗力。关于人可能感染伪狂犬病毒的最新报道见于1992年(Anusz等),在波兰7名直接接触伪狂犬病毒感染的工人中,有6名手部先出现短暂的瘙痒,然后扩展到背部和肩部。不过,关于人感染伪狂犬病毒的报道都不是以分离出病毒为依据的。

伪狂犬病毒在环境中存活的时间与pH高低和温度的改变有密切关系。要保存病毒应将病毒液pH调至6～7,在-70℃可长期保存。但在-13℃时,在各种pH条件下都会迅速失活。若短期保存,放在4℃条件下保存比在-15℃和-20℃冻结保存会更好。病毒在44℃条件下可存活5小时,37℃时的半衰期为7小时,-8℃条件下能存活46天。25℃条件下在干草、饲料中可存活10～30天,在肌肉组织中可存活11～36天。在玻璃上37℃风干2小时或紫外线照射20分钟,可使病毒活力至少降低4个对数单位。日光直射6～8小时可使病毒失活。在高渗溶液中过夜对病毒活力无影响。

(二)流行病学 在未曾感染过伪狂犬病毒的猪场,首次感染可在1周内传播至全群,导致90%以上的哺乳仔猪发病死亡,并可造成妊娠母猪流产和死产。病毒自鼻腔分泌物和唾液排出后在空气中形成气溶胶,随气流迅速传播到全场,很快传播至邻近的猪场。猪通过伪狂犬病毒污染的空气、饲料、饮水经呼吸道和消化道而感染。病毒还可以经公猪的精液通过交配传给受配母猪,感染母猪又经胎盘垂直传播给胚胎,导致产死胎、木乃伊胎,亦可通过乳汁传播给哺乳仔猪。初次感染的猪群并不一定立即暴发,可能呈现隐性感染,一旦遇到各种应激因素如气温突然降低、饲料霉变或长途运输等情况,可以激活隐性感染。

本病没有明显的季节性,但冬、春气温低的季节多发。各种年龄的猪均可感染,但以哺乳仔猪最为易感,且症状严重,死亡率高(可达 100%)。随着仔猪日龄的增长,其感染率逐渐下降,症状也渐轻微。

(三)临床症状 本病的潜伏期为 3～6 天,症状轻重与年龄有密切关系。种公猪感染后可表现睾丸肿胀,然后发生萎缩,导致精子活力下降或出现死精、无精,以至丧失配种能力。

在初发病猪场,母猪体温升高(40.5℃～41℃),精神沉郁、食欲废绝、便秘、咳嗽、呕吐,急性者在 2～3 天后有 2%～5% 的死亡。不死者逐渐自愈,但妊娠母猪腹中的胚胎将发生死亡,导致流产和死产,一般表现产木乃伊胎和死胎,以产死胎为主。少数产出的弱仔在出生后 2～3 天死亡。流产率可达 20%～50%,流产母猪下一情期发情异常,屡配不孕,返情率达 70% 以上。

仔猪感染伪狂犬病毒以新生仔猪最为严重,一般在出生后 2～5 天发病,还有的出生后数小时发病,也有的在 15～20 日龄发病。新生仔猪出生时一般发育良好,表现正常,但经过 12 小时或 24 小时则出现病状,表现精神不振,吃奶次数减少,甚至不吃奶,接着体温升高达 41℃ 左右,出现呕吐,呼吸困难,排黄色带恶腥臭味的稀便,进而卧地昏睡,或步履蹒跚,口角流出涎水或白色唾沫,发出尖叫,1～2 天后病猪极度衰弱,多数出现神经症状,卧地四肢做划船动作,或突然爬起前冲后撞,有的原地做转圈运动,有时突然倒地,四肢发生抽搐,头向后仰,呈现角弓反张,以上动作反复交替发作,最后因心力衰竭而死亡,病程短的 2 天,长者不超过 5 天,死亡率基本上是 100%。

随着日龄增长,感染的症状逐渐轻微,但 20～30 日龄的仔猪仍然比较严重,只不过比新生仔病程加长一些,这些病猪也表现发热、呕吐、腹泻、呼吸困难,乳头呈现蓝色,眼睑水肿等,最后出现神经症状,死亡率可达到 80％以上。

(四)病理变化　本病死亡后的剖检病变,无论是母猪还是仔猪、死胎,其内脏的病变基本一致,只不过以死胎和新生仔猪的病变最为典型,这些病变的特征具有与其他传染病不同的独特性,有很重要的临床诊断价值。脑软膜和脑实质严重出血,打开颅腔可见脑软膜下有广泛的出血区或凝血块,如果是刚死或扑杀的病猪,打开脑膜后有大量鲜红色的血液溢出。颌下、腹股沟和全身淋巴结呈棕黄色肿大,切面呈黄白相间的槟榔状。肝脏呈土黄色肿胀,表面有弥漫性的粟米大的黄白色坏死灶。肺脏的尖叶、心叶和中间叶有暗红色肉变区,严重的膈叶上亦有黄白色坏死灶。脾脏不肿大,表面有白色坏死灶,少数心脏表面亦有白色坏死点。肾脏不肿大,表面凹凸不平,呈现灰黄色。另外,颈部皮下有黄色胶样浸润,心冠脂肪发黄。

新流产的母猪有轻微的子宫内膜炎,子宫壁增厚、水肿等。检查胎盘时可见坏死性胎盘炎。公猪生殖道的眼观病变为阴囊炎。另外,青年猪空肠后段和回肠发生坏死性肠炎。

子宫感染的特征性病变为多灶性至弥漫性的淋巴组织细胞子宫内膜炎、阴道炎、坏死性胎盘炎。公猪生殖道的病变为输精管退化,睾丸白膜有坏死灶,产生尾异常、远端胞质残留、顶体囊状凸起、双头和裂头等异常精子。

(五)诊断　根据病史、临床症状和病理变化可以做出初步诊断,再结合实验室血清抗体检测或病毒检测,不难做出确切诊断。

血清免疫学方法很多,如血凝抑制试验、中和试验、酶联免疫吸附试验、乳胶凝集试验、免疫荧光技术、对流免疫电泳、变态反应,还有间接免疫过氧化物酶斑点印迹法等,目前国内多采用酶联免疫吸附试验。有一种鉴别酶联免疫吸附试验可以检测野毒抗体,聚合酶链式反应也已被广泛应用于检测抗原。

(六)治疗　笔者通过实践证实,对伪狂犬病病猪也可采用干扰素进行治疗。采用猪白细胞干扰素,对发病仔猪每次用 1 万单位(20 日龄以内用 5 000 单位),每日 1 次,连用 3 天。还可应用大剂量鸡新城疫 I 系疫苗,根据不同日龄采用不同剂量,具体用量参照猪圆环病毒病的治疗。

(七)预防 紧急预防可用猪白细胞干扰素或大剂量鸡新城疫疫苗肌内注射,方法可参照猪圆环病毒病防治的相关内容。母猪在产前 5 天和 3 天各注射 200 羽份鸡新城疫 I 系疫苗,仔猪出生后 2 天和 4 天各注射 20 羽份。

后备母猪在配种前应接种 2 次猪伪狂犬病灭活苗(2 次间隔 2~3 周),在产前 30 天左右加强免疫 1 次。经产母猪在产前 30 天和产后 25 天各接种 1 次。种公猪每年要接种 2 次。

在伪狂犬病正在流行的猪场,仔猪出生后可以用基因缺失苗在 3 日龄以内进行滴鼻免疫,30 日龄时再接种 1 次。在正常情况下,仔猪在 30~50 日龄时接种 1 次基因缺失苗。

五、猪细小病毒病

猪细小病毒可引起猪繁殖障碍,主要引起感染母猪尤其是初产母猪的胚胎感染和死亡,而母体通常不表现临床症状。感染公猪的精液中含有病毒,可通过交配造成母猪感染。本病最早于 1967 年在英国报道,在世界各地的猪群中,普遍存在猪细小病毒感染。近年来,有大量报道指出,该病毒常与猪圆环病毒 II 型协同感染,致使猪多种疫苗的免疫失败,给养猪业造成巨大的经济损失。

(一)病原 猪细小病毒属于细小病毒科、细小病毒属。病毒粒子呈圆环形或六角形,无囊膜,有 2~3 种核衣壳蛋白,直径约为 20 纳米,核酸为单股 DNA。全病毒的分子量为 $5.3 \times 10^6 D$。病毒基因组单股 DNA 的分子量为 $1.4 \times 10^6 D$。完整的病毒颗粒、不完整的空壳病毒和提取的病毒 DNA 在氯化铯中的浮密度分别为

1.38～1.395、1.3～1.315 和 1.724。

　　猪细小病毒的感染性血凝活性和抗原性对酶有抵抗力,适应 pH 范围广。耐热,56℃48 小时、72℃2 小时、80℃5 分钟才能使其灭活。对乙醚等脂溶剂及胰蛋白酶有很强的抵抗力。特别耐酸碱,pH 为 2 时 90 分钟才失活,pH 为 3～9 时,90 分钟仍然稳定。在 0.5%漂白粉溶液、2%氢氧化钠溶液中,5 分钟才被杀死,1.2%甲醛溶液作用 1 小时才能杀死该病毒。

　　(二)流行病学　世界各地的猪群中普遍存在猪细小病毒感染,在我国几乎找不到阴性猪场。国内一项用血凝抑制试验做血清学调查的资料表明,抗猪细小病毒抗体平均阳性率为 78.8%,而种猪的阳性率高达 89.1%～100%。不分品种、年龄和性别的猪群均可感染,多呈地方性流行。污染的栏圈是猪细小病毒主要的传染来源。来自急性感染猪的分泌物和排泄物中的病毒感染力可保持几个月。经试验证实,虽然感染后的猪传播猪细小病毒的时间仅 2 周左右,但病猪最初使用的栏圈,至少在 4 个月内仍具有传染性。妊娠 55 天前感染猪细小病毒的母猪,特别是初胎母猪,最易造成胚胎死亡,不死的胎儿在出生后 8 月龄以内仍能从其肾脏、睾丸和精液中分离到病毒,因而增加了持续感染的可能性。

　　在公猪感染的急性期,病毒以各种途径排出,包括精液。经口、鼻感染后第五天和第八天,能从睾丸中分离出猪细小病毒,甚至在感染后 21 天和 35 天扑杀,也能从阴囊淋巴结分离到病毒。公猪精液中的细小病毒可通过交配传给母猪,母猪感染后则经过胎盘将病毒传递给胎儿,导致母猪产死胎、木乃伊胎和弱仔。

　　(三)临床症状　仔猪和妊娠母猪急性感染猪细小病毒,一般表现为亚临床症状。感染后病毒主要集中在淋巴组织,同时病毒侵入猪体许多分裂旺盛的器官和组织,在其中大量复制。在接触猪细小病毒的最初 10 天之内,可引起短暂的、轻微的白细胞减少。妊娠母猪繁殖障碍是本病的主要特征和临床反应。在妊娠期的不同阶段感染猪细小病毒,其结果是不同的。配种后 10～30 天感染的母猪,胚胎必然死亡,并且胚胎被重吸收。然而,这类妊娠母猪虽然子宫内没有胚胎继续发育,可是它们在很长时间内不会发情,以至到妊娠后期仍然腹围很小。在妊娠 30～70 天以前感染病毒可引起胎儿死亡,此时可能发生流产,或转为木乃伊胎,还有一部分分娩时产出死胎。少数感染的胎儿在子宫内未死者,但出生后必是弱仔,不会吃奶,数小时后死亡。在妊娠 70 天以后感染,由于胎儿的免疫系统已发育成熟,胎儿不会死亡,而且还能产生抗体。此外,感染母猪还可发生返情、不发情、久配不孕等。

(四)病理变化 发生繁殖障碍的母猪眼观病变主要是子宫内膜有充血或出血等炎症,胎盘部分钙化。早期感染的妊娠母猪子宫内有胚胎自溶和被吸收的迹象。

妊娠 70 天以内感染猪细小病毒的母猪,其胎儿的眼观病变明显,首先是胎儿有不同程度的发育不良,体表血管充血,因体腔内浆液性渗出物的蓄积而表现皮下淤血、水肿和出血。胎儿死亡在子宫内后,随出血的变色,渐渐变成黑色、脱水的木乃伊胎。母体胎盘也有黑色病变。死胎全身淋巴结呈棕黄色,脑出血严重,脑干表面有大量的黄色坏死点,脾脏和肺脏表面有白色坏死点,肺心叶和尖叶有肉变,肾脏表面凹凸不平。

(五)诊　断

1. 病原学诊断

(1)病毒分离 在有细胞培养条件的实验室,将妊娠早期流产的胎儿或产出死胎的脑、肾脏、肺脏、肝脏、睾丸、胎盘和肠系膜淋巴结作为分离病毒的材料,其中以肝脏和肠系膜淋巴结分离率较高。

(2)免疫荧光试验 采集感染的弱仔或死胎的扁桃体或肝脏、淋巴结等组织,做冰冻切片与标准诊断试剂反应后在荧光显微镜下观察结果。

2. 血清学诊断　常用的方法是血凝抑制试验,现在多采用微量法。用于本病诊断的血清学试验还有中和试验、乳胶凝集试验和酶联免疫吸附试验,其中以酶联免疫吸附试验应用较多。近年来建立了鉴别酶联免疫吸附试验,此法的优点是能鉴别出血清中抗野毒的抗体。接种了猪细小病毒病疫苗的猪若检测出野毒抗体,说明该疫苗的免疫效果不好。

(六)治疗　妊娠早中期的母猪中若出现流产或产木乃伊和死胎,并经过血清学和病原学确认为猪细小病毒感染或猪细小病毒与其他病毒混合感染时,可采用干扰疗法,即用猪白细胞干扰素或大剂量鸡新城疫Ⅰ系疫苗肌内注射,诱导猪的组织细胞产生内源性干扰素对感染的病毒进行抑制,具体方法可参考猪圆环病毒病的治疗方法。

(七)预　防

1. 疫苗预防　后备母猪在配种前应接种 2 次灭活苗(两次间隔 3～4 周),在产前 30 天左右加强免疫 1 次。经产母猪在产前 30 天和产后 25 天各接种 1 次。种公猪 1 年要接种 2 次。

2. 坚持自繁自养　想引进没有本病的种猪几乎不可能,因此要注意将引回的种猪隔离饲养,猪进场后立即注射大剂量猪瘟疫苗(具体剂量根据月龄大小而定),让后备猪产生干扰素,对可能带来的病毒进行清除,过 7～10 天按照正常免疫程序要求,依次接种其他疫苗。原则上在配种前 15 天要完成各种疫苗的接种工作。

3. 加强兽医卫生工作　坚持经常性的消毒,抓好灭鼠工作,保持猪场环境的清洁对防止病毒扩散是必不可少的。特别是流产、死产的胎儿、胎盘等污染物及产房栏舍一定要进行严格的消毒处理。

六、猪流行性乙型脑炎

流行性乙型脑炎(简称乙脑)是由黄病毒科的流行性乙型脑炎

病毒所引起的一种人兽共患蚊媒病毒性急性传染病,包括猪、马、牛和山羊等在内的大多数家畜易感,其他动物如兔、鼠、鸽子、犬、鸭、鸡、野禽和爬行动物也易感。主要发生在夏秋季节,病毒通常在蚊-猪-蚊等动物间循环。猪是流行性乙型脑炎病毒最重要的自然增殖动物。本病毒只引起马发生严重的脑炎,大多数动物包括猪形成不显性感染。妊娠母猪感染后发生流产和产死胎,公猪发生睾丸炎,还可引起肥育猪持续高热和新生仔猪脑炎。

研究证实,三带喙库蚊是本病的主要传播媒介,猪是扩散宿主。

(一)病原 流行性乙型脑炎属于黄病毒科。分为 3 个血清型,即 JaCAr、Nakauama 和 Mie(in-tennediate types),三者具有不同的生物学特性,包括生长特性和毒力。病毒呈球形,直径约 40纳米,有囊膜,20 面体对称,基因为正链单股 RNA。流行性乙型脑炎病毒基因组完整的核苷酸序列含有 10 976 个核苷酸,相当于有 3 432 个氨基酸残基。该病毒有 3 组结构蛋白和几组非结构蛋白。结构蛋白分别是膜糖基蛋白 E(54kD)、非糖基化膜蛋白 M(8kD)和核衣壳蛋白 C(14kD)。寡核苷酸指纹图谱技术揭示日本和泰国间隔多年分离的株系出现突变。

流行性乙型脑炎病毒在环境中不稳定,易被消毒剂灭活,对乙醚、氯仿和脱氧胆酸钠敏感,也对蛋白水解酶和脂肪水解酶敏感。56℃30 分钟可被灭活,100℃2 分钟亦可使其灭活。其最适宜的pH 是 8.5。病毒对酸和胰蛋白酶敏感。常用消毒剂如碘制剂、氯制剂、甲醛、复合酚等均可迅速灭活病毒。

(二)流行病学

1. 流行特征

(1)地区分布 流行性乙型脑炎流行范围很广,流行国家有日本、韩国、印度尼西亚、泰国、印度、巴基斯坦、越南、缅甸、新加坡、澳大利亚、新西兰、马来西亚、菲律宾、斯里兰卡、俄罗斯、蒙古和尼泊尔等国。我国除新疆、西藏地区外，其他省、自治区、直辖市均有本病发生。疫区主要分布于长春市以南和兰州市与大理市以东的广大地区，特别是河南、安徽、江苏、江西、湖北、湖南等省都是发病率较高的地区。

（2）季节分布　本病在热带地区的流行无明显季节性，全年均可发生，而在温带和亚热带地区则有严格的季节性，这是由于蚊虫的繁殖、活动及病毒在蚊体内增殖均需一定的温度所致。根据我国多年统计的资料显示，约有90％的病例发生在7～9月份，在12月份至翌年4月份几乎无病例发生。华中地区的流行高峰多在7～8月份，华南地区和华北地区由于气候特点，流行高峰较华中地区提早或推迟1个月。

（3）发病年龄及性别　猪是本病的重要危害对象，其自然感染高峰比人流行性乙型脑炎的流行高峰要早3～4周。自然感染猪血液内的病毒滴度可达到103.2ID_{50}（半数致死量），猪群中母猪的感染率比公猪高，肥育猪和新生仔猪感染率较低。

2. 传播媒介　蚊虫是本病的重要传播媒介。到目前为止，世界范围内分离到流行性乙型脑炎病毒的蚊虫有5个属，即库蚊、按蚊、伊蚊、曼蚊和阿蚊，共有30多种，我国也有20多种，主要带毒蚊有三带喙库蚊、二带喙库蚊、白纹伊蚊、霜背库蚊、中华按蚊、致乏库蚊、伪杂鳞库蚊、棕头库蚊、环带库蚊、雪背库蚊、东方伊蚊和凶小库蚊等。从三带喙库蚊分离到的病毒最多，约占毒株分离总数的90％。

除蚊虫外，福建、广东和云南等地区从台湾蠛蠓和尖蠓库蠓体内分离到流行性乙型脑炎病毒，在当地比蚊的密度还高，其繁殖季节和吸血习性与流行性乙型脑炎的流行吻合，故认为蠛蠓和库蠓也是流行性乙型脑炎的传播媒介之一。此外，四川省曾在革螨中分离到流行性乙型脑炎病毒。

3. 扩散宿主　猪是流行性乙型脑炎病毒的主要扩散宿主，国内外学者对各种动物血清学调查发现有蹄类家畜流行性乙型脑炎抗体阳性率都很高,如北京市的猪、骡,西安市的马、骡均可达100%。在家禽中,成年鸡的阳性率比鸭高。云南省和南京市的蝙蝠阳性率分别达到57.55%和30%。此外,两栖类和爬行类动物亦可感染流行性乙型脑炎。自然界的蛇中曾发现携带本病毒,并检测出流行性乙型脑炎血凝抑制抗体。蜥蜴和蟾蜍试验感染均可产生病毒血症。

(三)临床症状 仔猪感染后突然发病,成年母猪和妊娠母猪感染后,不一定表现临床症状,但有部分母猪可发生体温升高(40℃~41℃),持续数天,呈稽留热。病猪精神沉郁,嗜睡,口渴,食欲减少或废绝,尿黄,粪干带黏液。少数表现兴奋,乱撞或四肢麻痹,也有的关节肿胀发生跛行。仔猪可发生痉挛,口吐白沫、抽搐、倒地不起,1~2天死亡。

妊娠母猪早期感染发生流产,中后期感染者产出死胎和木乃伊胎,死胎皮肤有多处红色出血斑块,皮下水肿,脑积水,还可产出部分弱仔,在出生1~3天死亡,死前一般表现神经症状。

夏季种公猪感染流行性乙型脑炎后主要发生睾丸炎,一侧或两侧睾丸肿胀1~1.5倍,出现死精子或精子活力下降,性欲减退,通过精液排毒经交配传给母猪,影响其妊娠率。经3~5天后,一般自然消肿恢复正常,也有的睾丸缩小、变硬、丧失产生精子的功能,失去种用价值。

(四)病理变化 从死胎和弱仔观察到的病变包括死胎皮肤多处有鲜红色的出血斑块,以头部、颈部、背部和臀部多见(弱仔体表无出血),皮下水肿,脑水肿,胸腔积水,腹腔内有腹水,浆膜有小点状出血,淋巴结充血,肝脏和脾脏有坏死灶,脊膜和脊髓充血。母猪子宫内膜充血、水肿,黏膜上覆盖有黏稠分泌物,胎盘呈炎性浸润。公猪睾丸充血、出血和坏死。睾丸鞘膜腔中有大量黏液,附睾边缘和鞘膜脏层纤维性增厚。

(五)诊　断

1. 病毒分离　采取死胎的脑组织或心血等材料,将血液和脑组织浸出液接种到1~5日龄乳鼠脑内,接种后4~14天出现中枢神经症状或死亡,一般在接种后4~6天死亡较多,然后取乳鼠脑组织通过细胞培养,进行中和试验来鉴定。

2. 血清学试验　用于检测流行性乙型脑炎抗体的方法有血凝抑制、酶联免疫吸附试验、血清中和试验、补体结合试验、乳胶凝集试验等。

(六)治疗　由于本病属病毒性传染病,抗菌药物治疗无效,现在国外医学界提倡用干扰素、γ-球蛋白或皮质类固醇进行治疗。笔者建议采用干扰疗法,即用猪白细胞干扰素直接做肌内注射,或用大剂量猪瘟疫苗或鸡新城疫Ⅰ系疫苗肌内注射,方法参照猪圆环病毒病一节。

(七)预防　搞好环境卫生,做好灭蚊工作是控制流行性乙型脑炎流行的一项重要措施,但做好这项工作的难度相当大。关键的措施是做好猪群的免疫,具体免疫方法是:每年在蚊虫开始活动的前1个月,对4月龄以上及成年种公、母猪注射鼠脑灭活苗1次(肌内注射3毫升/头),2岁以上的种猪到秋季再接种1次。也可用流行性乙型脑炎细胞苗进行预防。一旦出现流行性乙型脑炎症状,立即应用干扰疗法做紧急预防和治疗。

七、口蹄疫

口蹄疫是由口蹄疫病毒引起的偶蹄动物的一种急性、热性、高度接触性传染病。在临床上以猪的口腔黏膜、鼻吻部、蹄部及乳房发生水疱和溃烂为特征,初始症状经常为病猪跛行,不愿站立行走。哺乳仔猪经常突然死亡。

猪口蹄疫的发病率很高,传染快,流行面广,对仔猪来说特别是哺乳期仔猪,死亡率非常高,给养猪业造成严重的经济损失。世界各国对口蹄疫的防疫都十分重视,我国也十分重视本病的防治工作。

(一)病原 口蹄疫病毒属小核糖核酸病毒科、口疮病毒属,是RNA型病毒,病毒呈球形,直径为 22～30 纳米,无囊膜,对酸敏感。本病毒具有多型性及易变的特点,有 7 个血清型,即 A 型、O型、C 型、亚洲Ⅰ型和南非 1 型、2 型、3 型。这些血清型无交叉反应,所有血清型均具有亚型,这些亚型会在急性和持续感染期出现,我国口蹄疫的病毒型为 O 型、A 型和亚洲Ⅰ型。

口蹄疫病毒对外界环境抵抗力较强,在畜舍的干燥垃圾中可存活 14 天,在潮湿垃圾中可存活 8 天,尿液中可存活 39 天,土壤表层存活 3 天(夏季)或 28 天(秋冬季),干草中可存活 140 天(22℃),污水中可存活 21 天(17℃～21℃)或 103 天(4℃～13℃),对日光、热、酸、碱等敏感,在兽医实践中,应用 1%～2%氢氧化钠溶液、1.2%甲醛溶液、0.3%～1%菌毒灭溶液、0.2%～0.5%过氧乙酸溶液等消毒药对本病毒均有较好的杀灭效果。

(二)流行病学 牛、羊、猪等偶蹄动物都可以发生本病。猪对口蹄疫病毒特别易感,其他偶蹄动物次之。不同年龄的猪易感程度不完全相同,一般情况下幼龄仔猪发病率高、死亡率高,尤其是新生仔猪的发病率和死亡率均可达到 100%。近几年主要是以初春季节和肥育后期的大猪多发,在无继发感染情况下死亡率低,而老龄猪发病率较低。

病猪和带毒动物是主要传染源。本病一年四季均可发生,但以冬、春、秋季气候较寒冷时多发。本病传染性极强,常呈流行性,流行周期为 2～5 年 1 次。病毒主要通过消化道、呼吸道、破损的皮肤、黏膜、眼结膜和人工授精进行直接或间接传播,鸟类和鼠类可间接传播本病,也可通过空气传播。在发热期,家畜的乳汁、尿液、分泌物、排泄物、水疱皮、水疱液中含有大量病毒,畜产品、人、动物、运输工具都是本病的传播媒介。

（三）临床症状　本病潜伏期为 1～2 天，病初体温升高（40℃～41℃），食欲减退，精神不振，不愿站立，腹卧，强迫站立时尖叫，随着病程的发展，在蹄冠、蹄踵、蹄叉、鼻盘、齿龈、舌面、口黏膜、乳房及乳头等部位出现大小不等的水疱，水疱内充满清亮或微浊的黄色浆液，并可融合成更大的水疱，水疱破裂后形成鲜红色的烂斑，从蹄冠与皮肤接合处流出淡黄色液体，干燥后形成黄色痂皮，严重的蹄壳脱落，出现跛行。若无继发感染，病损部位 1～2 周结痂愈合。哺乳仔猪特别是新生仔猪常呈急性肠炎和心肌炎而突然死亡，病死率可达 80%～100%，育成猪可达 3%～5%（主要是继发感染引起的）。妊娠母猪发生流产和产死胎。

（四）病理变化　除口腔、蹄部的水疱和烂斑外，在咽喉、气管、支气管和胃黏膜有时发生圆形烂斑和溃疡，其上覆盖有棕黑色痂块。大小肠黏膜可见出血性炎症。新生仔猪心包膜有弥漫性和点状出血，心肌扩张松弛，似熟肉状。心肌切面有灰白色或灰黄色斑点或条纹，俗称"虎斑心"。猪蹄部继发感染可出现化脓性出血性炎症。

（五）诊断　根据本病的流行病学特点、临床症状、病理变化，可做出初步诊断，确诊必须经过实验室检查，取水疱液或水疱皮送有关实验室进行乳鼠中和试验，以便确定毒型，进一步与水疱病、水疱疹、水疱性口炎等病进行鉴别诊断。血清学诊断方法很多，目前以酶联免疫吸附试验较常用。另外，核酸探针、放射免疫和荧光抗体法也可用于本病的诊断。近年来也有人采用斑点酶联免疫吸附试验检测口蹄疫。

（六）治疗　病猪隔离，及时治疗，以防继发感染。加强护理，采取对症疗法以促进口腔和蹄部早日康复。治疗本病以干扰疗法为主，具体方法参照猪圆环病毒病一节，同时必须配合抗菌药物治疗细菌感染。

对发病猪首先加强饲养和护理，并保持猪舍清洁、通风、干燥、温暖,多给病猪饮水,加强营养,不食者可进行人工饲喂,对水疱破溃之后的猪,要用 0.1％高锰酸钾溶液、2％硼酸溶液或 2％明矾溶液清洗破溃面,再涂抹 1％龙胆紫或 2％碘甘油,还可用百菌消-30原液直接涂搽患部。

对发生本病的猪可注射发病 1 个月的口蹄疫病猪或痊愈猪血清(全血),对新生仔猪每头肌内注射 2～3 毫升,大猪每千克体重 1 毫升,7 天后再注射 1 次,有很好的预防和治疗效果。对发病猪群采用大剂量鸡新城疫Ⅰ系疫苗进行治疗效果较好。

(七)预防 加强防疫,防止疾病的传入,控制污染地区。口蹄疫疫苗,种猪每年接种 3～4 次,仔猪 60 日龄、90 日龄时各免疫 1次,120 日龄时再免疫 1 次。

发生本病后,病猪应全部淘汰,并采取隔离封锁措施,彻底消毒。为防止哺乳仔猪感染死亡,母猪在产前 5 天和 3 天各注射 200 羽份鸡新城疫Ⅰ系疫苗,仔猪出生后第二天和第四天各注射 20 羽份。其他猪群根据大小选择治疗剂量,肌内注射 1～2 次,可起到紧急预防作用。

加强生猪收购和调运时的检疫工作,防止从外地传入本病。严禁外来车辆和人员进入猪场,严禁场内职工相互串岗、串舍,加强灭鼠工作。

(八)公共卫生 人群可以感染口蹄疫病毒,主要通过破损皮肤或食用了带毒的肉、奶而感染。轻者仅短期发热,重者体温升高,咽喉疼痛,口腔、咽喉、唇舌黏膜以及手掌、脚掌和指(趾)间皮肤出现水疱,女性的乳房也会发生水疱。水疱周围红肿、疼痛。猪场和屠宰场工人要特别做好个人卫生防护,以防感染。

八、猪 流 感

猪流感是由 A 型流感病毒引起猪的一种急性、传染性呼吸道疾病,其特征为突发、咳嗽、呼吸困难、发热、衰竭和迅速康复。临床上常见本病与猪副嗜血杆菌或巴氏杆菌混合感染,加重病情而导致死亡。

(一)病原　猪流感是由正黏病毒科中 A 型流感病毒引起,病毒呈多形态,直径 80～120 纳米,为单股 RNA 病毒,有囊膜。该病毒分 A、B、C 3 型,囊膜表面上突出的糖蛋白主要是表面抗原,分为血凝素(H)和神经氨酸酶(N),容易变异。猪流感病毒是甲型流感病毒的一个亚型,该病毒对外界环境抵抗力弱,加热、紫外线、常用消毒药尤其是碘制剂更易使病毒灭活,对低温的抵抗力较强,60℃条件下经 20 分钟可灭活病毒,-20℃条件下可存活数月,冻干或-70℃条件下可保存数年。

(二)流行病学　病猪和病人是主要传染源。病原从呼吸道排出,通过飞沫直接接触传播。本病在一定条件下可在不同的动物间传播,许多资料证实,猪型流感病毒多次引起人类的流感,人的甲 3 型病毒也能感染猪和其他动物。本病发生迅速,流行面广,发病率很高,死亡率低,多在秋冬和早春天气寒冷季节发生,在阴雨、潮湿、寒冷、拥挤、密集饲养等状况下更易发生。

(三)临床症状　本病在潜伏 1～3 天后突发,猪群中多数猪同时出现症状,表现厌食、迟钝、衰竭、蜷缩。病猪体温升高达 40℃～42℃,呈明显的腹式呼吸,眼部出现结膜炎,鼻腔流出分泌物,触摸肌肉有疼痛感,疼痛时出现肠肌痉挛,呼吸顿挫,咳嗽,表明支气管有炎症,不愿走动,5～7 天可恢复。病死率较低,一般在 5% 以下,通常不到 1%。临床上除显性感染外,经常发生亚临床感染,如在肥育猪未发生明显的呼吸道症状,而血清学表明 2 个亚型的阳性率均相当高。许多因素包括免疫状况、年龄、继发感染、气候条件及畜舍环境等决定着流感病毒感染的临床结果,但本病所致的主要危害表现为生长停滞和体重减轻。

继发感染是流感病毒感染中最重要的复杂因素。多年来已知继发感染呼吸道细菌,如胸膜肺炎放线杆菌、多杀性巴氏杆菌、猪副嗜血杆菌、支原体、链球菌和衣原体等,使病情更加复杂。

(四)病理变化 主要病变在呼吸器官,鼻、气管、支气管黏膜充血、肿胀,被覆黏液。病情严重的可见肺脏充血、水肿、气肿或见支气管肺炎和胸膜炎。小支气管和细支气管内充满泡沫样渗出液,胸腔蓄积大量混有纤维素的浆液,病情较重的在肺脏、胸膜与肋膜亦有纤维素附着。胃肠有卡他性炎症,肺部纵隔淋巴结肿大、水肿,病变区为紫色的硬结,呼吸道内含有带血色的纤维蛋白性渗出物。肺脏的病变发生于尖叶、心叶、中间叶、膈叶的背部与基底部,与周围组织有明显的界限,颜色由红色至紫色,萎陷、坚实、有韧性,以尖叶和心叶受损最严重,并且右肺较左肺严重,但是这种肺膨胀不是广泛性的,且不规则。眼观猪流感的肺部病变与猪地方性肺炎的病变相似,前者心包腔蓄积混有纤维素的液体。胃肠黏膜发生卡他性炎,胃黏膜充血严重,特别是胃大弯部。大肠发生斑块状充血并有轻微的卡他性渗出物,但无黏膜糜烂。脾脏肿大。

(五)诊断 根据发病特点,一般在秋末、早春时节,猪群突然发病,很快传到全群,发病多、死亡少,可做出初步诊断,确诊须进行实验室检查。

本病的特异性诊断方法有病毒分离和特异性抗体的检测(血凝抑制试验)。

(六)治疗 根据免疫干扰原理,对病猪可采用猪白细胞干扰素或应用大剂量猪瘟疫苗或鸡新城疫Ⅰ系疫苗进行治疗,具体方法参照猪圆环病毒病一节。同时,要精心护理,提供舒适避风的猪舍和清洁、干燥、无尘土的垫草。为避免其他应激,在急性发病期内不应移动或运输猪只,由于多数病猪发热,故应供给充足的新鲜清洁饮水。在饮水中使用止咳祛痰药进行群体治疗,如每吨水中加入碘化钾 200～400 克。为控制并发或继发的细菌感染,可应用一定的抗生素和磺胺类药物。

(七)预防 紧急预防可用猪白细胞干扰素或大剂量鸡新城疫

疫苗,方法参照猪圆环病毒病一节。

应避免疑似流感病毒感染的人员与猪接触。

猪流感疫苗可以肌内注射使用,血清中的流感病毒抗体水平决定着保护力,建议间隔 3 周后进行第二次注射。

加强猪群的饲养管理和卫生防疫措施,特别是气候多变的秋冬和早春季节,要搞好猪舍的防寒保温,减小温差,保持清洁干燥。

用食醋 2～5 毫升/米³,按 4∶1 的比例加水,在密闭舍内加热蒸发,每次约 30 分钟,每日 1～2 次,或用乳酸、丙酮酸 1 克在 100 米³ 的空间熏蒸做预防性消毒。

九、猪链球菌病

猪链球菌病是由溶血性链球菌引起的猪的传染病,临床表现为败血症、脑炎、肺炎、肠炎、皮下蜂窝织炎(乳房炎、脓疱症)、多关节炎,还可引起母猪阴道炎、子宫内膜炎,导致流产或不孕。链球菌病属于人兽共患传染病。

(一)病原 链球菌为圆形或卵圆形的球菌,呈单球、双球或 3～5 个成链排列,更长的呈串珠状。本菌不形成芽孢,一般无鞭毛,不能运动,有的球菌可在培养基中形成荚膜。革兰氏染色为阳性。培养特性上属兼性厌氧菌,最适宜的生长温度为 37℃,在 40℃也能生长。在鲜血琼脂培养基上培养 24 小时可长出直径为 1～2 微米的灰白色、半透明、发亮、光滑、边缘整齐的菌落。

链球菌按其对红细胞的作用分为 3 群:①溶血性链球菌,呈完全透明的溶血圈,又称 β 溶血群,致病力强;②草绿色链球菌,不溶解红细胞,但其中的血红蛋白为草绿色,称为不完全溶血,又称 α 群,致病力弱,常引起局部化脓性炎症;③不溶血链球菌,红细胞完全无变化,又称 γ 群,一般寄生于动物黏膜,无致病力。

本菌分成 20 个血清群(A～V)。A 群主要对人致病,如猩红热、扁桃腺炎及败血症;B 群的无乳链球菌可导致牛的乳房炎;C、

D、G、L、M、P、R、T 等群引起猪、牛、羊、马等动物的败血症、脑炎、心内膜炎和关节炎等；E 群主要引起慢性淋巴结炎、脓疱症、多关节炎、乳房炎、脑膜炎等。C 群和 E 群还可引起猪的阴道炎、子宫内膜炎，导致母猪流产、早产和产死胎等繁殖障碍。2 型链球菌是 R 群中的一个血清型，1 型为 S 群的一个型。

链球菌在 4℃ 的水中可存活 1～2 周，在夏天和 22℃～25℃ 条件下，在粪便中可存活 8 天，但在灰尘中只能存活 24 小时。链球菌在腐烂的猪尸体中，4℃ 条件下可存活 6 周，22℃～25℃ 条件下可存活 12 天。在清洗污染的猪舍过程中，普通消毒剂如新洁尔灭、来苏儿等，在 1 分钟内可以杀死链球菌。

(二)流行病学

1. 易感动物 除猪外，还有牛、羊、马、禽类、犬、兔、鼠等。各种年龄的猪均可感染发病，以哺乳仔猪和断奶后的保育猪发病率和死亡率较高。妊娠母猪以妊娠早期(40 天左右)发生流产为主。

2. 传染来源 主要是感染猪的鼻液、唾液、尿液、粪便、血液和流产死胎、胎衣等以及污染的饲料、饮水和用具。

3. 传播途径 主要经呼吸道、消化道感染，亦可经损伤的皮肤和黏膜感染，还有内源性感染和经脐感染。

4. 发病季节 常年均可发病，但是以冬末春初多发，夏、秋之交时节亦常发生。

另外，同一头猪可同时感染多个血清群和血清型的菌株，表现症状复杂，给本病的预防和治疗造成困难。

(三)临床症状

1. 急性败血型 潜伏期多为 1～3 天，最短的 6 小时。最急性病例没有任何症状，病猪突然倒地死亡，或者表现精神高度沉郁、食欲废绝、体温升高至 42℃，在 3～5 小时内倒地死亡，死前耳和腹下皮肤发绀。急性型病例精神委顿，体温 41℃～42℃，呈稽留热，食欲减退或废绝，结膜潮红，流泪，有浆液性鼻液，呼吸浅表、加快,在1～2天内发生关节炎,病猪跛行或不能站立,有的出现共济失调、磨牙、空嚼或昏睡。出现全身败血症状,多数病猪的耳朵、四肢末端、尾根部、腹下皮肤出现紫红色出血斑块,最后呼吸困难、心力衰竭,一般在2～3天死亡。

2. 脑膜脑炎型　多见于断奶仔猪和育成猪,病初体温升高至41℃左右,拒食、便秘,有浆液性或黏液性鼻液,继而表现神经症状,步履蹒跚,转圈或前冲后撞,磨牙、空嚼、侧卧在地,四肢做游泳状划动,或头向后仰呈角弓反张,或出现阵发性四肢抽搐、痉挛,有时昏迷不醒。部分猪多关节肿胀,爬行前进。当神经症状出现后,体温已经不高或有所下降。由于病猪不能起立,逐渐发生四肢麻痹,不吃不喝,体质迅速变弱,如治疗不当可在4～5天或1周左右死亡。

3. 关节炎型　此类型多见于哺乳仔猪和断奶仔猪,有的出生后1周左右即发生关节肿胀,以腕关节较多发,后肢跗关节也可发生,局部有热痛,跛行。肿胀的关节如不恰当治疗,可在5～7天发生化脓,局部结缔组织增生、变硬,导致关节变形,种猪则失去种用价值。

4. 化脓性淋巴结炎型　多见于颌下、咽部和颈部淋巴结,表现患部肿胀,有热痛感、变硬,可影响采食、咀嚼、吞咽和呼吸。有的咳嗽、流鼻液。1周后,肿胀的淋巴结化脓、软化,中央皮肤坏死,流出脓液,全身症状逐渐好转,最后局部愈合,病程为2～3周。

5. 流产型　E群和C群链球菌菌株可通过泌尿生殖道感染,引起子宫内膜炎,致使受精卵或40天以内的胚胎不能在子宫黏膜上着床,导致流产。这种流产多发生在妊娠的30～40天,流出的胚胎只有指头或花生米大,有的在流产后立即被母猪吃掉,不易被发现。

(四)病理变化　急性败血型和脑炎型病猪可见耳、鼻盘、四肢末端和腹下皮肤有紫红色出血斑块。死亡猪血液呈酱油色,不凝固或凝固不全。心内、外膜有出血斑点。肺脏膨隆，有大量出血点，严重的在膈叶上出现大量黑色梗死灶。肺小叶间质增宽，切面有大量血色泡沫或脓液。脾脏多数肿大，在脾脏的背面和腹面中央有大小不等的黑色梗死块，严重的半个或整个脾脏全部呈黑色梗死病变，具有诊断意义。肝脏微肿大，有淤血斑，胆囊肿大，胆汁黏稠。肾脏肿大，皮质和髓质部均有出血。胃底黏膜出血或溃疡。脑软膜和脑实质充血、出血。

（五）诊断　根据特征性的临床症状和病理变化可做出初步诊断。

实验室检查是确诊的主要依据。可采取病死猪的心血、肝脏、肺脏、脾脏、关节液和脓肿病料涂片，用革兰氏染色镜检，可见染成紫红色的革兰氏阳性球菌。

（六）治疗　凡对革兰氏阳性细菌有效的药物均可用于本病的治疗，如青霉素、阿莫西林、头孢类、红霉素等，磺胺类药物因抗菌谱广，亦可用来治疗本病。由于急性败血型病猪体温可超过42℃，又呈稽留热，往往容易形成酸中毒，体温调节中枢调节体温的功能失控，即使使用退热药，效果往往不好。因此，在治疗过程中，在应用抗菌药物的同时，应配合 5％碳酸氢钠注射液静脉注射，此药可中和过高的血液酸度，解除酸中毒，同时可在 3～4 小时退热，而且退热后不易反弹。在临床上应用磺胺类药物（复方磺胺嘧啶钠或复方磺胺对甲氧嘧啶）与碳酸氢钠同时分别静脉注射比用青霉素肌内注射效果要好。但必须注意，磺胺类药物做静脉注射一定要用灭菌蒸馏水做 1∶1 稀释，使用剂量应按说明书要求，有些基层兽医用量加大 3～5 倍，对肾脏和全身毒性很大；5％碳酸氢钠注射液是高渗溶液，只能做静脉注射，按每千克体重 1 毫升使用。体温降至正常后不需再做静脉注射，磺胺类药物作肌内注射，每日 2 次，连用 3 天。在应用磺胺类药物期间，可用 1‰碳酸氢钠溶液作为饮水。

对脑炎型链球菌病的治疗要有耐心,一般需 4～5 天才能治愈。治疗时对出现神经症状的病猪应先用镇静剂,待其安静之后再用抗菌药物,还应注意补充 B 族维生素和维生素 C,对消除神经症状、改善代谢、恢复食欲大有好处。另外,由于此类病猪多卧地不起,护理非常重要,应注意从口腔补充水分和流质饲料;肠道内缺水发生便秘时应用自来水灌肠,既可通便,又能补充水分。

对关节炎型和淋巴结炎型病猪的治疗,应采用全身治疗和局部治疗相结合的方法。特别是关节和淋巴结的肿胀部位可采用青霉素加盐酸普鲁卡因做局部环状封闭,每日 1 次,连用 2～3 天。同时,对肿胀部位涂搽鱼石脂软膏,可促进炎症消散。对链球菌引起的乳房炎也要采取上述方法治疗,全身治疗以静脉注射青霉素或磺胺类药物效果较好。

(七)预防　对全群进行免疫是预防本病的主要措施,但必须注意选择适宜的疫苗。猪链球多价灭活苗包含有 C、D、E 3 个血清群的 10 多个强毒菌株,免疫后对败血型、脑膜炎型、慢性淋巴结炎和关节炎型的链球菌病均有良好的保护作用。具体免疫方法和剂量如下:种公猪每年免疫 2 次,每次 3 毫升;后备母猪在配种前 15～20 天肌内注射 3 毫升;妊娠母猪在产前 20 天接种 3 毫升,产后 25～30 天接种 3 毫升;仔猪如果其母猪产前未接种疫苗可以提前在 7～10 日龄接种 2 毫升,35 日龄时再接种 2 毫升,若母猪在产前已经免疫了,就要安排在 25 日龄左右接种 2 毫升,35～40 日龄时再接种 2 毫升。

药物预防一般每吨饲料添加阿莫西林 300 克,强力霉素 400～500 克。或用磺胺间甲氧嘧啶或磺胺-5-甲氧嘧啶原粉,每吨饲料添加 300 克,另外配合添加抗菌增效剂磺胺三甲氧苄氨嘧啶 60 克,碳酸氢钠粉 500 克,阿散酸 100 克,连喂 5～7 天为 1 个疗程。

搞好猪场管理,加强消毒,杀灭蚊、蝇,灭鼠等工作对预防本病非常重要。因本病为人兽共患传染病,故与猪直接接触的饲养员、饲料加工人员及临床兽医更应注意搞好个人卫生防护工作,避免传染,保障人身健康。

十、猪衣原体病

衣原体病是由衣原体引起的一种人兽共患传染病。衣原体可以感染190多种鸟类和几十种哺乳动物,导致禽类的鸟疫,哺乳动物的繁殖障碍(流产和产死胎、木乃伊胎、弱仔等),还可引起多种动物的肺炎、肠炎、脑脊髓炎、心包炎、多关节炎、多浆膜炎、结膜角膜炎、肝周炎以及公畜的尿道炎、附睾炎和精囊炎,致使睾丸肿大等。

猪衣原体病是由鹦鹉热衣原体和反刍衣原体引起的,临床特征为妊娠母猪发生流产,或产死胎、木乃伊胎、弱仔,猪只各个组织器官发生炎症;种公猪睾丸肿大、变硬以至丧失种用价值。由于很多基层兽医技术人员不了解本病的危害性,没有采取免疫措施,常导致大量母猪发生繁殖障碍,造成巨大的经济损失。

(一)病原 衣原体是一大群与革兰氏阴性细菌有密切关系的原核细胞类微生物。这群微生物有相似的形态特征和共同的属抗原。由于其体积小,能通过细菌滤器,只能在活细胞内繁殖,在20世纪70年代以前将它们归类于大病毒。后来的分子生物学研究发现,它们有如下不同于病毒的特征:①与细菌相同,同时含有2种核酸(RNA和DNA);②生活周期的后期有二分裂现象;③有类似革兰氏阴性菌的由肽多糖组成的细胞壁;④含有核糖体和多种代谢酶类;⑤对多种抗菌药物敏感;⑥有的菌株已发现有噬菌体。

1980年,微生物协会国际联合委员会研讨了法定的衣原体分类。Bergey's系统细菌学手册将衣原体归类于与立克次体并列的两个目之一,即衣原体目。衣原体目下有1个衣原体科,1个衣原体属,属下分4个种,即沙眼衣原体、鹦鹉热衣原体、肺炎衣原体、反刍衣原体。

将衣原体感染鸡胚卵黄囊膜保存于−70℃,可存活 10 年以上。衣原体对温度变化敏感,在室温下的自来水或游泳池里可存活 2～3 天。56℃ 25 分钟、70℃ 5 分钟可被灭活。衣原体在0.1％甲醛溶液和 0.5％苯酚(石炭酸)溶液中经 24 小时被灭活,在 75％酒精中 1 分钟被灭活,在 0.05％升汞溶液中 5 分钟被灭活,在含有乙醚、氯、碘酊、高锰酸钾等的消毒液中 1～30 分钟被灭活,在紫外线照射下可迅速被灭活。2％来苏儿溶液 5 分钟可灭活沙眼衣原体,3％来苏儿溶液 36 小时才能灭活鹦鹉热衣原体。2％氢氧化钠溶液和 1％盐酸溶液 2～3 分钟可将衣原体灭活。

(二)流行病学　根据全国畜禽疫病普查的资料显示,猪衣原体病已在国内普遍流行,各种品种、年龄和性别的猪均可感染。初产母猪在妊娠 30～40 天多发生流产。病猪和潜伏感染的猪群是主要传染源,死胎、胎盘、羊水中的衣原体造成传播危害,野鼠等啮齿动物及鸟类带菌者在传播本病中起到一定的作用。

病猪可通过粪便、尿液、唾液和乳汁排出衣原体。本病的主要传播途径是直接接触,通过消化道和呼吸道感染,妊娠母猪和幼龄仔猪最为敏感。同窝仔猪通过吃奶互相感染。可以通过皮肤伤口以及皮下、肌内、鼻内、静脉和腹腔注射感染。感染后康复的猪可以长期带菌。公猪精液中的衣原体可保持 20 个月,通过交配传给母猪,还可穿过胎盘屏障垂直传给胎儿。所以,隐性感染的公猪危害性很大。

(三)临床症状　自然感染的潜伏期为 3～15 天,人工感染的潜伏期为 6～60 天,呈隐性感染状态的潜伏期尚无法确定。不同猪群表现的临床症状有一定差异,具体可分为以下几种类型。

1. 繁殖障碍型　母猪表现为流产、早产,产死胎、木乃伊胎和弱仔,以初产母猪表现尤为突出。早期流产可发生在妊娠期的前2 个月。产出的弱仔不会吃奶,常在数小时或 1～2 天内死亡。也有少数弱仔可以存活 5～7 天,表现皮肤淤血,发绀,吮乳无力,步态不稳,行为异常,发出尖叫声,应激反应增高,体温时高时低(在1℃～1.5℃波动),常出现肠炎腹泻,有的发生肺炎,表现呼吸困难,这类弱仔一般经 3～5 天,病情恶化转归死亡。患病母猪分娩后,不发情或久配不孕,返情率增高。

种公猪多发生睾丸炎、附睾炎、精囊炎,睾丸一侧或两侧肿大,几天后睾丸变硬或萎缩变小。另外,还可发生龟头包皮炎和尿道炎,尿道炎严重时,会出现血尿,排尿时疼痛不安。交配时从尿道排出带血的精液,精子活力降低甚至出现死精子。精液中长期携带衣原体并将随交配传染给母猪,导致母猪不孕或流产、产死胎。

2. 肺炎和脑炎型　断奶前后(1～4 月龄)仔猪多发,多呈亚急性或慢性经过,病猪体温升高,热型不定,精神委顿,震颤,干咳,呼吸促迫,肺部听诊有啰音,从鼻腔流出浆液性分泌物,食欲不佳,虚弱,生长发育迟缓。有的继发脑炎,出现神经症状,表现兴奋、尖叫、突然倒地、四肢做游泳状划动或发生抽搐,经过一段时间又恢复正常,如此反复发作,如治疗不及时或用药不当,最终发生后肢瘫痪,因心力衰竭转归死亡。

3. 肠道感染型　哺乳仔猪和断奶仔猪均易发生衣原体肠道感染,病猪从粪便中大量排出衣原体,造成同群猪迅速发生衣原体性肠炎。尤其是初生仔猪发生胃肠炎时,出现恶性腹泻,很快出现脱水及全身中毒症状,同时还会引起其他组织器官的损害,特别是继发致病性大肠杆菌或厌气性梭菌的混合感染,常造成急性死亡。

4. 多关节炎和多浆膜炎型　断奶仔猪和育成猪感染衣原体后,易发生多关节炎,四肢关节均可出现肿胀,表现跛行,疼痛感明显,此类关节炎多呈良性经过,肿胀的部位不会有化脓现象,但可从肿胀关节腔抽出淡黄色液体。如果同时感染了链球菌,则可能会出现化脓。

5. 结膜角膜炎型　本病多发生于断奶仔猪和肥育猪群,感染4～10 天病猪表现急性结膜炎,结膜高度充血潮红,羞明,流泪,眼角有大量分泌物。角膜混浊,仔猪发热,精神沉郁,食欲减退。眼结膜刮片染色镜检可发现衣原体包涵体。

(四)病理变化 繁殖障碍型的妊娠母猪,病变局限在子宫。子宫黏膜充血、水肿,间或有大小不等的坏死灶。多数病猪子宫角黏膜上有豌豆大的囊肿,有的卵巢囊肿。胎衣呈暗红色,表面覆盖一层水样物质,黏膜表面有坏死灶,病灶周围水肿。胸、肩胛部及会阴部皮下结缔组织水肿,颈、胸部皮下有胶冻样浸润。头顶部、臀部及四肢有片状出血。最主要的病变表现在胸、腹腔。胸腔有大量暗红色积液,1头死胎的胸水多达30～50毫升。肺脏呈茄紫色,肺叶高度水肿,小叶间质增宽3～5倍。在腹腔内有大量淡黄色至深黄色的腹水,肝脏呈土黄色,肝组织结构模糊,质地软如干泥状。脾脏微肿,被膜下有点状出血。肾脏呈褐色,被膜下有少量出血点。脑血管充血,脑膜水肿。全身淋巴结呈微红色,水肿。

公猪病变多在生殖器官,睾丸呈暗红色,肿胀,变硬,有的阴茎体坏死,龟头附近黏膜有炎症。尿道和输精管有出血性炎症。肥育猪发生衣原体性尿道炎,引起尿道黏膜肿胀、充血,长期尿道发炎导致尿道变狭窄,使尿酸盐沉积,最后导致尿道结石,排尿时出现血尿。

肺部病变主要表现在胸腔内有大量暗红色的胸水,肺叶高度水肿,膈叶多呈紫红色或蓝紫色,肺小叶间质增宽,小叶间隙充满胶样渗出液。

结膜角膜炎型的主要病变为结膜明显充血、水肿,眼睑肿胀,角膜混浊。

多关节炎和多浆膜炎型的病理变化主要是关节周围组织水肿、充血或出血,皮下结缔组织增生或关节变形,关节腔内有淡黄色渗出液,镜检可发现渗出液中有大量的衣原体。肠道感染型可见肠黏膜有充血、潮红,肠系膜淋巴结充血、水肿,小肠和结肠浆膜面有灰白色至黄白色纤维蛋白渗出物覆盖,肠黏膜触片镜检可见到上皮细胞核旁衣原体包涵体。

(五)诊　断

1. 临床诊断　患衣原体病的种公猪睾丸肿大,尿路感染;母猪感染后一般要推迟 5～7 天分娩,产下死胎、弱仔,仔猪发生肠炎、肺炎、结膜角膜炎和多关节炎等。尤其是死胎和弱仔的病理变化比较独特,具有诊断意义。

2. 实验室诊断

(1)镜检　选择死胎和弱仔的肝脏、脾脏、肾脏、肺脏、淋巴结,公猪的精液,结膜炎病猪的结膜刮片,多关节炎病猪的关节液,肠炎病猪的粪便、内脏等病料,涂片做姬姆萨氏染色,若观察到衣原体即可确诊。

(2)血清学检查　包括直接补体结合试验、间接补体结合试验、间接血凝试验、免疫荧光试验和酶联免疫吸附试验等。目前国内猪的临床血清学检测基本上都是采用间接血凝试验,此法具有特异性强、敏感性高、简便快速的特点,血清效价≥1∶64 判为阳性。患病种公猪精液可检出高滴度抗体。

(六)治疗　衣原体敏感的药物包括四环素族的四环素、金霉素、土霉素、强力霉素(脱氧土霉素);大环内酯类抗生素如红霉素、泰乐菌素、螺旋霉素、竹桃霉素、北里霉素、替米考星、阿奇霉素等,还有头孢类抗生素、泰妙菌素(支原净),氯霉素的第三代产品氟苯尼考。衣原体对青霉素、氧氟沙星和利福平也敏感。关于磺胺类药物,沙眼衣原体、肺炎衣原体对其敏感,但鹦鹉热衣原体除 6BC 株和来源于鹦鹉的一个菌株之外,对磺胺类药物完全不敏感。在临床上可用上述各类药物交替使用,以免长期应用某种药物产生耐药性。种公猪睾丸肿大可用左氧氟沙星注射液 400 毫升做静脉注射,每日 1 次,连用 4～5 天,还可配合强力霉素或支原净、氟苯尼考肌内注射进行治疗。

衣原体虽然与革兰氏阴性菌有相同的结构(具有由肽多糖组

成的细胞壁),然而有些对革兰氏阴性菌有效的药物却对衣原体无抑制作用,这类药物包括链霉素、卡那霉素、新霉素、庆大霉素、杆菌肽等。因此,在进行衣原体分离培养时,常在疑似衣原体感染病料中加入链霉素、卡那霉素或庆大霉素以除去杂菌污染。万古霉素和瑞斯托霉素对一般革兰氏阴性菌有抑制作用,但对衣原体的繁殖无抑制作用。

(七)预　防

1. 疫苗接种　衣原体油乳剂灭活苗对各类猪群的免疫方法、剂量及程序如下:种公猪每年春、秋季各接种 1 次,每次肌内注射 3 毫升。后备母猪应在配种前 30 天和 15 天各接种 3 毫升。妊娠母猪应在产前 20～30 天接种 3 毫升,产后在下一胎配种前 15 天再接种 3 毫升(保护下一胎的胎儿)。仔猪在 30 日龄接种疫苗 2 毫升。当发现并确诊为衣原体和其他病原微生物特别是猪圆环病毒和繁殖与呼吸综合征病毒混合感染时,可采取死胎或弱仔的肺脏、肝脏、脾脏、淋巴结等组织器官制造自家组织灭活苗进行预防接种。

2. 药物预防　在本病流行期间,因为疫苗注射后 15 天抗体才能起到保护作用,因此在接种疫苗的同时,可选择衣原体敏感的药物添加到日粮中,会起到较快的防治作用。常在每吨饲料中添加强力霉素 400 克,10%阿奇霉素 200 克;或支原净 150 克,金霉素 300 克;或 10%氟苯尼考 200 克,泰乐菌素原粉 100 克。连喂 7～10 天。

3. 加强各个环节的消毒　对分娩的死胎、胎衣等污染物进行焚毁处理。另外,消灭蚊蝇、抓好灭鼠等工作对防治本病亦非常重要。

(八)公共卫生　鹦鹉热衣原体不仅感染猪和其他兽禽,也可感染人,引起非典型肺炎和菌血症,称为鹦鹉热。沙眼衣原体可引起人的结膜角膜炎以及非淋菌性尿道炎、性病淋巴肉芽肿、宫颈炎、子宫内膜炎、输卵管炎等，引起不孕或流产。肺炎衣原体可以引起小儿间质性肺炎，以2～12周龄婴儿多发，严重者有全身症状，表现发热、胸痛、头痛、干咳，呼吸困难等。以上情况应当引起猪场各级工作人员特别是饲养员和兽医的注意，要对本病有强烈的防范意识。必要时定期做健康检查或血清抗体检测，发现阳性者应进行治疗，平时做好清洁消毒等预防工作。

十一、猪李氏杆菌病

李氏杆菌病是由单核细胞李氏杆菌引起家畜、家禽和人的一种人兽共患散发性传染病。人、畜感染后主要表现为脑膜炎、败血症、流产及单核细胞增多。猪、牛、羊、鸡、兔、猫、犬及啮齿类动物都有很高的病死率，骡、驴病死率较低。本病首次发现于美国，目前已遍布世界各地。在我国内蒙古、青海、新疆、甘肃、辽宁、黑龙江、广东、广西、四川、山东、江苏、湖北和江西等地区均有本病发生。

（一）病原　单核细胞李氏杆菌是一种革兰氏阳性小杆菌，大小为0.4～0.6×0.5～2微米，在兔血琼脂上培养可长出0.4～30微米的菌丝。菌端钝圆，有时呈弧形。菌体排列多呈单个散在，有些成双排成"V"形。在22℃和37℃条件下都能生长，在22℃～25℃条件下可形成4根鞭毛，能运动。但在37℃条件下形成较少甚至仅有1根鞭毛，以至运动微弱或不运动。本菌无芽孢，无荚膜，革兰氏染色阳性，老龄菌有的脱色为阴性，常呈两极浓染。

本菌对理化因素的抵抗力较强，在土壤、粪便、青贮饲料和干草内能长期存活，在20%食盐溶液中经久不死，2.5%苛性钠溶液作用20分钟才被杀死。60℃～70℃经5～10分钟方可将其杀死，2.5%石炭酸溶液、70%酒精经5分钟可将其杀死。家兔、小白鼠和豚鼠等对其均有易感性，皮下和肌内注射均可引起死亡。家兔和豚鼠用菌液点眼易发生脓性结膜炎。

根据菌体和鞭毛抗原,可将本菌分为 4 个血清型和若干个亚型。

(二)流行病学 牛、兔、狗、猫对本病最易感,猪和羊次之,马属动物有一定抵抗力。家禽中以鸡、火鸡和鹅易感,鸭较少感染。野生动物以啮齿类特别是鼠类易感,常成为储存宿主。人以孕妇、新生儿和婴儿易感,其次为老年人。

传染源主要是患病和带菌动物。患病动物的粪便、尿液、乳汁、精液,以及眼、鼻、生殖道分泌物中均可分离出该菌。自然感染途径是消化道、呼吸道、眼结膜和损伤的皮肤。污染的饲料、饮水和用具为传播媒介。

本病多为散发,有时呈地方性流行。发病率低,但致死率高。各种年龄的动物均可感染,以幼龄动物较易感,冬季、天气骤变时多发。

(三)临床症状 本病潜伏期短的几天,长的几个月,一般为 2～3 周。可分为败血型与脑膜炎型混合型和单纯的脑膜炎型。混合型多发生于哺乳仔猪,常突然发病,病初体温高达 41℃～42℃,吮乳减少或不吃奶,粪干尿少,中、后期体温降至正常或常温以下。多数病猪表现脑膜炎症状,初期兴奋,共济失调,步行跟跄,肌肉震颤,无目的地乱撞或转圈跳动,或不自主地后退,或以头抵地不动。有的躲在暗处,有的头向后仰,两前肢或四肢张开呈典型的观星姿势,或后肢麻痹拖地不能站立。严重者侧卧,抽搐,口吐白沫,四肢做游泳状划动。病猪反应性增强,受到轻微刺激就发出尖叫。病程 1～3 天,长的达 4～9 天。单纯脑膜炎型多发生于断奶仔猪,也见于哺乳仔猪。脑炎症状与混合型相似,但症状较缓和,病猪体温、食欲、粪便、尿液一般正常。此型病程较长,多数转归死亡。

血液学检查可见白细胞总数升高达 3.4 万～6.9 万个/毫米^3,其中单核细胞占 8%～12%。妊娠母猪感染后常发生流产。

（四）病理变化 病死猪可见皮肤苍白，腹下、股内侧皮肤有弥漫性淤血斑点，颌下、鼠蹊、肠系膜、肛门、脾门和肾门淋巴结均呈不同程度的出血、肿胀，切面多汁，有的呈杨梅状，有的呈髓样。肝脏、脾脏肿大，表面有纤维素性渗出物附着。肺脏轻度水肿。肾脏混浊肿胀，肾脏皮质和膀胱黏膜有少量出血点。喉头有黏液性渗出物。脑膜血管充血，脑实质水肿，脑回沟内有淡黄色胶样渗出物，脑脊液增多，稍浑浊；脑干变软，有小脓灶。

（五）诊断 根据流行特点可疑为本病。确诊必须做细菌学检查，采取病死猪的血液、肝脏、脾脏、肾脏、脑脊液和脑组织等病变组织做触片或涂片，革兰氏染色镜检，可见革兰氏阳性、呈"V"形排列的或并列的细小杆菌，可做出初步诊断。同时，取上述病料接种于血肝汤琼脂和0.05%亚碲酸钾胰蛋白胨琼脂平皿上，如出现β溶血和黑色菌落，再取该菌落做纯培养，进一步做生化试验和动物接种，便可确诊。

（六）防治 应做好平时的饲养管理和卫生防疫消毒工作。杀灭鼠类和其他啮齿类动物，搞好猪体内外寄生虫的驱除。发现病猪及时应用大剂量广谱抗菌药物，尤其是增效磺胺制剂，如复方磺胺嘧啶钠或复方磺胺对甲氧嘧啶、复方磺胺间甲氧嘧啶等，对治疗本病均有较好的疗效。另外，亦可配合应用头孢类抗菌药物和阿莫西林等。

（七）公共卫生 人对李氏杆菌有易感性，感染后多表现脑膜炎症状，血液中单核细胞增多。猪场的员工要特别注意防护。患病死亡猪的肉和其他产品须经无害化处理。平时注意消灭鼠类和外寄生虫。

十二、猪钩端螺旋体病

本病是由钩端螺旋体引起的一种人兽共患传染病，在家畜中主要发生于猪、牛、犬、马，羊次之。临床特征是发热、黄疸、血红蛋白尿、出血性素质、流产、死产、不孕、皮肤和黏膜坏死、水肿等。尤其是黄疸出血型钩端螺旋体病,死亡率高,给养猪业造成严重的经济损失。

（一）病原　按照生物学特性将钩端螺旋体分为两大群,即寄生性（致病性）钩端螺旋体和腐生性（非致病性、水生株或双曲）钩端螺旋体。致病性钩端螺旋体在世界上已知有 28 个血清群,每个群又可分为若干个血清型,已发现的有 170 多个血清型。我国在 29 个省、自治区、直辖市已发现 16 个血清群,63 个血清型,分布最广的是波摩那群,还有黄疸出血群、流感伤寒群、秋季热群、爪哇群、犬群、澳洲群、七日热群等。

钩端螺旋体的形态很纤细,常呈"S"形、"C"形或"8"字形,中央有一根轴,螺旋盘绕整齐细密,一端或两端弯曲成钩。在培养方面,钩端螺旋体为需氧菌,在含有少量动物血清（5%）的林格氏液、磷酸盐缓冲液、井水或雨水的培养基中,一般均可生长,最适宜的生长温度是 28℃～30℃,pH 7.2～7.6 为适宜的酸碱度。

本菌对热、日光、干燥、酸、碱及一般消毒剂均较敏感。在－20℃条件下 4 小时死亡,在－70℃或液氮（－196℃）中速冻,其毒力可保持数年。在潮湿土壤中存活 43 天至 6 个月,在干净水中存活 1 个月,在污水中存活不超过 1 周,在稻田、池塘、沼泽或淤泥中可长期存活。20%酒精、2%盐酸、5%石炭酸溶液、0.1%甲醛溶液等均可在 5 分钟内将其杀死。

（二）流行病学　本病有广泛的传染源,啮齿类动物（鼠类）是最主要的储存宿主,可带菌 1～2 年。人和多种动物如猪、牛、羊、犬、马、猫、兔以及鸡、鸭、鹅、水禽等均可感染,猪的感染率达 25%以上,带菌长达 1 年以上,可引起妊娠猪流产,其生殖道排泄物又污染饲料、饮水成为新的传染源。

本菌常通过损伤的皮肤、黏膜以及眼、鼻、口腔进入体内,亦可经过交配、人工授精和吸血昆虫传播。

（三）临床症状 本病潜伏期一般为 3～7 天。猪常见为波摩那群感染，其次为黄疸出血群、犬群、秋季热群等。多数猪感染后无明显症状，但长期带菌、排菌。少数猪表现委顿，体温升高（41℃左右），厌食，便秘或腹泻，寒战发抖，抽搐，摇头，嘶叫，流泪，尿液呈暗红色（血色素尿），黄疸，眼睑、下颌水肿。主要使妊娠母猪发生流产和产死胎。一般在妊娠后期（预产期前 2～4 周）出现流产，多产出死胎，胎儿的肝脏坏死。即使按预产期分娩，产出的仔猪也体质衰弱，在 3～4 天内死亡。尤其是新疫区的初胎母猪常大群发生流产和产死胎，少数感染母猪即使正常产下活仔，其育成率也会降低 10%～30%。此外，感染本病的公猪发生睾丸炎，引起睾丸肿大，精液带菌，交配时传染母猪，常导致母猪久配不孕。

（四）病理变化 钩端螺旋体进入机体后迅速经血液、淋巴系统散布全身各组织脏器，引起败血症。急性病例肉眼可见皮肤、皮下组织、浆膜和黏膜黄染，心脏、肺脏、肾脏、肠系膜和膀胱黏膜出血，肾脏肿大，皮质有灰白色病灶，肝脏肿大，呈黄棕色，淋巴结肿大出血，皮肤发生坏死，皮下水肿。

（五）诊断 根据临床症状病理变化可以做出初步诊断，但确诊须进一步做实验室检验。妊娠猪感染钩端螺旋体发生的流产须与几种其他病原引起的流产进行鉴别诊断。本病主要发生在妊娠后期（产前 2～4 周），流产胎儿肝脏坏死。而布鲁氏菌感染引发的流产发生在妊娠期的 4～12 周，胎儿死亡，母猪和公猪不育，公猪发生睾丸炎；猪细小病毒和流行性乙型脑炎病毒感染主要引起早期胎儿死于腹中，出现木乃伊胎；衣原体引起的流产主要发生在预产期前后或准确按预产期分娩，但多半产下死胎，少数弱仔在产后 2～3 天死亡；猪瘟可导致流产、产死胎和胎儿干尸化，且产下的活仔多发生全身震颤。

（六）治疗和预防 青霉素可使病状减轻，但不能除去肾脏里的钩端螺旋体，链霉素则可以杀死肾脏里的菌体，每千克体重

25～30毫克,每12小时肌内注射1次,连用3天。强力霉素(脱氧土霉素)也有良好的疗效,每千克体重10～15毫克,每日1次,连用3～5天,对全身感染和消除菌尿有效果。此外,庆大霉素、氨苄青霉素亦有一定的治疗效果。

预防可采用接种钩端螺旋体多价菌苗,菌苗所含菌型应根据各地流行的菌型而定。

(七)公共卫生 本病可由动物传染给人,病人表现发热、头痛、全身无力、肌肉疼痛,且以腓肠肌疼痛并有压痛为特征,腹股沟淋巴结肿痛,出现蛋白尿和黄疸,有的发生神经和心脏征候,致死率为17%～63%。为了预防人群感染钩端螺旋体,除接种菌苗外,应注意灭鼠,严格控制并妥善处理带菌动物和病死动物尸体,尤其要注意避免水源污染。

十三、猪布鲁氏菌病

本病是由布鲁氏菌引起的人兽共患慢性传染病。能引起生殖器官、胎膜和许多器官的组织发炎、坏死和肉芽肿的形成,导致流产、不孕、关节炎和公畜睾丸炎等。

(一)病原 布鲁氏菌属分为3个种,即羊布鲁氏菌、牛布鲁氏菌和猪布鲁氏菌。菌体呈球杆状,长0.6～1.5微米,宽0.4～0.7微米。革兰氏染色阴性,不抗酸,不形成芽孢,不运动。

本菌对阳光的抵抗力弱,在玻片上经直接阳光照射10～20分钟死亡,100℃条件下立刻死亡。在粪便中可存活8～25天,在土壤中可存活2～25天,在冰冻环境里可存活几个月。4%次氯酸钠溶液、3%漂白粉溶液、10%石灰水、2%氢氧化钠溶液消毒效果较好。

(二)流行病学 3型布鲁氏菌中,猪对猪型布鲁氏菌最易感,羊型布鲁氏菌对猪也有致病力,但牛型布鲁氏菌对猪没有致病力。病猪的流产胎儿、胎衣、羊水、尿液、乳汁是主要传染源,污染的饲料、饮水通过消化道感染或通过交配从阴道感染。此外，通过损伤的皮肤、黏膜以及呼吸道均可感染本病。

一般公、母猪的发病率高。饲养管理条件不当，营养缺乏也容易引起感染发病。本病多发生于3～4月份和7～8月份以及配种和产仔季节，气候变化与本病流行无直接关系。

(三)临床症状　母猪感染后主要表现为流产，多发生于妊娠后3个月左右，产下死胎或弱仔，产后胎衣滞留不下。流产后病猪常精神不振，食欲减退，并发生腹泻，乳房水肿，还可引起阴道炎和子宫内膜炎，导致久配不孕，但第二胎易于受孕，产仔正常。公猪发生睾丸炎，单侧或双侧睾丸明显肿大、疼痛，炎症可波及附睾、精索和泌尿生殖道。睾丸因长期发炎，最后发生萎缩，附睾也萎缩，结果导致阳痿，失去性功能。另外，布鲁氏菌还可引起关节炎，造成跛行，甚至造成四肢变形、疼痛、运动不灵活。猪感染本病还可发生淋巴结脓肿，以颌下、颈部等淋巴结多见。

(四)病理变化　母猪流产后子宫黏膜常有化脓性或卡他性炎症，并有粟粒大的黄色结节。胎膜上有大量出血点。公猪睾丸显著肿大，睾丸、附睾和精囊常发生化脓或坏死。病猪关节肿胀，周围有浆液性纤维素沉着。肝脏、脾脏、肺脏等器官也可出现脓肿和坏死性病灶。

(五)诊断　根据临床症状和流行情况并不能做出明确诊断，因为导致流产的因素很多，故必须结合细菌学和免疫学方法才能确诊。

可采集流产母猪的子宫、阴道分泌物以及血液、乳汁，宰杀后可取脾脏、骨髓、淋巴结等，也可采集流产胎儿的胃内容物、肝脏、脾脏、淋巴结或心血等送有关实验室做布鲁氏菌分离培养。血清学检查方法很多，有补体结合试验、试管凝集反应、虎红平板凝集反应等，后两者使用较多，前者虽准确性高，但操作烦琐，在基层难以进行。虎红平板凝集试验是利用虎红色素(四氯四碘荧光素)染成的酸性布鲁氏菌抗原与小分子抗体(IgG)结合较好,不与血清中非特异性抗体结合的原理进行检验。方法是:取被检血清与布鲁氏菌虎红抗原各 0.03 毫升,滴在玻片的方格内,混匀后在室温下放置 4～10 分钟即可判定结果,如出现凝集块则判为阳性,呈均匀状态则为阴性。此法可将抗原带到猪场,现场操作,适合基层应用。

(六)防治　可在严格隔离条件下用土霉素治疗,每吨饲料中添加 800 克土霉素碱或 500 克强力霉素,连喂 7～10 天为 1 个疗程。一般来说,一个大型种猪场一经感染本病,应对全群种猪进行血清普查,发现阳性和可疑猪均应进行淘汰处理。从外地引种必须遵照兽医防疫规定隔离检疫,凡凝集反应价达到 1∶25～50 的,隔离 30 天做第二次复查,如复检时不断出现病猪,则应停检,全部淘汰,只有复检确认为阴性的猪方可放入猪场。为了预防本病可采用布鲁氏菌猪型 2 号弱毒疫苗进行肌内注射或口服、饮水免疫。

(七)公共卫生　人感染布鲁氏菌后,轻者仅感到疲乏、头痛、关节、肌肉疼痛。典型病例在感染 1～2 周后发生"波浪热",即体温在夜间升高,到翌日清晨出汗后又恢复正常。但当体温下降时,病人反而感觉肌肉、关节疼痛加剧,大量出汗,同时体重迅速减轻,肝脏、脾脏肿大,四肢无力,严重者关节硬化而失去劳动能力。少数患者还发生附睾炎、睾丸炎、胸膜炎、脑炎、神经炎等,孕妇发生流产。

猪场工作人员必须严格执行卫生防疫制度,做好个人防护,对职业人员要定期体检,争取早诊断、早治疗。同时,应当对健康职业人员每年接种布鲁氏菌 M104 株弱毒苗,采用皮肤划痕方法接种,免疫期为 1 年。每年 10～12 月份进行免疫较为适宜。

十四、猪附红细胞体病

猪附红细胞体病是由附红细胞体引起的一种热性、溶血性传染病。1932年印度首次报道了本病,近年来在全世界的猪群(从仔猪到妊娠母猪)中均发现了附红细胞体病。致病性附红细胞体有猪附红细胞体、牛附红细胞体、绵羊附红细胞体和鼠附红细胞体等。

(一)病原 附红细胞体共有14种,各有不同的宿主特异性,如猪附红细胞体只感染猪,不感染其他动物。附红细胞体具有圆形、盘形、卵圆形、杆状或出芽状等多种形态,直径为0.2~2微米,它们单独或呈链状附着在红细胞表面,也可以围绕在红细胞周围,或在血浆中红细胞之间自由活动,血液压片在显微镜下观察其自然色彩呈橘黄色或呈淡蓝色、淡绿色,由于折光的原因,可发出亮晶晶的光彩。虫体在血浆中翻动、旋转、进退或左右摇摆运动。

过去认为,猪附红细胞体是猪的一种立克次体或类微粒孢子虫,后来通过对病原的基因序列分析结果表明,附红细胞体并不属于立克次体,因其无细胞壁,无鞭毛,对青霉素类抗生素不敏感,而对强力霉素(脱氧土霉素)敏感,有人提议宜将猪附红细胞体列入柔膜体纲支原体属,目前已将附红细胞体归属为嗜血支原体。

(二)流行病学 附红细胞体有种特异性,家猪感染的附红细胞体,野猪不感染,牛、绵羊等动物亦不能感染。

易感猪可通过采食含有附红细胞体的血液或含血物质,如舔舐断尾的伤口,互相咬斗或喝了被血污染的水而直接感染。间接传播可通过猪虱、螫蝇、跳蚤、蚊虫等,非生命的媒介如注射针头或断尾、打耳号、剪牙、去势的器械均可传播本病。在交配时,将被血污染的公猪精液留在阴道内才可使母猪感染。子宫被认为不可能传播附红细胞体病。

不同年龄、品种的猪均可感染,但以外来猪和断奶仔猪较多发。

本病一年四季均可感染,但在夏、秋高温季节发病率和死亡率较高。此外,不管在什么季节,只要猪感染了某种传染病,抵抗力降低后,附红细胞体就会乘虚而入引起发病。

(三)临床症状 本病潜伏期为 2～5 天,最长的为 10 天。一般为急性感染,某些应激因素或先发的其他疾病均可激发或继发本病,特别是去势后的仔猪容易感染。急性期的临床症状为体温升高达 41℃～42℃,体温升高后全身皮肤鲜红,以后逐渐变得苍白,有时发生黄染,耳郭边缘发绀(呈紫红色),脊背毛孔间有弥漫性小红点。食欲减退甚至废绝,反应迟钝,消化不良,腹泻,呼吸加快,心跳加速。经 3～5 天高热后,体温会自然下降,过 1～2 天又会升高,呈波浪式的间歇热。后期病猪极度虚弱,全身皮肤和可视黏膜苍白(红细胞被大量破坏所致)或黄染,尿液由深黄色逐渐变成棕红色的血红蛋白尿。鼻盘、嘴唇、耳尖、臀部和四肢末端皮肤发紫,背部、腹下皮肤出现紫红色淤血斑,尤其是耳郭边缘甚至大部分耳郭发生干枯或坏死。步行摇晃以至后肢麻痹,卧地不能起立,还可发生四肢抽搐,最后因心力衰竭而死。病程一般急性为 3～5 天,亚急性为 5～7 天,不死者转为慢性。

慢性附红细胞体病引起病猪消瘦、腹泻,皮肤苍白,有时出现荨麻疹型或病斑型皮肤变态反应,这种变态反应主要表现为出现大量的淤血斑,但应与猪丹毒的疹块相鉴别。

母猪发生附红细胞体病时,表现厌食、发热(41℃～42℃),全身皮肤发红,乳房或外阴部水肿。妊娠母猪可发生流产、早产、产死胎和弱仔,产后不发情,65%左右的母猪在断奶后 7 天没有发情表现,60%左右的母猪发情间隔时间延长。有的配种后出现返情,或受胎率降低。慢性感染的母猪比未感染母猪的受胎率以及所产仔猪的出生重、生长速度等方面要差得多。

(四)病理变化 血液稀薄,呈淡红色,凝固不良。结膜苍白或黄染,鼻端、耳郭、臀部和腹下、四肢末端有紫红色淤血斑块。皮下水肿或黄染。脑膜充血,脑实质有小点状出血。心耳和心冠脂肪有出血点。肺脏水肿、间质增宽。肝脏肿大发黄、淤血,质地硬脆,肝脏表面有黄白色斑块,呈槟榔肝状。胆囊充盈,胆汁黏稠,胆囊黏膜充血。脾脏一般不肿大,背面和腹面有大量鲜红色凸起的如针尖大的丘状出血点,这种病变具有诊断意义。肾脏的皮质和髓质界限不清,肾脏表面呈淡黄色,被膜下有大量黄白色斑点,皮质部肾乳头出血,髓质部水肿、黄染。全身淋巴结肿大呈淡黄色,切面水肿。胃肠黏膜有出血点。公猪睾丸出血。

(五)诊断 根据流行病学特点和临床症状,再结合病理变化,可做出初步诊断,确诊必须用鲜血(抗凝)压片镜检找到附红细胞体。

(六)治 疗

1. 血虫净(贝尼尔、三氮脒、二脒那嗪) 每千克体重5毫克,肌内注射,48小时后重复注射1次,必要时间隔48小时再注射1次。此药毒性大,不可超剂量使用,也不能每日使用。

2. 强力霉素或土霉素 每千克体重10毫克,肌内注射,每日2次,连用3天。或用长效土霉素和长效强力霉素,每千克体重0.1毫克,每日1次,连用2~3天。

3. 新砷凡钠明(九-四) 每千克体重15~20毫克,肌内注射,首次注射后,隔日再注射1次,在24小时之内可以好转,3天可消除症状。

4. 黄色素 水针剂有10毫升(50毫克)和50毫升(250毫升)两种剂型,每千克体重3毫克,静脉注射,首次注射后,隔日再注射1次;粉针剂临用前用注射用水或生理盐水配成0.5%~1%溶液,静脉注射,剂量和方法同水针剂。

当发生混合感染时,特别是感染圆环病毒引起的皮炎肾病综合征时,必须用干扰疗法进行治疗。当与弓形虫混合感染时,必须配合应用磺胺类药物。此外,附红细胞体在高热病发生过程中,易继发感染,因此凡是发生高热病的猪群,必须在防治中应用抗附红细胞体的药物,否则很难治愈。

(七)预防　在给猪注射各种疫苗时,应该做到1头猪用1根针头。断尾、剪齿、剪耳号的器械在使用前必须消毒。定期驱虫,杀灭猪虱、疥螨和吸血昆虫,防止猪群咬斗、咬尾,在给母猪接产时要戴塑料手套。去势时注意消毒。

做好猪群免疫抑制性疾病的防治,注意尽量减少猪的应激,在做好预防接种的同时,一定要严格执行兽医生物安全措施。

药物预防可在每吨饲料中添加土霉素 600～800 克、阿散酸 100～150 克,或者强力霉素 400 克、洛克沙砷 150～200 克。在上述配方中,最好同时添加抗菌增效剂磺胺三甲氧苄氨嘧啶,每吨饲料添加 100 克。注意阿散酸和洛克沙砷的用量在妊娠母猪不能超过 100 克/吨,否则会引起中毒。

十五、猪弓形虫病

弓形虫病是一种人兽共患的寄生虫病,病原体为龚地弓形虫,是一种球虫(血液原虫),广泛分布于世界各地。在美国和德国于 1952 年首先报道了猪弓形虫病。在我国,最早在福建地区于猫、兔、猪和豚鼠体内发现了弓形虫。1964 年谢天华报道了首例人眼型弓形虫病,同年福建地区发现一例人的神经型弓形虫病。20 世纪 70 年代以后,在我国包括台湾省在内共 20 多个省、自治区、直辖市都相继发现了人和动物的弓形虫病。

(一)病　原

1. 形态结构　弓形虫的滋养体(又称速殖子),一般为香蕉形或新月形,一端较尖,一端钝圆。在组织中常呈纺锤形,大小为 4～7×2～4 微米。用姬姆萨氏或瑞氏染色在油镜下观察,虫体呈淡紫红色,核靠近弓形虫的钝端,着色较深。

2. 生活史　分为有性繁殖阶段和无性繁殖阶段。猫是弓形虫唯一的终末宿主,弓形虫在猫体内进行有性繁殖。人和其他动物为中间宿主,弓形虫在其体内进行无性繁殖。猫吃了感染弓形虫的鼠或病猪肉,其组织内的弓形虫包囊进入猫的小肠,释放出分裂小体,逐渐发育成大、小配子体,两者结合成合子,合子再继续发育形成卵囊,随粪便排出体外,污染饲料、饮水,在25℃左右的环境中形成孢子体,被动物吃进后逸出子孢子,以二分裂方式发育成有感染力的滋养体,进入血液,随血液循环进入各组织器官的细胞内,迅速以无性分裂方式增殖,引起全身感染。急性感染的猪若耐过不死可转为慢性感染。滋养体可逐渐进入慢性感染动物的脑组织、膈肌、腿肌、眼球等组织中,聚集在一起,逐渐在虫体周围形成一层膜将它们包裹成为包囊,一旦动物遇到其他疾病或某些应激因素致使抵抗力降低后,可使包囊内的虫体重新逸出,进入血液和其他组织导致新的急性感染。

3. 抵 抗 力

(1)卵囊   对酸、碱、胰酶、胃酶等均有相当的抵抗力。在常温条件下可存活 1 年以上。对干燥和热较敏感,50℃30 分钟、70℃ 2 分钟、80℃ 1 分钟可使其失去感染力。28%氨水作用 10 分钟、7%碘酊作用 30 分钟、4%甲醛溶液作用 96 小时、0.12%甲醛溶液加热至 55℃方可将其杀灭。

(2)包囊   50℃ 30 分钟、56℃15 分钟可将其灭活。在冰冻条件下可存活 35 天,4℃条件下可存活 68 天。乙酸和 5%过氧乙酸溶液作用 48 小时方可杀灭包囊。

(3)滋养体   1%来苏儿溶液和 1%盐酸溶液作用 1 分钟可将其杀灭,75%酒精作用 10 分钟可将其灭活,0.4%甲醛溶液、50%酒精作用 20 分钟可将其杀灭,3.5%碘酊、0.1%升汞溶液、0.1%硫柳汞溶液可迅速将其杀死。在胃中可存活 30 分钟,在唾液中可存活 2~3 小时。

(二)流行病学   急性感染的人和动物唾液、乳汁、精液中的滋养体和病死动物的脑、膈肌、眼球中的包囊都是重要的传染源。流行范围以温湿地带多见。已知有 100 多种哺乳动物、70 种禽类和 5 种冷血动物,包括鱼类、爬行类动物等,均可感染弓形虫。本病发生有明显的季节性,以 5～10 月份(温度为 25℃～37℃)多发。各种年龄的猪均可感染,以幼龄猪较敏感。

(三)临床症状 猪自然感染的潜伏期为 3～7 天。病初体温升高达 41℃～42℃,呈稽留热,皮温不均,鼻腔流出浆液性至黏液性鼻液,咳嗽,呼吸困难,粪便干燥,粪团表面附着白色肠黏膜,甚至带血。病猪精神沉郁,卧地昏睡不起,食欲减退甚至废绝。后期在耳郭、鼻盘、躯体两侧、腹部和四肢末端皮肤出现大片紫红色的淤血斑块。有的出现呕吐和神经症状,发生痉挛或抽搐。急性病例 3～5 天发生死亡。慢性病例体温为 40.5℃～41℃,表现腹泻或眼睛失明。妊娠母猪急性感染时在发热后 2～3 天发生流产,有些妊娠母猪呈隐性感染,无明显症状,但最终流产,产死胎或畸形胎,胎儿全身水肿。也可产下部分活仔,但多数在出生后 1～2 天死亡。流产后胎衣排出时间延长,有的 3～4 天才排出胎衣。种公猪感染后亦表现稽留热、厌食,精神沉郁,精液中的弓形虫可通过交配传播给母猪,引起与配母猪不孕。

(四)病理变化 病猪耳郭、颈部、两侧腹部和下腹、四肢等部位的皮肤有大片紫红色淤血斑。胸、腹腔有积液,呈黄色澄清状或略混浊。肺脏膨隆不全(有的区域萎陷)、水肿,小叶间质增宽,表面有鲜红色至暗红色的出血点,萎陷部分硬度增加。有的呈纤维素性肺炎病变。心脏沿冠状沟呈点状出血。肝脏肿胀,质地变硬,表面有粟粒大、高粱米大甚至小指头大的灰白色云雾状斑点(具有诊断价值)。脾脏肿大,边缘和腹面有粟粒大的鲜红色丘状出血点,全身淋巴结呈髓样肿胀、出血,并有大小不等的灰黄色、灰红色或白色坏死点。肠系膜淋巴结因肿胀连成绳索状。肾脏稍肿大,表面和切面有针头大的出血点。回盲瓣附近有浅表性溃疡。死胎全身皮下胶样水肿,脑内没有脑髓,全是暗红色至褐色的积液。

(五)诊　断

1. 临床诊断　根据流行病学特点、临床症状和病理变化，可以做出初步诊断。另外，本病用抗菌药物治疗无效，用磺胺类药物有特效，可以此做出治疗性诊断。

2. 实验室诊断

(1)涂片镜检　取病死猪的肺脏、肝脏、脾脏和淋巴结或心血、胸腹水直接涂片，自然干燥，甲醇固定，用姬姆萨氏或瑞氏染色液染色镜检，若发现被染成紫红色的弓形虫(在组织中呈香蕉形或纺锤形)即可做出诊断。

(2)血清学检查　目前国内广泛应用间接血凝试验，血凝效价≥1∶64判为阳性，1∶256表示近期感染，≥1∶1 024表示活动性感染。

(六)治疗　各种抗菌药物对弓形虫无效，磺胺类药物有治疗特效，以下提供几个治疗方案。

1. 复方磺胺嘧啶钠　每千克体重0.2毫升，每日1～2次，连用2～3天。该药一般做肌内注射，若做静脉注射，必须用注射用灭菌蒸馏水做1倍稀释，最好同时静脉注射5％碳酸氢钠注射液(每千克体重1毫升)，有利于磺胺类药物的代谢和排泄，还可解除因长期高热引起的酸中毒，并且可使体温降至正常。

2. 磺胺对甲氧嘧啶或磺胺间甲氧嘧啶　用法和用量均与复方磺胺嘧啶钠相同。应注意的是，在用药期间，要提供1％碳酸氢钠溶液供猪群饮用。

药物预防可在每吨饲料中添加磺胺嘧啶钠原粉或磺胺-5-甲氧嘧啶原粉300克，磺胺增效剂100克，阿散酸100克，碳酸氢钠粉500克，连喂5～7天为1个疗程。特别提示，在每年5～10月份的高温季节，除哺乳仔猪以外，其他猪群(特别是妊娠母猪)，每个月应用以上配方添加1～2个疗程，对预防弓形虫病很有必要。

(七)预防　本病无疫苗可供接种，主要应用药物预防。在夏、秋季气温高时发生弓形虫病，往往还会继发感染附红细胞体和其他致病菌。因此，应坚持使用上述药物预防。

此外，猪舍和猪场要搞好环境卫生，定期用 2％氢氧化钠溶液、1％来苏儿溶液、复合酚等消毒药消毒。同时，要搞好灭蚊、灭蝇、灭鼠工作，特别要注意不能让猫、狗进入场内。

(八)公共卫生　本病为人兽共患病。人通过食用未煮熟的含有弓形虫包囊的猪肉，或在流行本病时通过皮肤伤口感染弓形虫。妊娠妇女感染后，胎儿会发生先天性脑积水或流产、产死胎和畸形胎，还有的胎儿发生视力障碍甚至眼睛失明。成人感染后出现发热、肝区和腹部疼痛、心悸、眼睑水肿、关节炎、腰痛、全身水肿、尿频或尿少、出现尿蛋白等病症。

猪场的工作人员特别是饲养员和畜牧兽医技术人员，应搞好个人卫生消毒，严防感染。病死猪和流产胎儿、胎衣等应做无害化处理。

第十章 猪的繁殖调控新技术

猪的繁殖调控是指通过各种技术手段,人为调节和控制母猪的繁殖过程或繁殖过程的某些环节,以达到提高繁殖效率和总体生产效率的目的。猪的繁殖可以从许多方面进行调控,如图10-1所示。

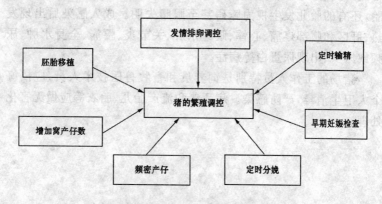

图10-1 猪的繁殖调控

这些调控技术可以单独使用,也可以互相结合,形成一套完整的繁殖管理体系。近年来,国内外养猪业越来越趋向于采用集约化生产系统,其中最为有效的方法之一是有规律地批量产仔、批量肥育、全进全出。因此,必须精确控制繁殖的各个环节,如同期发情、同期配种、同时分娩产仔等。提高优良母猪的产仔频率、增加母猪的窝产仔数,也是现代养猪业不断追求的目标。可见,猪的繁殖调控技术对于规模猪场集约化生产经营体系的建立,对于大幅度提高规模猪场的繁殖效率具有重要意义。

第一节　发情与排卵的调控技术

　　发情与排卵的调控技术通常是利用管理手段或利用激素处理母猪,达到控制其发情和排卵时间或增加其排卵数量的目的,从而充分挖掘母猪的繁殖潜力,以饲养较少的母猪获取较大的经济利益;有时也是为了生产和管理的方便,有意识地控制母猪的发情与配种。在规模猪场具有较大实用意义的发情与排卵调控技术是诱发发情、同期发情与超数排卵技术。

一、诱发发情技术

　　诱发发情是对因生理或病理原因不能正常发情的性成熟母猪,使用激素和采取一些管理措施,使之发情和排卵的技术。

　　(一)断奶母猪的诱发发情　规模猪场为了增加年产仔窝数,普遍采用早期断奶技术。一般养猪场多在 30 日龄或 20~21 日龄断奶,有的则已缩短至 14 日龄。哺乳期越短,断奶后母猪发情时间的变化越大,间隔时间越长。有资料显示,如果头胎母猪泌乳期短于 14 天,则平均需要 10 天以上才能发情;断奶早的母猪(泌乳8~12 天),其断奶至发情的时间,比泌乳 18~21 天的母猪增加1.8 天。母猪断奶至发情的间隔时间延长,会造成其繁殖性能的下降。对泌乳母猪进行大规模研究发现,断奶后 7~10 天配种与断奶后 3~6 天配种相比,其繁殖率和窝产仔数显著下降。同时,断奶母猪过于分散的发情时间,也不利于生产管理。因此,有必要应用激素处理早期断奶的母猪,以缩短其断奶至发情的间隔时间。即使对非早期断奶的母猪,应用诱发发情技术,也可以缩短其断奶至发情的间隔时间。

　　具体方法:①母猪断奶当日,肌内注射 1 000 单位孕马血清促性腺激素,72 小时后注射人绒毛膜促性腺激素 500 单位,处理后

24 小时,绝大部分母猪表现发情,此时输精,其受胎率可达 95％以上。②母猪断奶当日肌内注射 PG600(含 400 单位孕马血清促性腺激素和 200 单位人绒毛膜促性腺激素),注射后,绝大多数母猪可在 7 天之内发情并配种。

(二)后备母猪的诱发发情技术　管理水平中等的规模猪场,8～9 月龄且体重达到 80～90 千克的后备母猪有 5％～15％不出现发情,管理水平差的猪场这一比例还要高些。其原因可能是长期缺乏维生素 E、硒或过肥导致卵巢发育缓慢所致。对这一部分后备母猪有必要进行诱发发情处理,以提高猪场的总体繁殖效率。具体方法如下:①补充维生素 E、硒和维生素 A,对于过肥者降低日粮的能量水平并限饲。②一次性肌内注射 1 头份 PG600,其结果有 92％从未发情的后备母猪可发情并配种。③一次性肌内注射孕马血清促性腺激素 700～1000 单位、0.2～0.3 毫克氯前列烯醇,不发情者 10 天后再注射 0.2～0.3 毫克氯前列烯醇。④一次性肌内注射人绒毛膜促性腺激素 200 单位、苯甲酸雌二醇 1 毫克。

二、同期发情技术

使一群母猪发情与排卵时间相对集中在一定时间范围的技术,称为同期发情,亦称发情同期化。同期发情技术应用于规模猪场的生产,有如下意义:一是便于组织和管理生产。群体母猪被同期发情处理后,可同期配种,随后的妊娠、分娩、新生仔猪的管理、肥育、出栏等一系列饲养管理环节都可以按时间表有计划地进行,从而减少管理开支、降低生产成本,形成现代化的规模生产。二是便于开展人工授精,使配种工作更加有计划性。三是便于实施全进全出的生产模式。

处于不同发育或生产阶段的母猪,同期发情的处理方法也有差异,但基本都是建立在控制卵泡成熟、排卵时间和黄体寿命基础上的。

（一）表现过发情周期母猪的同期发情　后备母猪、断奶后第一个情期未能妊娠的母猪以及其他表现过发情周期的母猪均属此类。其原理是通过外源激素的调节，控制其发情排卵在同一时间段发生。具体方法有如下两种：一是使黄体期延长，二是使黄体期缩短。延长黄体期最常用的方法是进行孕激素处理，孕激素对卵泡发育具有抑制作用，通过抑制卵泡期的到来而延长黄体期。缩短黄体期的方法是注射前列腺素、促性腺激素或促性腺激素释放激素（图 10-2）。

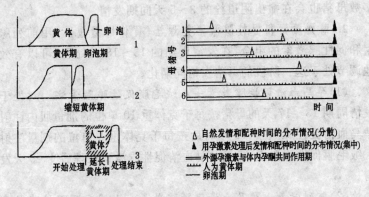

图 10-2　两种同期发情处理方式的比较
1. 自然发情周期　2. 缩短黄体期（促性腺激素处理）
3. 延长黄体期（孕激素处理）

1. 孕激素处理法（黄体期延长）　丙烯孕素（Regumate）是一种专门用于调节母猪发情配种的孕激素类药物的商品名，其化学名为 Altrenogest(Ru-226)。对预定要做同期发情处理的一群处于间情期（黄体期）的母猪（数头、十数头或数十头均可），按每日每头 15～20 毫克的剂量肌内注射 Regumate 油剂，连续用药 14～18天，之后同时停药。停药后 3～6 天的发情率为 90% 以上。为了克服每日都注射药物的缺点，也可以将 Regumate 与日粮混合或单独饲喂，仍可按每日每头 15～20 毫克的剂量。如果在结束处理前 1～2 天注射孕马血清促性腺激素 1 000～1 500 单位，则可以提高发情率和同期化的程度。这种方法在欧洲被广泛使用。

在生产实践中，比较方便的办法是采用药物缓释装置，如皮下埋植或阴道埋植阴道栓。诺孕美酮也是一种孕激素，适合制作成皮下埋植物或阴道栓对猪进行同期发情处理。对周期发情的后备母猪按每头 6 毫克皮下埋植诺孕美酮 18 天，90％的母猪会在撤出药物后的 3～7 天发情。如果阴道埋植诺孕美酮阴道栓 14 天，大多数母猪也会在撤出阴道栓的 3～5 天同期发情。

2. 前列腺素和促性腺激素处理法（黄体期缩短） 用前列腺素和促性腺激素的组合，在发情周期的 13～18 天处理，可以有效地调节处于这一阶段的母猪发情同期化。

（1）孕马血清促性腺激素＋人绒毛膜促性腺激素法 对处于发情周期 13～17 天的母猪按每千克体重 10 单位的剂量肌内注射孕马血清促性腺激素，72 小时后按每千克体重 5 单位的剂量注射人绒毛膜促性腺激素，一般孕马血清促性腺激素处理后 4～5 天发情。

（2）前列腺素＋孕马血清促性腺激素＋人绒毛膜促性腺激素法 对处于发情周期 13～17 天的母猪先注射 0.2～0.4 毫克氯前列烯醇（或前列腺素 $F_{2\alpha}$ 10～20 毫克），12～18 小时后按每千克体重 10 单位剂量注射孕马血清促性腺激素，孕马血清促性腺激素处理的 72 小时后按每千克体重 5 单位剂量注射人绒毛膜促性腺激素，绝大多数母猪在前列腺素处理后 4 天左右发情。

（3）促卵泡素＋促黄体素法 选择距上次发情开始第十三至第十七天、尚无任何发情症状的猪，第一、第二天逐头肌内注射促卵泡素 200 单位，第三天肌内注射促卵泡素 100 单位，第四天肌内注射促黄体素 100 单位，处理结束后即发情。笔者对上述 3 种方法的效果进行了比较实验,其结果如表 10-1 所示。

表 10-1　3 种方法对湖北白猪后备母猪同期发情的效果比较

处理方法	处理头数(头)	有效头数(头)	发情率(%)
孕马血清促性腺激素＋人绒毛膜促性腺激素	36	29	81
前列腺素＋孕马血清促性腺激素＋人绒毛膜促性腺激素	24	22	91.6
促卵泡素＋促黄体素	14	13	92.8

从表 10-1 中可以看出,第三种方法需每日注射激素,且要连续注射 4 天,第一种方法同期发情率偏低,因此在生产中,以采用第二种方法较合适。

(二)通过同期断奶实现同期发情　哺乳期母猪采用同期断奶的方法,即可实现同期发情。母猪在哺乳期由于哺乳使得卵泡发育受到抑制,断奶后卵泡重新开始发育而使母猪进入发情。如前所述,母猪断奶后,不经任何处理,也有 85%～90% 母猪在 3～7天发情并可配种。如果在断奶当日用 PG600 处理,或肌内注射1 000 单位孕马血清促性腺激素,72 小时后注射 500 单位人绒毛膜促性腺激素,会达到更好的同期发情效果。

(三)通过同时中止妊娠实现同期发情　前列腺素及其类似物具有溶解黄体的作用。用前列腺素处理妊娠母猪,由于黄体被迅速溶解,导致孕激素水平迅速下降,从而造成妊娠中止(流产)。在孕激素水平下降的同时,雌激素水平迅速上升,母猪开始发情。因此,可用前列腺素及其类似物处理一批妊娠 14～90 天的母猪,使其同期流产,从而实现同期发情。如果流产后,再用孕马血清促性腺激素加人绒毛膜促性腺激素(或 PG600)处理,其发情的同期化程度会更高。

具体做法是:选择一组妊娠 14~90 天的母猪,同时注射前列腺素 $F_{2\alpha}$ 10 毫克,间隔 12 小时再注射 10 毫克(或用氯前列烯醇 0.5 毫克一次肌内注射)。一般情况下,处理后 4~6 天可发情配种。北京农学院王占贺等人对妊娠 35~50 天的五指山小型母猪先注射前列腺素 $F_{2\alpha}$,间隔 8~12 小时再注射 1 次,12 小时后注射孕马血清促性腺激素,72 小时后注射人绒毛膜促性腺激素,处理后的同期发情率达 100%。

三、超数排卵技术

在母猪发情周期的适当时间,注射外源促性腺激素,使卵巢比自然发情时有更多的卵泡发育并排卵,这种技术称之为超数排卵,也可简称为超排。目前猪的超数排卵主要应用于胚胎移植和其他胚胎工程方面。不管是应用于生产的胚胎移植,还是应用于构建转基因猪或其他胚胎操作,都希望从供体母猪一次获得较多的可用胚胎,这就需要超数排卵技术。同时,超数排卵处理也能使母猪的产仔数提高。有研究表明,母猪经超数排卵处理,能提高产仔数 1~1.5 头。

(一)超数排卵的方法 应用于猪超数排卵的激素组合有以下两种:一是孕马血清促性腺激素与人绒毛膜促性腺激素的组合,二是促卵泡素与促黄体素的组合。由于促卵泡素和促黄体素的价格较贵,且需连续 4 天注射,操作麻烦,而孕马血清促性腺激素具有促卵泡素和促黄体素的双重活性,且比促卵泡素和促黄体素的半衰期长,成本低,又易于获得,因此生产上普遍用于猪的超数排卵。

1. 表现发情周期母猪的超排 初情期后的小母猪(前 2 个情期发情正常)或成年母猪于发情周期的 15~16 天每千克体重肌内注射 15 单位孕马血清促性腺激素,72 小时后注射等剂量人绒毛膜促性腺激素,处理后母猪的排卵数可提高 1 倍左右。

2. 断奶母猪的超排 其程序为:在断奶的第三天肌内注射孕

马血清促性腺激素 1 000～1 500 单位,72 小时后注射等剂量人绒毛膜促性腺激素,处理后母猪的排卵数可提高 0.5～1 倍。

3. 初情期前小母猪的超排　肌内注射孕马血清促性腺激素 500～800 单位,72 小时后注射等剂量人绒毛膜促性腺激素,可使初情期前的小母猪正常排卵,排卵数比周期发情的母猪在自然状态下的排卵数略有增加。

(二)影响超数排卵效果的因素　影响母猪超数排卵效果的主要因素有如下几方面。

1. 性成熟状态　初情期前的母猪超排有效率高,但排卵数少;而初情期后的母猪正相反,超排的有效率低,但排卵数多。笔者用性成熟前后的湖北白猪为试验动物,对性成熟状态对超数排卵效果的影响进行研究,其结果如表 10-2 所示。

表 10-2　性成熟状态对超数排卵效果的影响

性发育状态	试验头数(头)	发情头数(头)	有效率(%)	头平均排卵数(枚)
初情前(4 月龄)	10	10	100	13±5.6
初情后(7 月龄)	10	6	60	24.3±8.2

注:湖北白猪的性成熟约在 5 月龄

2. 孕马血清促性腺激素的剂量　使用孕马血清促性腺激素对猪进行超排处理,掌握好合适的剂量十分重要。剂量小,达不到超数排卵的效果;剂量过大,会引起卵巢囊肿,超排的效果反而下降(表 10-3)。

表 10-3　孕马血清促性腺激素剂量对超数排卵效果的影响

孕马血清促性腺激素剂量(单位)	试验头数(头)	平均排卵数(枚)	卵巢囊肿发生率(%)
750	9	13.6±6.5[ab]	0
1000	14	23.9±9.2[c]	0

续表 10-3

孕马血清促性腺激素剂量(单位)	试验头数(头)	平均排卵数(枚)	卵巢囊肿发生率(%)
1250	16	27.9±8.6c	6.3(1/16)a
1500	10	17.6±9.1b	50.0(5/10)b
1750	8	10.6±6.3a	75.0(6/8)b
对　照	18	13.1±4.5ab	0

注:同栏数值中具有不同字母上标表示差异显著($P<0.05$)

从表 10-3 可见,1 000～1 250 单位处理效果最好,750 单位起不到超数排卵的效果,而采用大剂量时(1 500～1 750 单位),卵巢囊肿的比例大大增加,超排的效果反而下降。

3. 处理时间　母猪处理的时间(处于发情周期的哪一天)对超排的效果影响很大。处理时间过早,黄体尚未开始退化,孕激素的水平处于高峰阶段,外源促性腺激素的作用被大大削弱,从而超数排卵处理的有效率及母猪的平均排卵数均不高。当然处理的时间也不能晚于第十八天,因为发情周期的全长只有 21 天(表 10-4)。

表 10-4　不同时间处理对湖北白猪超数排卵效果的影响

发情周期天数	处理头数(头)	发情头数(头)	处理有效率(%)	头平均排卵数(枚)
11～12	10	5	50a	7.8±2.6a
13～14	12	8	66.7a	15.1±3.1a
15～16	12	9	75b	19.8±6.1b
17～18	18	18	100b	23.5±8.8b

注:孕马血清促性腺激素剂量为 1000 单位,72 小时后人绒毛膜促性腺激素为 1000 单位;同一栏数值中具有不同字母上标表示差异显著($P<0.05$)

从表 10-4 可见,在发情周期的 15～18 天开始处理,均收到良好的效果,排卵数及有效率均显著高于 11～14 天处理组。

4. 品种 不同品种对孕马血清促性腺激素的敏感性不同,超数排卵处理的效果也不同。笔者用同样的方法处理湖北白猪、北京花猪、杜洛克猪和太湖猪 4 个品种的青年母猪,其超数排卵结果见表 10-5。

表 10-5 不同品种母猪的超数排卵效果

品 种	处理头数(头)	平均排卵数(头)	自然发情的排卵数(枚)
湖北白猪	119	23.7±8.7	11.7±3.2
北京花猪	16	22.3±9.9	12.2±2.5
杜洛克猪	36	17.8±5.3	9.8±2.9
太湖猪(枫径猪)	20	32.5±9.6	15.6±4.5

从表 10-5 的结果可见,不同品种超数排卵处理的平均排卵数不同,但共同特点是均可使青年母猪的排卵数提高 1 倍左右。

四、应用外源激素增加窝产仔数的技术

猪的窝产仔数是其排卵数、排卵率、受精率和子宫内胎儿死亡率的综合反应,显然排出卵母细胞的数量是窝产仔数的上限。但并非所有排出的卵母细胞都能受精并发育成仔猪。在自然状态下,排出的卵母细胞大约 95% 可以受精;受精卵发育成的胚胎在子宫内的死亡率大约为 30%,早期胚胎的死亡大多数发生在妊娠的 10～30 天,少数发生在妊娠的 31～70 天。

外源激素可以提高母猪的排卵数和排卵率,从而在一定程度上增加窝产仔数。

(一)应用超数排卵技术增加窝产仔数 通过孕马血清促性腺激素或促卵泡素与促黄体素的协同作用,可以使母猪的排卵数增加。超数排卵处理后,对母猪进行正常的配种,可以增加母猪的产

仔数。但产仔数增加的幅度远不及排卵数增加的幅度。一般情况下,经超排处理后配种的母猪,其产仔数只能增加1头左右。相当一部分胚胎在发育的不同阶段相继死亡,这与母体子宫的容量有关。

(二)应用促性腺激素释放激素及其类似物增加窝产仔数 促性腺激素释放激素是由下丘脑神经所分泌,其主要作用是促进垂体前叶促性腺激素的合成与释放,并以促进促黄体素的释放为主。应用外源性促性腺激素释放激素及其类似物后,母猪在1小时左右体内出现促黄体素分泌峰,30小时左右出现排卵前高峰。由于外源性激素的补充,加强了卵巢的排卵功能,从而使卵泡的排卵数增加,且排卵的持续时间缩短。由于卵巢的排卵率提高,从而增加了产仔数。在注射促性腺激素释放激素及其类似物的同时注射孕酮,可以提高处理的效果。目前市场上常用的促性腺激素释放激素类似物有促排3号(LRH-A3)和促排2号(LRH-A2)。

1. 促性腺激素释放激素法 配种前0.5小时左右肌内注射促性腺激素释放激素100～200微克。

2. 促排3号法 在母猪配种前6～8小时肌内注射促排3号,剂量按每千克体重0.2微克,每头猪注射20微克左右。

3. 促排3号+孕酮法 在母猪配种前6～8小时肌内注射促排3号0.2微克/千克体重,母猪配种后2小时肌内注射孕酮60毫克。

4. 促排2号法 在母猪配种前0.5小时左右肌内注射促排2号200微克/头。

应用上述方法可增加产仔数1～2头。

第二节 产仔调控技术

通过饲养管理、药物处理或胚胎移植手段,缩短母猪的产仔间隔、增加年产仔窝数,或根据生产管理的需要,诱发母猪定时分娩产仔,这类技术可统称为产仔调控技术。

一、频密产仔技术

　　所谓频密产仔,是指缩短母猪的产仔间隔,增加年产仔窝数。目前能有效实现频密产仔的方法有 3 种:第一种方法是早期断奶;第二种方法是对泌乳期母猪进行诱发发情、配种妊娠;第三种方法是通过胚胎移植,使优良母猪的产仔频率提高,产仔数大幅度增加。

　　(一)早期断奶　见本书第八章第四节内容。

　　(二)泌乳期母猪的诱发发情　在泌乳期自然发情并配种妊娠,从而缩短产仔间隔,这在有些家畜早已开始应用,如奶牛一般在分娩的 2 个月之内、正处于泌乳高峰期时,使其妊娠。猪的生理特点与奶牛不同,呈现泌乳性乏情,即泌乳期内不出现自然发情。因此,诱导泌乳期母猪的发情排卵,主要技术要点在于对促性腺激素分泌的调控上,通过采用外源性促黄体素和促卵泡素制剂,引起母猪自身促性腺激素的释放。

　　有研究表明,对产后 15 天的泌乳母猪,注射孕马血清促性腺激素 1 500 单位,96 小时后注射人绒毛膜促性腺激素 1 000 单位,在人绒毛膜促性腺激素处理后的 24～36 小时进行人工授精,母猪的受胎率、排卵数及窝产仔数与正常情况下无显著差异,对仔猪的生长发育也无不良影响。

　　(三)胚胎移植　通过胚胎移植,可使优良母猪的产仔频率提高、产仔数大幅度增加。

二、诱发分娩和定时分娩技术

　　诱发分娩是指在母猪妊娠后期的一定时间内,通过药物处理,人为地使母猪终止妊娠,并产出正常的仔猪。诱发分娩技术可以准确地使母猪在特定的时间范围内分娩,因此也可称为定时分娩。

(一)诱发分娩的方法

1. 单独使用前列腺素及其类似物 妊娠母猪注射前列腺素及其类似物之后,可引起血浆孕酮浓度立即下降,黄体溶解,从而发动分娩。目前,用于诱发母猪分娩较好的药物是氯前列烯醇,是天然前列腺素氯代衍生物,其黄体溶解作用的强度相当于天然前列腺素的 200 倍,相当于 15-甲基前列腺素的 10 倍以上。研究表明,氯前列烯醇被母猪吸收后,通过血液循环直接作用于卵巢的功能黄体,使其迅速溶解,降低血液中的孕酮水平,同时作用于垂体后叶,促使垂体后叶分泌缩宫素,引起子宫平滑肌和乳腺上皮收缩,参与分娩和泌乳过程。

在妊娠的 110～113 天,每头猪一次肌内注射 0.05～0.2 毫克氯前列烯醇,可使母猪在注射后 24～29 小时左右分娩。处理的时间越晚,从处理至分娩的间隔时间越短,同时产程也有缩短的趋势。韩春梅等人的试验表明,在母猪妊娠的 112 天用氯前列烯醇处理,处理后分娩的平均时间为 28.7 小时;在母猪妊娠的 113 天用氯前列烯醇处理,处理后分娩的平均时间为 23.3 小时,产程平均为 2.31 小时,比对照组缩短 30 分钟。华中农业大学叶培根等人的试验表明,用氯前列烯醇处理妊娠 113 天的母猪,处理后母猪分娩的时间为 24.08±9.18(5～42)小时,平均产程为 137 分钟,比对照组缩短 7 分钟;胎衣排出期平均为 24 分钟,比对照组缩短 17 分钟。

使用氯前列烯醇诱发母猪分娩,对窝产活仔数和仔猪出生重无不良影响(表 10-6)。

表 10-6　氯前列烯醇诱发分娩对新生仔猪的影响

组　别	处理组	对照组
母猪头数(头)	36	30
平均胎次(胎)	2.39(1~6)	2.43(1~6)
窝平均死胎数(头)	0.39±0.87	0.50±0.73
窝平均活仔数(头)	11.39±1.99	11.73±3.15
头平均初生重(千克)	1.21±0.3	1.29±0.22

2. 单独使用缩宫素及其类似物　在采用前列腺素及其类似物诱发母猪分娩之前,人们一直采用缩宫素进行诱导分娩。但这种激素诱导分娩的时间仅限于分娩开始前的数小时,只有在乳房中已有乳汁分泌时才有效果。

另外,乙酰胆碱、毛果芸香碱、毒扁豆碱等一些平滑肌刺激药物,也可用于诱发母猪分娩,其作用与缩宫素相似。

3. 氯前列烯醇与缩宫素配合使用　将氯前列烯醇与缩宫素配合使用,可以将母猪分娩时间控制得更加严格和精确。在母猪妊娠的 110~113 天,注射氯前列烯醇 0.1 毫克/头,20~24 小时后再注射缩宫素 10 单位/头,可于注射缩宫素后的数小时分娩。有研究表明,注射缩宫素后产仔的平均时间为 2.92±1.67 小时,氯前列烯醇处理后 30 小时的分娩率达到 90%。

(二)诱发分娩技术在规模猪场的应用

1. 诱发母猪在白天分娩　正常情况下,猪的产仔可以发生在白天或夜间的任何时间,据大量的观察数据表明,在自然状况下,母猪白天分娩与夜间分娩的数量各占 50%。母猪妊娠后期,监护产仔的工作量很大,饲养员须日夜守护。夜间产仔,监护工作容易懈怠,母猪踩压仔猪的现象时有发生,对弱仔的特殊护理也不能及时到位,从而易造成仔猪的死亡。采用诱发分娩技术,可以有效地调整母猪在白天分娩。大量的试验表明,用氯前列烯醇处理妊娠110～113天的母猪,白天分娩的比例可以达到80％～90％。由于白天分娩的比例增加,不仅减轻了饲养员的劳动强度,而且减少了初生仔猪的死亡率,经济效益十分明显(表10-7)。

表 10-7　自然分娩与使用氯前列烯醇调整母猪分娩
时间的经济效益分析

项　　目	使用氯前列烯醇组	自然分娩组
母猪头数(头)	45	45
死胎数(头)	0	14
压死仔猪数(头)	2	16
冻死仔猪数(头)	1	12
共死亡仔猪数(头)	3	42
死亡损失(元)	600	8400
药品费用(元)	189	0
损失总额(元)	789	8400

注:每头仔猪按200元计;0.1毫克/支氯前列烯醇市场价2.1元,每头母猪注射0.2毫克。

2. 调整母猪的分娩时间　根据不同的季节,可以将母猪的分娩时间调节至适当的时间段。如在高温季节避开高温时段(下午),在寒冷季节将分娩时间调整至温度较高的时段(中午),有利于对母猪分娩进行管理,降低管理成本,提高生产效率。

3. 诱发母猪同期分娩或集中分娩　母猪的妊娠期平均是114天,但个体之间有很大的差异(102～140天),这就造成了分娩的不集中,不便于管理。诱发分娩技术可以使母猪分娩实现同期化和相对集中,有利于均衡窝哺乳仔猪数,降低仔猪死亡率,使仔猪生长发育整齐,体重均匀度好,有效地提高商品猪的整体质量。

第三节　母猪的早期妊娠诊断技术

规模猪场母猪配种后,约有 10％的母猪未能妊娠。这些未妊娠的母猪,有的在一个情期之后表现返情现象,有的则呈现假妊娠或乏情现象(即在一个情期之后并不表现发情)。这些假妊娠或乏情的母猪如不能及时发现,就会出现空怀,从而延长整个猪群的繁殖周期,降低繁殖效率。因此,早期妊娠诊断技术是提高母猪繁殖效率和提高养猪业生产效益的重要技术措施。母猪配种后,如能尽早地进行妊娠诊断,对于减少空怀,提高受胎率,缩短繁殖周期,都是十分重要的。确定妊娠的母猪应加强各方面的管理,加强保胎,保证母猪的健康。若确定未妊娠,要查出原因,并及时补配。

母猪的早期妊娠诊断应在配种后的一个情期之内,即在配种后 18～24 天进行。理想的早期妊娠诊断技术应具备以下条件:一是适用于早期妊娠诊断,在配种后的一个情期之内即可判定是否妊娠;二是准确率高,对妊娠或未妊娠母猪的诊断准确率应在90％以上;三是对母猪和胎儿无伤害;四是方法简便,易于掌握和判定;五是成本低,便于推广应用。

目前母猪早期妊娠诊断的方法很多,现将几种主要方法加以介绍,每个猪场可根据自己的条件,选择适宜的诊断方法。

一、外源激素诊断法

妊娠母猪体内占主导地位的激素是孕酮,它可以拮抗适量的外源性生殖激素,使之不起反应。于是,可以根据妊娠母猪对某些外源性生殖激素有无特定反应,即猪体内孕激素与外源性生殖激素的对抗作用来判断其是否妊娠。注射外源性生殖激素的时间应选在配种后的第一个发情周期即将来临之前。妊娠母猪注射适量外源性生殖激素后,不表现发情征兆;而未妊娠母猪注射后,外源性生殖激素和卵巢激素共同作用于靶器官,使发情的外部表现更为明显。根据外源激素的种类不同,又可分为如下几种方法。

(一)孕马血清促性腺激素诊断法 母猪配种后 14～20 天,肌内注射孕马血清促性腺激素 700～800 单位,注射 5 天之内未出现发情且不接受公猪爬跨的,即可确诊为妊娠;如果母猪出现正常发情且接受公猪爬跨,则确定为未妊娠。这种方法的准确率可达100%。应用孕马血清促性腺激素对母猪进行早期妊娠诊断,不会造成母猪流产,而且产仔数和胎儿发育正常,也不影响下一个胎次的发情和妊娠。本方法具有妊娠诊断和诱发发情的双重效果,而且方法简便、安全,诊断时间早。

(二)人绝经期促性腺激素诊断法 人绝经期促性腺激素是从绝经妇女尿液中提取的激素,其主要作用与孕马血清促性腺激素相同。在母猪配种后 14～20 天,肌内注射人绝经期促性腺激素600～800 单位,注射 5 天之内未出现发情且不接受公猪爬跨的,即可确诊为妊娠;如果母猪出现正常的发情且接受公猪爬跨,则确定为未妊娠。这种方法的准确率也可达 100%。

(三)己烯雌酚诊断法 母猪配种后 18～22 天,肌内注射己烯雌酚 2 毫克(或 1% 丙酸睾丸酮 0.5 毫升与 0.5% 丙酸己烯雌酚0.2 毫升的混合剂),2～3 天未出现发情者即可确诊为妊娠;如果母猪出现正常的发情且接受公猪爬跨,则确定为未妊娠。

(四)雌二醇诊断法 母猪配种后 18～22 天,肌内注射雌二醇-缬草酸盐 2 毫克和睾酮-庚酸盐 5 毫克混合油剂,3～5 天未出现发情者即可确诊为妊娠;如果母猪出现正常的发情且接受公猪爬跨,则确定为未妊娠。这种方法的准确率可达 98%。

二、内源激素测定法

(一)孕酮测定法 母猪配种后,经过一个黄体期的时间,如果未妊娠,则其血液中孕酮的含量会在黄体退化时下降;如果妊娠,则由于黄体的存在,孕酮的含量保持不变或上升。这种孕酮含量的差异,为我们利用孕酮测定来进行母猪的早期妊娠诊断提供了依据。

孕酮测定多采用放射免疫试验和酶联免疫吸附试验。母猪配种后 20 天左右耳静脉采血,一般的规模猪场没有检测的条件,可将血液样品送有关的实验室进行检测。测定结果如每毫升血浆孕酮含量大于 5 纳克为妊娠,小于 5 纳克为未妊娠。

国外开发出一种用现场测定孕酮的试验药盒,可在母猪配种后 18～20 天从耳静脉采血,在现场进行测定;还有一种血液纸片孕酮测定方法,用于配种后 18～31 天的妊娠诊断,其阳性准确率为 90.1％,阴性准确率为 100％,是一种比较实用的方法。日本开发出一种酶联免疫吸附试验药盒,根据配种后 18～24 天母猪唾液中的孕酮浓度进行妊娠诊断,准确率达 96％以上。

(二)雌激素测定法　由于猪的囊胚能合成相当数量的雌激素(主要为雌酮和 17β-雌二醇),其能通过子宫壁,硫酸化而形成硫酸雌酮。这种代谢产物可存在于母猪的血液、尿液和粪便中。因此,测定尿液和粪便中硫酸雌酮的含量可以准确地进行早期妊娠诊断。妊娠母猪硫酸雌酮的含量明显较高,未妊娠母猪硫酸雌酮的浓度很低,而且子宫中胚胎的数量和母体血液中硫酸雌酮的浓度之间有直接的关系。因此,从配种后 16 天开始,一直到 30 天,测定硫酸雌酮的浓度可以作为灵敏的早期妊娠诊断方法。

蔡正华等人的研究表明,妊娠母猪血浆中硫酸雌酮的浓度,从配种后 21～25 天开始上升,25～30 天达到峰值,31～35 天时下降。他们用 2 厘米×2 厘米×3 厘米的软泡沫塑料,拴上棉线做成阴道塞。检测时从阴道中取出,用一块硫酸纸将泡沫塑料包住,将其中吸纳的尿液挤出,滴入样品管中,于 -20℃ 贮存待测。尿液中雌酮及其结合物用放射免疫试验进行测定。若确定小于 20 纳克/毫升为非妊娠,大于 40 纳克/毫升为妊娠,20～40 纳克/毫升为可疑。妊娠确诊率达 100%。

由于粪便比尿液更容易采集，因此是用来测定的更好来源。一般采集 3～5 克的粪便样品，送实验室检测即可。

妊娠 22～29 天硫酸雌酮浓度与窝产仔数呈高度相关，因此可预测产仔的数量。

三、超声波诊断法

超声波诊断法是把超声波的物理特点和动物组织结构的声学特点密切结合的一种物理学诊断法。它是以高频声波对动物的子宫进行探查，然后将其回波放大后以不同形式转化成不同的信号显示出来。20 世纪 60 年代，超声波技术已经用于猪的妊娠诊断，首先采用的是多普勒技术（也称 D 型超声技术），之后采用 A 型超声波诊断仪，近年来 B 型超声波的应用逐渐增多。

（一）多普勒诊断法　本法是应用多普勒效应的原理，即超声探头和反射体之间做相对运动时，其回声频率就会发生改变，此种频率的改变称为频移。频移的程度与相对运动速度成正比，当两者做对向运动时，频率就会增加，其频率增减的数字（即频差）可用检波器检出，再用低频放大，功率放大而推动扬声器发出多普勒信号音。利用多普勒检测仪探查妊娠动物，当发射的超声波遇到搏动的母体子宫动脉、胎儿心脏和胎动时，就会产生各种特征性的多普勒信号，从而做出妊娠诊断。多普勒技术是准确安全的母猪妊娠诊断方法，其主要用于探测胎儿心脏的血流音或脐带的血流音，子宫动脉的血流音可在配种后 21 天听到，但直到 30 天之后才较可靠。检查时猪不应饲喂，以避免受到来自消化道的声音干扰。北京产 SCD-Ⅱ型兽用多普勒仪可用于配种后 15～60 天母猪的妊娠诊断，其中用于 51～60 天的准确率可达 100%。

（二）A 型超声波诊断法　超声波在母猪体内传播时，遇到腹壁、子宫壁、胎体和胎儿等，由于它们的声阻抗不同而产生反射，其反射回声信号在示波屏上以波的形式显示出来。母猪妊娠后,子宫随着胚胎的发育,胎儿增大而逐渐下沉靠近腹壁,此时超声波就能探查已妊娠子宫,显示妊娠波形。

A 型超声诊断法诊断动物妊娠,除了以波形显示方式提示妊娠外,尚有以报警方式(声音)显示妊娠的,如美国的 Ranco 公司的 I 型妊娠报警仪,其发射的超声遇到充满羊水而增大的子宫时就会报警(发出声音)以提示妊娠。

A 型超声诊断仪体积小,如手电筒大,操作简便,几秒钟即可得出结果。用这种仪器进行妊娠诊断,随妊娠时间的延长,准确率逐渐提高。配种后 30 天进行诊断的准确率为 95%～100%。

(三)B 型超声诊断法　本法是将超声波的回声信号以光点明暗的形式显示出来,属灰度调制(回声强,光点就亮;回声弱,光点就暗)。光点反映组织内各界面反射强弱及声能衰减的规律,由光点构成图像。用于母猪妊娠诊断的超声显像仪型号虽多,但都属于线阵(方形图像)或扇形(扇面形图像)中的一种,当超声仪发射的超声波在母猪体内传播时,穿透子宫、胚泡或胚囊、胎儿等,就会在荧光屏上显示各层次的切面图像来,以此做出诊断。

法国采用 3.5 赫兹的探头进行测定,母猪站立保定,将探头置于腹胁部的皮肤,直接朝向泌尿生殖道,并在第一至第三个乳头之间移动,对配种后 18～19 天的诊断结果,总准确率为 93.2%。如果应用彩色 B 超检查,可以在配种后 14 天确定是否妊娠,准确率可高达 100%。

参考文献

[1] 陈清明,王连纯.现代养猪生产.北京:中国农业大学出版社,1999.

[2] 崔中林.规模化安全养猪综合新技术.北京:中国农业出版社,2004.

[3] 蔡宝祥.家畜传染病(第4版).北京:中国农业出版社,2001.

[4] 陈焕春.规模化猪场疫病控制与净化.北京:中国农业出版社,2000.

[5] 丁壮,孙博兴,张晶.规模养猪技术.北京:中国农业出版社,2007.

[6] 金岳.猪繁殖障碍病防治技术(修订本).北京:金盾出版社,2005.

[7] 罗安治.养猪全书.成都:四川科学技术出版社,1997.

[8] 李同洲.科学养猪手册.北京:中国农业大学出版社,2005.

[9] 美国国家研究委员会.猪营养需要.谯仕彦等,译.北京:中国农业大学出版社,1998.

[10] 斯特劳B.E.猪病学(第八版).北京:中国农业科技出版社,2005.

[11] 桑润滋.动物繁殖生物技术.北京:中国农业出版社,2006.

[12] WH Close,DJA Cole.母猪与公猪的营养.王若军,主译.北京:中国农业大学出版社,2003.

[13] 王振来,路广计,谷军虎.养猪场生产技术与管理.北

京:中国农业大学出版社,2004.

[14] 王振来,杨秀女,钟艳玲.生猪.北京:中国农业大学出版社,2005.

[15] 万熙卿,芦惟本.中国福利养猪.北京:中国农业大学出版社,2007.

[16] 王爱国.现代实用养猪技术.北京:中国农业出版社,2003.

[17] 徐相亭.猪的繁育技术指南.北京:中国农业大学出版社,2006.

[18] 宣长和.猪病学(第二版).北京:中国农业科学技术出版社,2005.

[19] 殷震,刘景华.动物病毒学(第 2 版).北京:科学出版社,1997.

[20] 殷诚中.规模化养猪新技术.北京:中国农业出版社,2007.

[21] 杨公社.绿色养猪新技术.北京:中国农业出版社,2004.

[22] 杨公社.猪生产学.北京:中国农业出版社,2002.

[23] 赵兴绪.猪的繁殖调控.北京:中国农业出版社,2007.

[24] 赵雁青,陈国宇.现代养猪技术.北京:中国农业大学出版社,2000.

[25] 张鹏举,程方程,李春群.瘦肉型种猪的生产与管理.北京:中国农业科学技术出版社,2005.

[26] 朱尚雄.中国工厂化养猪.北京:科学出版社,1990.

[27] 赵书广.中国养猪大成.北京:中国农业出版社,2000.

[28] 张忠诚.家畜繁殖学.北京:中国农业出版社,2005.

[29] 张龙志.养猪学.北京:中国农业出版社,1982.

甲型 H1N1 流感防控 100 问	7.00 元	家畜口蹄疫防制	10.00 元
图说猪高热病及其防治	10.00 元	家畜布氏杆菌病及其防制	7.50 元
实用畜禽阉割术（修订版）	10.00 元	家畜常见皮肤病诊断与防治	9.00 元
新编兽医手册（修订版）	49.00 元	家禽防疫员培训教材	7.00 元
兽医临床工作手册	48.00 元	禽病鉴别诊断与防治	6.50 元
畜禽药物手册（第三次修订版）	53.00 元	动物产地检疫	7.50 元
兽医药物临床配伍与禁忌	27.00 元	动物检疫应用技术	9.00 元
兽医中药配伍技巧	15.00 元	畜禽屠宰检疫	10.00 元
禽病防治合理用药	12.00 元	动物疫病流行病学	15.00 元
无公害养殖药物使用指南	5.50 元	马病防治手册	13.00 元
畜禽抗微生物药物使用指南	10.00 元	鹿病防治手册	18.00 元
常用兽药临床新用	14.00 元	马驴骡的饲养管理（修订版）	8.00 元
畜禽疾病处方指南	53.00 元	畜病中草药简便疗法	8.00 元
禽流感及其防制	4.50 元	畜禽球虫病及其防治	5.00 元
畜禽结核病及其防制	10.00 元	家畜弓形虫病及其防治	4.50 元
养禽防控高致病性禽流感 100 问	3.00 元	科学养牛指南	29.00 元
人群防控高致病性禽流感 100 问	3.00 元	养牛与牛病防治（修订版）	8.00 元
畜禽衣原体病及其防治	9.00 元	奶牛良种引种指导	8.50 元
鸡传染性支气管炎及其防治	6.00 元	奶牛饲料科学配制与应用	15.00 元
家畜普通病防治	19.00 元	奶牛高产关键技术	12.00 元
畜禽病经效土偏方	8.50 元	奶牛肉牛高产技术（修订版）	10.00 元
中兽医验方妙用	10.00 元	奶牛高效益饲养技术（修订版）	16.00 元
中兽医诊疗手册	45.00 元	怎样提高养奶牛效益（第 2 版）	15.00 元
家畜旋毛虫病及其防治	4.50 元	奶牛规模养殖新技术	21.00 元
家畜梨形虫病及其防治	4.00 元	奶牛高效养殖教材	5.50 元
		奶牛养殖关键技术 200	

题	13.00元	肉牛建康高效养殖	13.00元
奶牛标准化生产技术	10.50元	肉牛育肥与疾病防治	15.00元
奶牛围产期饲养与管		肉牛高效养殖教材	5.50元
理	12.00元	优良肉牛屠宰加工技术	23.00元
奶牛健康高效养殖	14.00元	肉牛饲养员培训教材	8.00元
农户科学养奶牛	16.00元	秸秆养肉牛配套技术	
奶牛挤奶员培训教材	8.00元	问答	11.00元
奶牛场兽医师手册	49.00元	奶水牛养殖技术	6.00元
奶牛疾病防治	10.00元	牦牛生产技术	9.00元
奶牛常见病综合防治		牛病防治手册(修订版)	12.00元
技术	13.00元	牛病鉴别诊断与防治	10.00元
奶牛胃肠病防治	6.00元	牛病中西医结合治疗	16.00元
奶牛乳房炎防治	10.00元	疯牛病及动物海绵状脑	
奶牛无公害高效养殖	9.50元	病防制	6.00元
奶牛实用繁殖技术	6.00元	犊牛疾病防治	6.00元
奶牛肢蹄病防治	9.00元	西门塔尔牛养殖技术	6.50元
奶牛配种员培训教材	8.00元	牛羊人工授精技术图解	15.00元
奶牛修蹄工培训教材	9.00元	牛羊猝死症防治	9.00元
奶牛防疫员培训教材	9.00元	现代中国养羊	52.00元
奶牛饲养员培训教材	8.00元	羊良种引种指导	9.00元
奶牛繁殖障碍防治技术	6.50元	养羊技术指导(第三次	
肉牛良种引种指导	8.00元	修订版)	15.00元
肉牛饲料科学配制与应		科学养羊指南	28.00元
用	10.00元	农户舍饲养羊配套技术	17.00元
肉牛无公害高效养殖	11.00元	羔羊培育技术	4.00元
肉牛快速肥育实用技术	16.00元	肉羊高效养殖教材	6.50元
肉牛高效益饲养技术		肉羊高效益饲养技术	
(修订版)	15.00元	(第2版)	9.00元

以上图书由全国各地新华书店经销。凡向本社邮购图书或音像制品,可通过邮局汇款,在汇单"附言"栏填写所购书目,邮购图书均可享受9折优惠。购书30元(按打折后实款计算)以上的免收邮挂费,购书不足30元的按邮局资费标准收取3元挂号费,邮寄费由我社承担。邮购地址:北京市丰台区晓月中路29号,邮政编码:100072,联系人:金友,电话:(010)83210681、83210682、83219215、83219217(传真)。